中国酒及酒文化概论

主编 张文学 谢明

四川大学出版社

责任编辑:毕　潜
责任校对:傅　奕
封面设计:墨创文化
责任印制:王　炜

图书在版编目(CIP)数据

中国酒及酒文化概论/张文学,谢明主编.—成都:四川大学出版社,2010.10
ISBN 978-7-5614-5056-7

Ⅰ.①中… Ⅱ.①张…②谢… Ⅲ.①酒-文化-中国 Ⅳ.①TS971

中国版本图书馆 CIP 数据核字（2010）第 203532 号

内容简介

本书作为大学本科通识性课程教材,概略地介绍了各种类型中国酒的技术特征和分类原则,阐述了中国酒文化的基本概念、研究内容和历史发展特征。在内容编排上,本书尽可能地把各类中国酒的发展成熟过程与中国文化和中国历史的进步演化过程相结合,通过对中国酒的起源、类别、生产技术、饮用方法、国家名酒、重要事典、经济文化贡献等进行多角度、多视野的较为系统性的表述和介绍,使学生能在较短的学习时间内对博大精深的中国酒、中国酒文化有一个相对完整的认识和了解,从而激发起学生对绚丽多彩的中国传统酿造产业发展成就的自豪感,强化和充实学生自强不息的阳刚正气和爱我中华的民族精神。

本书可作为高等院校食品科学与工程专业本科生学分制专业基础课程以及文、理、工、医等其他专业学生文化素质选修课程的教材,也可供高职学校相关专业师生以及从事食品工程、生物工程、酿造发酵、酿酒技术等相关领域科研人员、企业管理人员作为参考用书。

书　名	中国酒及酒文化概论	
主　编	张文学　谢　明	
出　版	四川大学出版社	
地　址	成都市一环路南一段 24 号 (610065)	
发　行	四川大学出版社	
书　号	ISBN 978-7-5614-5056-7	
印　刷	郫县犀浦印刷厂	
成品尺寸	185 mm×260 mm	
印　张	14.75	
字　数	370 千字	
版　次	2010 年 11 月第 1 版	
印　次	2015 年 7 月第 2 次印刷	
印　数	2 001～4 000 册	
定　价	29.00 元	

◆读者邮购本书,请与本社发行科联系。
电话:(028)85408408/(028)85401670/
(028)85408023　邮政编码:610065

◆本社图书如有印装质量问题,请寄回出版社调换。

◆网址:http://www.scup.cn

◆版权所有◆侵权必究

本书编委会

主　　编：张文学　谢　明

副 主 编：沈才洪　孙　跃　杨　辰

编　　者：（以姓氏笔画为序）

　　　　　王　燕　　　乐山师范学院
　　　　　石　敏　　　贵州凯里学院
　　　　　孙　跃　　　泸州老窖集团公司
　　　　　吴正云　　　四川大学
　　　　　李家民　　　四川沱牌曲酒股份有限公司
　　　　　沈才洪　　　泸州老窖集团公司
　　　　　张文学　　　四川大学
　　　　　张宿义　　　泸州老窖集团公司
　　　　　杨　辰　　　泸州老窖集团公司
　　　　　罗爱民　　　四川大学
　　　　　胡　承　　　四川大学
　　　　　赵金松　　　泸州老窖集团公司
　　　　　谢　明　　　泸州老窖集团公司

中国传统文化走多远，中国白酒就走多远

(代序)

由四川大学与泸州老窖集团合作编写的《中国酒及酒文化概论》一书，终于要正式出版发行了。我本人以及我的同事们、朋友们对此都感到非常欣慰。因为这本书不仅凝聚着我们编著者对中国酒文化研究的心血，更寄托着我们对中国的年轻人通过本书能真正认识和喜欢中国酒文化的希望。

中华文明傲立世界五千载而绵延不绝，其中优秀传统文化凭借根植于民族的强大生命力得以世代流传和承继，深深融入了中国人的政治思想、道德伦理、民族性格以及风俗习惯里，深深影响到中华民族的心理结构和民族性格，影响到各行业、各阶层人士的思想文化选择和道德选择。

中国自古就是酒的国度，中华文化的传承若隐若现、或强或弱地包容着酒文化的传承。可以这样说，有多少种酒，就有多少种酒文化。而所谓酒文化，大抵可以分为三类，即酿酒文化、饮酒文化和诗酒文化。其中，尤其值得一提的是诗酒文化。中国第一部诗歌总集《诗经》虽然仅305篇，但提到"酒"字却有63次之多。可见，诗与酒早已结下不解之缘，好似一对孪生兄弟，在中国相伴走过了几千年。难怪有学者就曾指出：倘无酒，中国的诗，还会这样的美妙么？倘无诗人，中国的酒，还会如此的有味道么？诗酒流芳，中国白酒文化，就是中华文化的重要组成部分。

这也是为什么我在2006年提出了一个关于酒和文化的理念，即中国传统文化走多远，中国白酒就走多远。酒与文化相伴而生，文化的力量是无穷的，酒业也是永不落幕的。中国的酒，因为几千年来从未断绝与文化的血脉相传，使得酒这个概念被注入了相当丰富和深刻的内涵。所以人们一提到酒，首先想到的不是饮用，而是品味。正如我们泸州老窖的国窖·1573，因为窖池从公元1573年以来被守护了430多年，技艺从公元1324年以来被传承了23代，人们就把国窖·1573称作可以品味的历史。

世界正进入一个全球化的时期，科学进步、经济发展、信息交流和政治革

新都面临新的契机。各国、各民族之间文明和文化的相互认知、相互融合成为一种趋势，越是民族化的元素，就越是受到国际的认可和重视。在这种趋势下，随着中国经济实力不断提升，中国传统文化的影响力也必将不断提升，这为中国白酒在世界范围内的传播创造了前所未有的条件，与中国白酒同生共酿的中华文化走多远，中国白酒也必然走多远。

然而中国的酒和中国的酒文化发展到今天，我们很多人了解得并不深入。这本《中国酒及酒文化概论》的问世，正是出于这样的目的——唤起人们对中国酒的理解，激发世人对中国酒文化的感情，这是我们作为酒产业践行者和酒文化传播者的责任。

《中国酒及酒文化概论》作为本科课程教材付梓，正是泸州老窖为承担这样的责任而尽自己一点绵薄之力。事实上，这酒和文化都是老祖宗传承了几千年才传到了我们手中。我们这一代人也需要把它们传承下去。

是为序。

泸州老窖董事局主席　谢明
2010 年 5 月 1 日

前　言

酿酒业是中国国民经济的重要支柱产业，在食品工业中，是略次于烟草业的利税贡献度最大的产业。长期以来，酿酒业的发展为人民生活水平的提高以及为地方经济的腾飞做出了极大贡献。同时，酿酒业从传统酿造发酵产业向现代生物工程产业演变的进程中，对各种类型、各种层次专业技术人才的需求也不断增加。

为了充分反映中国传统酿酒技术及其酿酒文化的发展成就，充分利用四川省的酿酒产业优势以及充分发挥四川大学的教育资源优势，我们根据教育部新世纪教改工程关于培养具有"高素质、强通识、厚基础、宽专业"创新型人才的有关精神，配合四川大学学分制教学计划的实施，结合四川大学食品学科发展的特点和需要，率先在全国综合性大学本科教学中开设了《中国酒概述》课程。

在教学实践中，我们发现，由于课程讲授结合科研、生产及生活实际，能吸引不同专业学科学生的兴趣，课程选修人数、参与酿酒课题实践人数、报考相关方向研究生人数等呈逐年上升趋势。同时，随着四川大学酿酒学术水平在国内外影响力的不断提升以及毕业生在酿酒企业就业人数的不断增多，不少企业、高校、科研院所，以及学生、家长都希望本课程越办越好，并编写出能充分展示四川特色及四川大学特色的酿酒教材，以利于在不同层次教学实践中使用和交流。因而，我们从促进学科交叉融合以及酿酒、用酒基础知识普及的角度出发，组织高校及酿酒企业的专家、学者，开展了本教材的编写工作。

本教材旨在通过教学实践，弘扬我国传统酿造技术对物质文明、精神文明建设的贡献，使学生对中国传统酿酒行业的历史、现状和未来有一个清楚的认识，以利于他们在学习其他专业课程的同时，全面、客观分析问题的综合思考能力得以逐步提高，探索未知世界的求知欲望和创造灵感得到不断升华；在实际工作中，能结合自己的专业特长和知识技能，融会贯通，推陈出新，为我国酿造行业的技术进步和人类社会的多元化发展做出不懈努力和积极贡献。

本教材是在参编作者多年教学、科研及生产实践的基础上，参考国内外一些相关酒文化书籍以及最新科技资料编写而成的。全书内容涉及面较宽，深度较适宜，共分为6章及附录。第一章对中国酒文化及发展进行了总的阐述，其内容包括中国酒的基本概念、中国酒的文化基础、中国酒的酿酒文化等；第二章到第六章，分别对白酒、黄酒、果露酒、葡萄酒、啤酒进行了概要介绍，其内容包括各类中国酒的分类方法、生产技术、主要产品特征及文化内涵等各个方面；附录中收集了对国窖·1573的介绍。

本教材的第一章由张文学、谢明、杨辰执笔；第二章由张宿义、李家民、张文学、赵金松执笔；第三章由吴正云、孙跃、王燕执笔；第四章由沈才洪、张文学、石敏执笔；第五章由张文学、沈才洪、罗爱民执笔；第六章由孙跃、胡承执笔；附录由杨辰执笔。泸州老窖集团易彬、聂东元、代汉聪等承担了部分资料整理及编汇工作，全书由张文学负责统稿和定稿。

在本教材的编写过程中，中国四川大学胡永松教授、四川全兴集团赖登燡高级工程师，日本国立熊本大学木田建次教授、国立鹿儿岛大学鲛岛吉广教授等国内外资深酿酒专业的学者提供了宝贵的意见和建议；泸州老窖集团林天学、卢中明、周军、许德富、倪斌等各位同仁，五粮液集团乔宗伟先生、剑南春集团莫凯先生、全兴集团范鏖先生、沱牌集团陈芬女士、贵州茅台集团王和玉先生等名酒企业技术人员以及《名酒世界》杂志社杨柳先生也提供了不少资料和参与了审改。

在本教材得以出版之际，对以上参与编写、提供资料及修改意见的各方的无私援助，以及四川大学教务处、泸州老窖集团公司、国家固态酿造工程技术中心对教材的编写资助，谨致以衷心的感谢。

由于编写时间仓促，书中难免有不妥和谬误之处，恳请读者批评指正，我们也将在教学实践过程中做进一步的补充和修改。

张文学

2010 年 4 月于四川大学

目 录

第一章 中国酒文化及发展 ………………………………………………………(1)
  第一节 中国酒的基本概念 …………………………………………………(1)
    一、中国酒的起源和发展 …………………………………………………(1)
    二、中国酒的种类和命名 …………………………………………………(7)
    三、中国酒的生产现状和国民经济地位 …………………………………(11)
  第二节 中国酒的文化基础 …………………………………………………(16)
    一、中国酒文化的基本概念 ………………………………………………(16)
    二、中国酒文化的历史发展特征 …………………………………………(18)
    三、中国酒文化的表现形式 ………………………………………………(27)
    四、中国酒的饮用习俗 ……………………………………………………(48)
  第三节 中国酒的酿酒文化 …………………………………………………(57)
    一、原材料 …………………………………………………………………(57)
    二、水源 ……………………………………………………………………(61)
    三、地理环境 ………………………………………………………………(63)
    四、酒曲及发酵剂 …………………………………………………………(67)
  复习思考题 ……………………………………………………………………(71)
  主要参考文献 …………………………………………………………………(71)

第二章 中国白酒 …………………………………………………………………(73)
  第一节 中国白酒的一般知识 ………………………………………………(73)
    一、中国白酒的基本概念 …………………………………………………(74)
    二、中国白酒的分类方法 …………………………………………………(75)
  第二节 大曲酒的类别及制造技术 …………………………………………(80)
    一、浓香型大曲酒 …………………………………………………………(80)
    二、酱香型大曲酒 …………………………………………………………(98)
    三、清香型大曲酒 …………………………………………………………(101)
    四、兼香型大曲酒 …………………………………………………………(104)
  第三节 小曲酒的类别及制造技术 …………………………………………(108)
    一、小曲酒的基本概念 ……………………………………………………(108)
    二、代表性的小曲酒 ………………………………………………………(110)
  第四节 麸曲酒的类别及制造技术 …………………………………………(113)
    一、麸曲酒的基本概念 ……………………………………………………(113)

二、代表性的麸曲酒 (114)
　第五节　新工艺白酒及其制造技术 (116)
　　一、新工艺白酒的基本概念 (116)
　　二、新工艺白酒的生产原料选用及处理 (117)
　　三、新工艺白酒质量提高的技术方法 (118)
　第六节　影响白酒风味质量形成的主要因素 (119)
　　一、原料和辅料 (120)
　　二、糖化发酵剂 (121)
　　三、酿酒设备 (121)
　　四、酿酒发酵工艺 (123)
　复习思考题 (124)
　主要参考文献 (124)

第三章　中国黄酒 (125)
　第一节　中国黄酒的一般知识 (125)
　　一、中国黄酒的基本概念 (125)
　　二、中国黄酒的起源及发展 (126)
　　三、中国黄酒的分类方法 (133)
　第二节　中国黄酒的制造技术 (134)
　　一、传统工艺酿制黄酒的基本技术特点 (134)
　　二、黄酒的感官鉴别 (138)
　　三、中国黄酒的代表性产品 (140)
　复习思考题 (148)
　主要参考文献 (148)

第四章　果露酒 (149)
　第一节　中国果酒的类别及制造技术 (149)
　　一、中国果酒的基本概念 (149)
　　二、中国果酒的分类方法 (150)
　　三、代表性的果酒产品 (151)
　第二节　中国露酒的类别及制造技术 (158)
　　一、中国露酒的基本概念 (158)
　　二、中国露酒的分类方法 (160)
　　三、代表性的露酒产品 (161)
　复习思考题 (163)
　主要参考文献 (163)

第五章　葡萄酒 (165)
　第一节　葡萄酒的一般知识 (165)
　　一、葡萄酒的起源及发展 (165)

二、葡萄酒的定义 …………………………………………………………… (166)
　　三、葡萄酒的分类 …………………………………………………………… (169)
　第二节　中国葡萄酒的生产 ………………………………………………………… (172)
　　一、中国葡萄酒工业的发展状况 …………………………………………… (172)
　　二、中国葡萄酒生产的原材料及预处理 …………………………………… (175)
　　三、中国葡萄酒生产的主要葡萄品种 ……………………………………… (176)
　　四、中国葡萄酒生产的基本技术 …………………………………………… (178)
　　五、中国葡萄酒的代表性产品 ……………………………………………… (184)
　复习思考题 …………………………………………………………………………… (188)
　主要参考文献 ………………………………………………………………………… (189)

第六章　啤　酒 …………………………………………………………………… (190)
　第一节　啤酒的一般知识 …………………………………………………………… (190)
　　一、啤酒的起源及发展 ……………………………………………………… (190)
　　二、啤酒的基本概念 ………………………………………………………… (191)
　　三、啤酒的分类方法 ………………………………………………………… (194)
　　四、啤酒工业的发展动态 …………………………………………………… (198)
　第二节　中国啤酒的生产 …………………………………………………………… (198)
　　一、中国啤酒的起源及发展 ………………………………………………… (199)
　　二、中国啤酒生产的主要原料和辅料 ……………………………………… (203)
　　三、中国啤酒的生产用酵母 ………………………………………………… (207)
　　四、中国啤酒生产的基本技术 ……………………………………………… (210)
　　五、中国啤酒的代表性产品 ………………………………………………… (212)
　复习思考题 …………………………………………………………………………… (218)
　主要参考文献 ………………………………………………………………………… (219)

附录　国窖·1573介绍 ………………………………………………………………… (220)
　　一、"1573国宝窖池"与国窖·1573 ………………………………………… (220)
　　二、国窖·1573的酿造工艺及流程 ………………………………………… (221)

第一章　中国酒文化及发展

第一节　中国酒的基本概念

中国酒，一般是指由中国人自己发明创造，或在技术上兼收并蓄，经过长期改进发展，且由具有中国民族特色的独特酿造工艺酿制而成的，含较高酒精浓度的一大类饮料酒，包括黄酒、曲酒，以及果酒等其他酒类。典型的中国酒主要是指以酒曲作为糖化发酵剂，以粮谷类为原料酿制而成的黄酒和曲酒。中国酒有时也可泛指在中国生产的各类饮料酒。在传统中国酒中，黄酒和曲酒长期以来处于优势地位，而果酒等其他酒类影响较小，发展相对比较缓慢。

一、中国酒的起源和发展

（一）中国酒起源的民间传说

在古代，人们常常把酿酒的起源归于个人的发明，并把这些人传说成酿酒的祖宗。这些传说影响非常大，几乎成了正统的观点。

1. 仪狄酿酒

相传夏禹时期的仪狄发明了酿酒。公元前2世纪的史书《吕氏春秋》云："仪狄作酒。"汉代刘向编辑的《战国策》则进一步说明："昔者，帝女令仪狄作酒而美，进之禹。禹饮而甘之，曰：'后世必有饮酒而亡国者。'遂疏仪狄，绝旨酒。"三国时蜀汉学者谯周著《古史考》中也说"古有醴酪，禹时仪狄作酒"，将仪狄奉为酒的发明人。

很多学者并不相信"仪狄始作酒醪"的说法，在古籍中也有许多否定仪狄"始"作酒的记载，有的书认为神农时代就有酒，也有说黄帝、尧、舜时就有了酒。神农、黄帝、尧、舜都早于夏禹。

2. 杜康酿酒

另一则传说认为酿酒始于杜康，即广为流传的"杜康造酒"说。除了得到一些文人的认可之外，这种说法在民间也十分流行。这可能得力于曹操的《短歌行》诗句："慨当以慷，忧思难忘。何以解忧？唯有杜康。"在这里，"杜康"是酒的代名词，但人们通常都把杜康这个人当作酿酒的祖师。

关于杜康其人在世的时代没有定论，众说纷纭。有的说是黄帝时代，有的说是夏禹时代，也有的说杜康是周朝或汉朝人。宋朝人高承在《事物纪原》一书中带着疑惑的口气讲："不知杜康何世人，而古今多言其始造酒也。"不仅如此，杜康是什么人也从无定论。《说文解字》中说："少康，杜康也。"少康是夏朝的第五世君主。两晋人张华撰《博物志》一书认为杜康是汉朝时期的酒泉太守，民间传说他是一个技艺高超的酿酒师。事实上，杜姓是周朝以后才有的,可见杜康出世太晚,不可能是酒的创始人。

但秦汉间辑录古代帝王公卿谱系的书《世本》中有"仪狄始作酒醪,变五味;少康作秫酒"的记载。东汉《说文解字》中解释"酒"字的条目中有"杜康作秫酒";"帚"条文中说:"古者少康初作箕帚、秫酒。少康,杜康也。"明确提到杜康是"秫酒"的初作者。秫,即粘高粱,也作高粱的统称。按此说,杜康可能是用高粱酿酒的创始人。高粱富含淀粉,并含少量单宁,这是酒中芳香族物质的主要来源,这使高粱成为一种很好的酿酒原料。杜康凭着对高粱的认识,在总结前人酿酒经验的基础上,创造性地用它来酿酒。可能由于他的手艺高超,加上高粱的特性,酿出的酒味道好,人们一旦尝到这种酒,觉得别有风味,于是杜康善酿之名鹊起,历经时日,就被人们认为是最早的酿酒者。

3. 酿酒始于黄帝时期

还有一种传说表明在远古黄帝时代人们就已开始酿酒。汉代成书的《黄帝内经·素问》中记载了黄帝与岐伯讨论酿酒的情景,《黄帝内经》中还提到一种古老的酒——醴酪,即用动物的乳汁酿成的甜酒。

古书关于酒的记载,不同之处很多。西汉孔鲋的《孔丛子》(该书是后人辑辑先代遗文而成)里记载战国时赵国平原君赵胜劝酒的话:"昔有遗谚,尧舜千钟……"尧和舜都是大禹以前的人,比仪狄还要早,可见仪狄之前就有酒了。

最晚编成于西汉初年的《神农本草》,已经载有酒的性味。如果以此为据,那么远在传说中的神农氏时代就已经有酒了。

4. 酒与天地同时

更带有神话色彩的说法是"天有酒星,酒之作也,其与天地并矣"。

以上这些传说尽管各不相同,但大致说明酿酒早在夏朝或者夏朝以前就已经存在,这是可信的,而且已被考古学家所证实。夏朝距今约四千多年,而目前已经出土距今五千多年的酿酒器具,这表明我国酿酒至少在五千年前就已经开始,而酿酒的起源当然更在此之前。在远古时代,人们可能先接触到某些天然发酵的酒,然后加以仿制,这个过程可能需要一个相当长的时期。

(二)中国酒起源的考古资料

酿酒原料和酿酒容器是谷物酿酒的两个先决条件。在公元前 10000 至前 5000 年左右,人类逐渐完成了从旧石器文化时期过渡到种植农作物的新石器文化时期的转变,公元前 5000 至前 3000 年,农业已高度发展。我国现存的先秦古书中,很多书涉及酒。中国最古老的文字甲骨文和金文(铭刻在铜器上)中都有"酒"字。古文字"酒"作"酉",写法都像陶罐的模样,如图 1.1 所示。

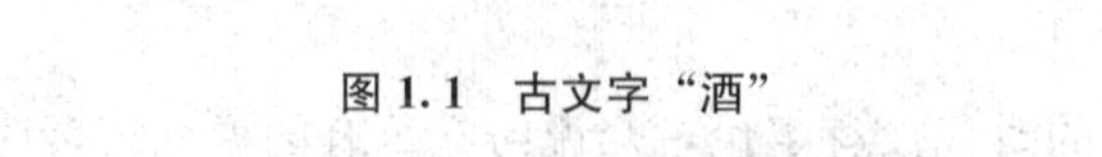

图 1.1 古文字"酒"

以下几个典型的新石器文化时期的考古资料对研究酿酒的起源有一定的参考价值。

1. 裴李岗文化

裴李岗文化(公元前 6000—前 5000 年)是我国新石器时代早期的考古学文化,也是中华民族文明起步文化。

20世纪50年代，在河南省新郑市新村镇的裴李岗村一带，陆续出土了一些石斧、石铲和石磨盘等。1977年至1982年春，经过5次较大规模的发掘，又发现了大量的出土文物，包括陶窑1座和陶器212件。

从裴李岗遗址出土的文物内涵分析，考古学家认为我国的农业革命最早在这里发生，裴李岗居民最早进入锄耕农业阶段，处于以原始农业、手工业为主，以家庭饲养和渔猎业为辅的母系氏族社会。

农业革命的形成以及陶器的遗存，说明在裴李岗文化时期已具备酿酒的物质条件。

2. 河姆渡文化

河姆渡文化（公元前5000—前4000年）是中国长江流域下游地区发现最早的古老而多姿的新石器文化，因第一次发现于浙江余姚河姆渡而得名，主要分布在杭州湾南岸的宁绍平原及舟山岛。

在河姆渡文化遗址第4层较大范围内，普遍发现稻谷遗存，这对于研究中国水稻栽培的起源及其在世界稻作农业史上的地位，具有重大意义。河姆渡文化时期的生活用器以陶器为主，并有少量木器。

在这个文化时期，均有陶器和农作物遗存，亦即具备了酿酒的物质条件。

3. 磁山文化

磁山文化是中国华北地区的早期新石器文化（公元前5400—前5100年），因1933年首先在河北武安县磁山发现而得名。

磁山文化时期有发达的农业经济，家鸡、家猪、家犬的饲养已比较普遍；有相当一部分人从事专项手工劳动，原始手工业已成为原始农业、渔猎、采集生产及其生活的重要组成部分。

1976年至1978年在这里进行了3次发掘，发掘灰坑468个，发现其中88个长方形窖穴底部堆积有粟灰，层厚为0.3 m~2 m。粟的出土尤其是粟的标本公之于世之后，引起了国内外专家的极大重视。据有关专家统计，在遗址中发现"粮食堆积为100 m^3，折合重量为5万公斤"，同时还发现了一些形制类似于后世酒器的陶器。

因此有人认为在磁山文化时期，谷物酿酒的可能性是很大的。

4. 仰韶文化

仰韶文化（公元前5000—前3000年）是黄河中游地区重要的新石器时代文化。1921年在河南省三门峡市渑池县仰韶村被发现，所以被称为仰韶文化。目前在中国已发现上千处仰韶文化遗址，河南省和陕西省最多，是仰韶文化的中心。

1953年春在西安市东郊7公里处发现的半坡遗址（距今5 600~6 700年）是黄河流域一处典型的新石器时代仰韶文化母系氏族聚落遗址。该遗址从1954年9月到1957年夏季前后被发掘5次，发掘房屋遗迹45座，储藏地窖200多个，烧制陶器的窑址6座，生产工具和生活用具达万件之多。1958年中国第一座新石器时代遗址博物馆在此建成。

在半坡遗址所发掘出的陶器中，已经有了像甲骨文或金文"酉"字的罐子。

5. 三星堆遗址

三星堆遗址（公元前4800—前2870年）是中国西南地区的青铜时代遗址，位于四川广汉南兴镇，1929年春发现，1980年开始发掘，在遗址中发现城址1座，据考，其建造年代至迟为商代早期。

该遗址现已进行了13次大规模发掘。出土文物中发现了大量的陶器和青铜酒器，其器形有杯、觚、壶等,其形体之大也为史前文物中所少见。

6. 大汶口文化墓葬

1979 年,考古工作者在山东莒县陵阴河大汶口文化墓葬(距今 4 000 年)中发掘到大量的酒器。

尤其引人注意的是,这些酒器中有一组合酒器,包括酿造发酵所用的大陶尊、滤酒所用的漏缸、贮酒所用的陶瓮、用于煮熟物料的炊具陶鼎,还有各种类型的饮酒器具一百多件。在发掘到的陶缸壁上还刻有一幅图,据分析是滤酒图。

根据考古人员的分析,墓主生前可能是一位职业酿酒者。

7. 龙山文化

龙山文化(公元前 2900—前 1900 年)泛指中国黄河中、下游地区新石器时代晚期的一类文化遗存,因 1928 年首先在山东省章丘县龙山镇城子崖发现而得名。

1949 年以后大量的发掘和研究表明,所谓龙山文化,其文化系统和来源并不单一,不能把它仅仅视为一个考古学文化。

在距今 5 000 年前后的龙山文化时期墓葬中,发掘到的酒器更多,国内学者普遍认为,龙山文化时期酿酒已经是较为发达的行业。

以上考古资料都证实了古代传说中的黄帝时期、夏禹时代酿酒这一行业确实已存在。

(三)中国酒起源的现代观点

古代人把酒理解为神创的产物,而现代人则认为从自然成酒到人工酿酒经历了 4 个阶段,人类并不是发明了酒,而只是发现和利用了酒,见表 1.1。

表 1.1　酒起源的 4 个阶段

阶段	与酒有关的事件	推测期间
1	自然界天然成酒	人类产生以前
2	人类饮酒(发现果酒,祭祀天神和祖先)	距今 50 万年左右
3	人类酿酒(发现、认识酒,初步学会酿酒)	距今 4 万~5 万年左右
4	人类大规模酿酒	距今 5 千~7 千年(考古、文字)

1. 酒是天然产物

科学家发现,在茫茫宇宙中,确实存在着一些由酒精成分所组成的天体,说明酒是自然界的一种天然产物。酒中的主要成分是酒精,其化学名是乙醇(C_2H_5OH),只要具备一定条件,某些物质就可以转变为酒精(如葡萄糖可在微生物所分泌的酶的作用下转变成酒精),大自然完全具备产生这些条件的基础。

2. 酒是谷物自然发酵的产物

晋代的江统在《酒诰》中写道:"酒之所兴,肇自上皇,或云仪狄,又云杜康。有饭不尽,委馀空桑,郁积成味,久蓄气芳,本出于此,不由奇方。"这里提出剩饭自然发酵成酒的观点,是符合科学道理及实际情况的。江统是我国历史上第一个提出谷物自然发酵酿酒学说的人。

人类开始酿造谷物酒,并非发明创造,而是发现。方心芳先生对此作了具体描述:"在农业出现前后,贮藏谷物的方法粗放。天然谷物受潮后会发霉和发芽,吃剩的熟谷物也会发霉,这些发霉发芽的谷粒,就是上古时期的天然曲蘖,将之浸入水中,便发酵成酒,即天然酒。人们不断接触天然曲蘖和天然酒，并逐渐接受了天然酒这种饮料，久而久之，就发明了人工曲蘖和人工酒。"

现代科学能够很好地解释这一问题：剩饭中的淀粉在自然界存在的微生物所分泌的酶的作用下，逐步分解为糖分、酒精，自然转变成了酒香浓郁的酒。

3. 果酒和乳酒是第一代饮料酒

人类有意识地酿酒，是从模仿大自然的杰作开始的。我国古代书籍中有不少关于水果自然发酵成酒的记载。如宋代周密在《癸辛杂识》中曾记载山梨被人们贮藏在陶缸中后变成了清香扑鼻的梨酒；元代的元好问在《蒲桃酒赋》的序言中也记载某山民因避难山中，堆积在缸中的蒲桃（葡萄）变成了芳香醇美的葡萄酒。古代史籍中还有所谓"猿酒"的记载，这种酒并不是有意识酿造的酒，而是猿猴采集的水果自然发酵所生成的果酒。

远在旧石器时代，人们以采集和狩猎为生，水果是主食之一。水果中含有较多的糖分（如葡萄糖、果糖）及其他成分，在自然界中微生物的作用下，很容易自然发酵生成香气扑鼻、美味可口的果酒；此外，动物的乳汁中含有蛋白质、乳糖，也易发酵成酒，以狩猎为生的先民们有可能意外地从留存的乳汁中得到乳酒。在《黄帝内经》中记载有一种"醴酪"，即是我国乳酒的最早记载。

根据古代的传说及酿酒原理推测，人类有意识酿造的最原始的酒类品种应是果酒和乳酒。因为果物和动物的乳汁极易发酵成酒，所需的酿造技术较为简单。

（四）中国蒸馏酒的出现

中国的烧酒，俗称"白酒"，学名为"蒸馏酒"。与酿造酒相比，蒸馏酒在制造工艺上多了一道蒸馏工序，其关键设备是蒸馏器。因此，蒸馏器的发明是蒸馏酒起源的前提，但蒸馏器的出现并不是蒸馏酒起源的决定性条件。

蒸馏酒创始于何时是世界科技史界一直争论不休的问题。有关蒸馏酒起源的依据多是古代史籍和诗赋中关于酒的描述和造酒方法的介绍等，由于大家对这些材料的理解和解释不同，结论也不尽相同。目前，关于蒸馏酒的起源主要有元代说、宋代说、唐代说和东汉说4种观点，也有人提出了商代说。

1. 元代说

最早提出此观点的是明代医学家李时珍。他在《本草纲目》中写道："烧酒非古法也，自元时始创。其法用浓酒和糟，蒸令汽上，用器承取滴露，凡酸坏之酒，皆可蒸烧。"

元代文献中已有蒸馏酒及蒸馏器的记载，如作于1331年的《饮膳正要》就有相关的描述，这说明14世纪初我国已有蒸馏酒。但蒸馏酒是否创于元代，史料中没有明确说明。美国学者劳佛尔认为中国的蒸馏器是元代时从阿拉伯引进的；我国学者中也有人断定"宋人并不知道有蒸馏设备和蒸馏方法"，认为元朝始有蒸馏器，而且很可能是从阿拉伯传入的。

清代檀萃的《滇海虞衡志》中说："盖烧酒名酒露，元初传入中国，中国人无处不饮乎烧酒。"章穆的《饮食辨》中说："烧酒又名火酒，《饮膳正要》曰'阿剌吉'。番语也，盖此酒本非古法，元末暹罗及荷兰等外人始传其法于中土。"

现代吴德铎先生则认为，撰写《饮膳正要》的作者忽思慧（蒙古族人）当时是用蒙文的译音写成"阿剌吉"，而并未使用旧有的汉文名（烧酒），不应看成是外来语。忽思慧并没有将"阿剌吉"看作是从外国传入的。

至于烧酒在元代传入的可信度如何，曾纵野先生认为"在元时一度传入中国可能是事实，从西亚和东南亚传入都有可能，因其新奇而为人们所注意也是可以理解的"。

2. 宋代说

这个观点是经过现代学者的大量考证之后提出的，主要有以下几方面的依据。

(1) 宋代史籍中已有蒸馏器的记载

宋代已有蒸馏器是支持这一观点的最重要的依据，南宋张世南在《游宦纪闻》卷五中记载了一例蒸馏器，用于蒸馏花露；宋代的《丹房须知》一书中画有当时蒸馏器的图形。吴德铎先生认为："至迟在宋以前，中国人民便已掌握了蒸制烧酒所必需的蒸馏器。"当然，吴先生并未说此蒸馏器就一定是用来蒸馏酒的。

(2) 考古发现了金代的蒸馏器

20 世纪 70 年代，考古工作者在河北省承德地区青龙县土门子公社发现了被认为是金世宗时期的铜制蒸馏烧锅。此器高 41.6 cm，由上下两个分体套合而成。下分体为半球状甑锅，口沿作双唇凹槽，槽边有出酒流（水道、水嘴）；上分体为圆桶状冷却器，穹隆底，近底部有一排水流。依其结构可以推知其使用方法：甑锅盛适量的水，水面以上安箅子，上装酿酒坯料。冷却器套合于甑锅之上，器内注冷水，用活塞堵住排水流。蒸酒时，蒸汽上升，遇冷成为液态的酒，并由出酒流注入盛酒器。这一蒸馏器的发现，不仅证明了蒸馏器在金代已有，也与《金史》所记载的"诸妃皆从，宴饮甚欢"、"今日甚饮成醉"、"可极欢饮，君臣同之"等皇家盛饮之史实相符。邢润川认为"宋代已有蒸馏酒应是没有问题"。

所发现的这一蒸馏器的结构与元代朱德润在《轧赖机酒赋》中所描述的蒸馏器结构相同。器内液体经加热后，蒸汽垂直上升，被上部盛冷水的容器内壁所冷却，从内壁冷凝，沿壁流下被收集。而元代《居家必用事类全集》中所记载的南番烧酒所用的蒸馏器尚未采用此法，南番的蒸馏器与阿拉伯式的蒸馏器相同，器内酒的蒸汽是左右斜行走向，流酒管较长。从器形结构来考察，我国的蒸馏器具有鲜明的民族传统特色，由此推测可能我国在宋代已自创蒸馏技术。

(3) 文献记载

宋代的文献记载中，"蒸酒"、"烧酒"一词的出现颇为频繁，而且关于"烧酒"的记载更符合蒸馏酒的特征。

据推测，宋代文献所说的"烧酒"即为蒸馏烧酒。如宋代宋慈在《洗冤录》卷四记载："虺蝮伤人……令人口含米醋或烧酒，吮伤以吸拔其毒。"这里所指的烧酒，有人认为应是蒸馏烧酒。

"蒸酒"一词，也有人认为是指酒的蒸馏过程（"蒸酒"在清代表示蒸馏酒）。如宋代洪迈的《夷坚丁志》卷四的《镇江酒库》记有"一酒匠因蒸酒堕入火中"。但这里的蒸酒并未注明是蒸煮米饭还是酒的蒸馏。

《宋史·食货志》中关于"蒸酒"的记载较多。采用"蒸酒"操作而得到的一种"大酒"，也有人认为是烧酒。但宋代几部重要的酿酒专著（朱肱的《北山酒经》、苏轼的《酒经》等）及酒类百科全书《酒谱》中均未提到蒸馏的烧酒。北宋和南宋都实行酒的专卖，酒库大都由官府有关机构所控制。如果蒸馏酒确实出现的话，普及速度应是很快的。

3. 唐代说

唐代是否有蒸馏烧酒，一直是人们关注的焦点。"烧酒"一词首先是出现于唐代文献中的。如白居易（772—846 年）的诗句"荔枝新熟鸡冠色，烧酒初开琥珀香"；雍陶（唐大和大中年间人）的诗句"自到成都烧酒熟，不思身更入长安"。

但从唐代的《投荒杂录》所记载的烧酒之法来看，烧酒则是一种加热促进酒成熟的方法。该书中记载道:"南方饮'既烧',即实酒满瓮,泥其上,以火烧方熟,不然不中饮。"显然这不是酒的蒸馏操作,而是蒸煮过程。在宋代《北山酒经》中,这种操作又称为"火迫酒"。由此看来,唐代已有蒸馏的烧酒的观点还缺乏充足的说服力。

尽管如此,李肇在唐《国史补》中罗列的一些名酒中有"剑南之烧春",现代一些人认为唐代文献中所提到的烧酒即是蒸馏的烧酒。

4. 东汉说

近年来,在上海博物馆陈列了东汉时期的青铜蒸馏器。该蒸馏器的年代,经过青铜专家鉴定是东汉早期或中期的制品,用此蒸馏器作蒸馏实验,蒸出了酒度为 20.4%～26.6% vol 的蒸馏酒。在安徽滁州天长县黄泥乡汉墓中也出土了一件几乎同样的青铜蒸馏器。

专门研究这一课题的吴德铎先生和马承源先生认为,我国早在公元初或一二世纪时期,人们在日常生活中已使用青铜蒸馏器,但他们并未认定此蒸馏器是用来蒸馏酒的。吴德铎先生在 1986 年于澳大利亚召开的第四届中国科技史国际学术研讨会上发表这一轰动世界科技史学界的研究结果后,引起了《中国科学与技术史》编撰者、英国剑桥大学东方科学技术史图书馆馆长李约瑟博士的高度重视,并表示要对其原著作中关于蒸馏器的这部分内容重新修正。该论文也引起了国内学者的关注,有人据此认为"东汉已有蒸馏酒"。

东汉青铜蒸馏器与金代蒸馏器的构造也有相似之处。该蒸馏器分甑体和釜体两部分,通高 53.9 cm。甑体内有储存料液或固体酒醅的部分,并有凝露室。凝露室有管子接口,可使冷凝液流出蒸馏器外,在釜体上部有一入口,大约是随时加料用的。

蒸馏酒起源于东汉的观点,目前没有被广泛接受,因为仅靠用途不明的蒸馏器很难说明问题。此外,东汉以来的众多酿酒史料中都未找到任何蒸馏酒的踪影,缺乏文字资料的佐证。

在国外,已有证据表明,大约在公元 12 世纪,人们第一次制成了蒸馏酒。据说当时蒸馏得到的烈性酒并不是饮用的,而是作为燃料或溶剂,后来又用于药品。国外的蒸馏酒大都用葡萄酒进行蒸馏得到。英语中的"spirits"来源于拉丁语"spiritus vini"。后来帕拉塞尔苏斯又把葡萄蒸馏的烈性酒称为"al ko hol"(意指 the fiest, the noblest)。

从时间上来看,公元 12 世纪相当于我国南宋初期,与金世宗时期几乎同时。我国的烧酒和国外烈性酒的出现是否是时间上的一个偶合尚难断定。

5. 商代说

近年来的考古研究发现,在安阳殷墟妇好墓中出土的青铜汽柱甑可用于提取蒸馏酒。该器作圆形盆状、敞口,沿面有一周凹槽,可与它器吻合,腹附双耳,凹底。甑内正中竖立一圆筒状透底汽柱,柱顶作四瓣花朵形,中心呈苞状突起,周身有四个瓜子形镂孔,汽柱稍低于甑口。一般认为,此器为炊具,置于鬲上蒸制食品。但很显然,它决非一般蒸制食品的甑。普通铜甑在妇好墓中出土多件,形制与汽柱甑不同,均敞口,腹较深,平底或凹底,上留四个汽孔。两相比较,汽柱甑有可能是用于蒸制流质或半流质食品的,也更有可能是提取蒸馏酒的器具。

可见,我国蒸馏酒的起源甚至可能上溯到商代晚期,这样的话,也不排除国外蒸馏酒(烈性酒)技术是我国的烧酒技术的发展和演变。

二、中国酒的种类和命名

中国酒在大的分类上,除了占统治地位的黄酒和曲酒之外,还有各种类型的其他传统酒类，如果酒、药酒、乳酒等，以及近代由于受国外影响而迅速发展起来的葡萄酒和啤酒等。

由于生产历史悠久，生产原料多样，生产技术繁杂等多种因素，中国酒的种类很多，分类方法也不尽统一。如有根据酿造方法和酒的特性的分类，根据酒度的分类，根据原材料的分类，或根据产地、名胜、名人、典故、色泽、用曲、添加剂等的分类。

(一) 中国酒的基本分类方法

根据学术界大多数人的认同，中国酒与世界其他国家的酒类情况一样，可按照酿造方法和酒的特性进行基本的分类，即发酵酒、蒸馏酒、配制酒三大类别。

1. 发酵酒

发酵酒是指酿酒原料被微生物糖化发酵或直接发酵后，利用压榨或过滤的方式获取酒液，经贮藏调配后所制得的饮料酒。发酵酒的酒度相对较低，一般为3%～18% vol左右。酒中除酒精之外，富含糖、氨基酸、多肽、有机酸、维生素、核酸和矿物质等营养物质。发酵酒的主要类别包括黄酒、啤酒、葡萄酒、果酒等，产量占酒类总量的70%。

2. 蒸馏酒

蒸馏酒是指酿酒原料被微生物糖化发酵或直接发酵后，利用蒸馏的方式获取酒液，经储存勾兑后所制得的饮料酒。这种酒的酒度相对较高，最高为62% vol左右，低度白酒为28%～38% vol。酒中除酒精之外，其他成分均为易挥发的醇、醛、酸、酯等呈香、呈味组分，几乎不含人体必需的营养成分。蒸馏酒包括中国白酒的全部类别，如大曲酒、小曲酒，以及中国洋酒（如白兰地、威士忌、伏特加）等。

3. 配制酒

配制酒是指利用发酵酒或蒸馏酒或食用酒精作为基酒，直接配以多种动植物汁液或食品添加剂，或用多种动植物药材在基酒中经浸泡、蒸煮、蒸馏等方式制得的饮料酒。酒度一般为18%～38% vol左右，是风味、营养、疗效强化的酒类。配制酒包括中国露酒的全部，如营养保健酒、饮用药酒，以及各种调配酒（如鸡尾酒）等。

(二) 中国酒的习惯命名方法

中国酿酒文化历史悠久，古往今来出现过不少名酒佳酿。历史上中国酒的命名主要有产地、酿酒法、牌号等几种方式。

1. 产地命名

如新丰酒（汉代名酒，陕西临潼一带）、兰陵美酒（唐代名酒，山东兰陵）、剑南春（唐代名酒，四川北部一带）、金华酒（明代名酒，浙江金华）、绍兴酒（清初兴起，浙江绍兴）、西凤酒（陕西凤翔）、茅台酒（贵州仁怀）、泸州大曲（四川泸州）、汾酒（山西汾阳）、京口酒（江苏镇江）等。

2. 酿造方法和贮藏容器命名

如梨花春（唐宋名酒，梨花捣汁、和曲酿成）、郫筒酒（古代郫县用竹筒包装盛酒出售）、加饭酒（酿造中额外添加蒸米）、女儿红（女儿出生时酿造储存至女儿出嫁）、状元红（男儿出生时酿造储存至成年或发科）等。

3. 牌号命名

常用古人名、酿家名、酒特色名等，更多的是取能吸引人的美名，如杜康（古代河南名酒，假托造酒始祖）、文君（古代四川名酒，假托文君当垆）、麻姑（古代江西名酒，假托传说女仙）、温永盛（四川泸州名酒，取酿酒作坊名）、董酒（贵州名酒，取酿酒者姓氏）、张裕金奖白兰地（山东名酒，取酿酒企业名）、古井酒（安徽名酒，泉水取自古井而名）、玉液春（唐代名酒，"春"常做名酒美名）等。

（三）中国酒的别名及雅号

除了正式的命名外，中国酒在历史上还有一些别名或雅号。酒的雅号，并不是指各种酒的具体名目和牌号，而是表面上和酒似乎不相干，却可以用来指代酒的名词。雅号常出自于典故，是一定时期历史文化背景的反映。

1. 黄流

"黄流"出于《诗·大雅·旱麓》中"瑟彼玉瓒，黄流在中"。旧时的文人熟读四书五经，都知"黄流"的意思，一提就知是杯中物。

2. 黄娇

"黄娇"出于宋人诗"加餐宜白粲，取醉喜黄娇"。"黄娇"与"黄流"相联系而更隐晦，娇是取其媚人之意。

3. 欢伯

唐人称酒为"欢伯"，取它使人欢乐之意。唐人诗中常见，如武瑾"隔巷闻欢伯，不招客自来"。语出汉代焦延寿《易林·坎说》："酒为欢伯，除忧来乐。"与宋代苏轼称酒为"扫愁帚"、"钓诗钩"之意相似。

4. 曲秀才、曲道士、曲居士

唐代郑棨《开天传信录》中记载的神话故事：道士叶法善与一群官员相聚，大家想吃酒时，有人叩门而入，自称曲秀才，叶用剑刺他，化为酒瓶，满装醇酒，坐客皆醉。

《集异录》也有一个神话故事：道士叶静能带了一个小徒弟陪汝阳王李琎（杜甫《饮中八仙歌》中的一位）拼赌酒量，喝到五斗醉倒，一看原来是一只能容五斗的酒瓮。

唐代诗人黄庭坚写过"万事尽还曲居士"的诗句，陆游也有"孤寂惟寻曲道士"的诗句。

5. 般若汤

佛教徒用的隐名，出于《释天会要》。唐代长庆年间有一游方僧到一个寺挂单，叫寺里的侍者沽回酒来。寺僧怒其不守清规，夺瓶掷向柏树，瓶碎，酒凝滞在柏树上似绿玉，摇之不散落。这游僧说："我诵《般若经》，要喝一杯酒，使声音浏亮。"将瓶拼合，收回泼出的酒，几口入肚。"般若汤"之名由此而来。

据《东坡志林》载："僧谓酒为'般若汤'，鱼为'水栓花'，鸡为'钻篱菜'。"僧侣不准吃的酒、鱼、鸡都有雅称。

6. 圣人、贤人

这源自《三国志·魏书·徐邈传》和《异苑》记载的故事。徐邈是曹操属下的尚书郎，当时曹操颁令禁酒，徐邈却每天私下饮酒，喝得醉醺醺的。一个叫赵达的官员去询问他公事，他沉醉中答道："中圣人。"意思是醉酒了。赵达禀告了曹操，曹操大怒，但不知道"圣人"是什么意思。在旁的鲜于辅进道："嗜酒的人把清酒叫做'圣人'，浊酒叫做'贤人'。徐邈为人品行端正，偶尔讲讲醉话而已。"

7. 青州从事，平原督邮

这出于《世说新语》，晋代大将军桓温手下有一个主簿，善于品酒，凡有酒都叫这个主簿品尝。主簿把好酒称为"青州从事"，劣酒称为"平原督邮"。因为青州境内有齐郡，"齐"与"脐"同音，凡好酒都是酒力下沉到脐部的，从事又是美职；而劣酒则不下肚，至横膈膜为止，而平原有鬲县，与"膈"同音，督邮又是贱职，故以此为喻。

宋代苏轼贬官惠州时，有人去信送酒，信到而六瓶酒不到，作诗嘲之云："岂意青州六从事，化为乌有一先生。"

（四）现代中国酒的国家名酒

自1949年中华人民共和国成立以来，我国共进行了5次国家级的名酒评选活动，其目的是加快技术进步，提高酒的质量。除了代表国家最高水平的国家名酒（金质奖）外，还颁布了国家优质酒（银质奖）。

1. 历届国家评酒会议

第一次全国评酒会于1952年在北京召开，由中国专卖实业公司主持，共评出8种国家级名酒（见表1.2～表1.4），其中白酒4种，黄酒1种，葡萄酒类3种。

第二次全国评酒会于1963年在北京召开，由轻工业部主持，并首次制定了评酒规则，共评出国家级名酒18种（见表1.2～表1.6）。其中白酒8种，黄酒2种，啤酒1种，葡萄酒类6种，露酒1种。

第三次全国评酒会于1979年在辽宁大连举行，由轻工业部主持，共评出18种国家名酒（见表1.2～表1.6）。

第四次全国评酒会于1984年在山西太原举行，由中国食品协会主持，共评出国家名酒28种（见表1.2～表1.6）。

第五次全国评酒会于1989年在安徽合肥举行，从白酒中评出17种国家名酒（见表1.2）。其他酒类未评。

2. 历届国家名酒

在上述5届国家评酒会议中评选出的各类中国黄酒、中国白酒、中国啤酒、中国葡萄酒、中国果露酒的国家名酒分别列于表1.2～表1.6。

表1.2 中国名酒（白酒类）

企业名称	注册商标	产品名称	香型	届次
贵州茅台酒厂	飞天牌、贵州牌	茅台酒	酱香	①②③④⑤
杏花村汾酒总公司	古井亭、长城牌	汾酒	清香	①②③④⑤
泸州曲酒厂	泸州牌	泸州老窖	浓香	①②③④⑤
西凤酒厂	西凤牌	西凤酒	其他香	①②④⑤
五粮液酒厂	五粮液牌	五粮液酒	浓香	②③④⑤
亳州古井酒厂	古井牌	古井贡酒	浓香	②③④⑤
成都全兴酒厂	全兴牌	全兴大曲酒	浓香	②④⑤
遵义董酒厂	董牌	董酒	其他香	②③④⑤
绵竹剑南春酒厂	剑南春牌	剑南春酒	浓香	③④⑤
洋河酒厂	羊禾牌、洋河牌	洋河大曲	浓香	③④⑤
双沟酒厂	双沟牌	双沟大曲、特液	浓香	④⑤
武汉市酒厂	黄鹤楼牌	黄鹤楼酒	浓香	④⑤
古蔺郎酒厂	郎泉牌	郎酒	酱香	④⑤

续表1.2

企业名称	注册商标	产品名称	香型	届次
常德武陵酒厂	武陵牌	武陵酒	酱香	⑤
宝丰酒厂	宝丰牌	宝丰酒	清香	⑤
鹿邑宋河酒厂	宋河牌	宋河粮液	浓香	⑤
射洪沱牌酒厂	沱牌	沱牌曲酒	浓香	⑤

表1.3 中国名酒（黄酒类）

企业名称	注册商标	产品名称	届次
绍兴酿酒公司	鉴湖牌	鉴湖长春酒、加饭酒	①②③④
福建龙岩酒厂	新罗泉牌	龙岩沉缸酒	②③④

表1.4 中国名酒（葡萄酒类）

企业名称	注册商标	产品名称	香型	届次
烟台张裕葡萄酿酒公司	葵花牌	红葡萄酒	甜	①②③④
烟台张裕葡萄酿酒公司	葵花牌	金奖白兰地		①②③
烟台张裕葡萄酿酒公司	葵花牌	味美思		①②③④
青岛葡萄酒厂	葵花牌	白葡萄酒	甜	②
北京酿酒厂东郊葡萄酒厂	夜光杯牌	中国红葡萄酒		②③④
北京酿酒厂东郊葡萄酒厂	夜光杯牌	特制白兰地		②
河北沙城酒厂	长城牌	沙城白葡萄酒干		③④
民权葡萄酒厂	长城牌	民权白葡萄酒干		③
天津中法葡萄酒公司	王朝牌	半干白葡萄酒		④

表1.5 中国名酒（啤酒类）

企业名称	注册商标	产品名称	香型	届次
青岛啤酒厂	栈桥牌、青岛牌	青岛啤酒		②③④
北京啤酒厂	丰收牌	北京特制啤酒		④
上海啤酒厂	天鹅牌	上海特制啤酒		④

表1.6 中国名酒（果露酒类）

企业名称	注册商标	产品名称	届次
杏花花汾酒厂	古井亭牌、长城牌	竹叶青	②③④
园林青酒厂	园林青牌	园林青酒	④

三、中国酒的生产现状和国民经济地位

中国是世界人口大国，也是酒的生产大国。酒的产量很大，但人均消费并不高，这主要

是受粮食人均消费量低的限制。1986年10月,我国轻工业部宣布我国酿酒工业发展战略实行重大转变,酿酒工业的发展必须符合"四个转变",即高度酒向低度酒的转变,蒸馏酒向酿造酒的转变,粮食酒向果露酒的转变,普通酒向高档酒的转变。这为中国酒业的进一步发展指明了方向。

（一）中国酒的生产概况

据行业报告的不完全统计（见表1.7）,新中国成立以来,中国酿酒工业发生了巨大的变化,特别是近十几年来,无论是产量、产值还是税利,都取得了飞跃的发展。

表1.7 我国历年饮料酒的生产情况（产量：万吨）

年度	啤酒	白酒	黄酒	葡萄酒	果露酒	总产量	总产值(亿元)	税利(亿元)
1953						34.47		
1962						72.00		
1970						121.29		
1979						309.83		
1981	91	245.7	55.3	11.1	43.5	446.6		
1985	310.4	337.9	65.7	23.3	114	851.3	93.22	
1988	662.77	467.41	85.9	30.85	109.23	1 356.16		
1991	838.37	524.48	80.64	24.19	71.24	1 538.92	388.5	108.8
1993	1 190.1	593.67	103.61	23.62	56.45	1 967.45		
1996	1 631.7	801		17.03				
1999	2 054.3			25.00				
2000		510	130	27.00				
2002	2 386.8	370	140	28.81				
2004	2 540	323	160	36.73				
2005	3 061.6	349	200	43.43				
2006	3 515.15	404		49.75				
2007	3 931.4	493.95	230	66.50				
2008	4 103	572					2 874	625
2009	4 236.38	706.93		96		3 700		

中国啤酒工业是进步最快的产业,2002年产量达到2 386.8万吨的当年世界最高水平,并一直保持世界第一产销大国的称号至今,2008年产量超过4 000万吨。

白酒产量逐年上升,在1996年达到高峰后逐年下降,并基本上稳定在300万～500万吨的年平均水平,近年又逐步上升,2009年产量达到700万吨以上。

黄酒产量在重视健康趋势的带动下,有逐年上升的趋势,但基本上趋于稳定,呈稳定增长的态势。

葡萄酒生产逐年上升,20世纪80年代末达到高峰后跌入低谷,90年代开始逐渐复苏,产量呈持续上升趋势。

果露酒情况自20世纪80年代中期达到顶峰后,一直呈下降趋势。

(二) 中国酒的生产厂家

据 1993 年的统计，全国县以上酿酒企业和乡村较大规模的酿酒企业共有 12 000 多家，职工 40 多万人，科技人员约 6 000 多人。

按利税总额排序，1994 年进入中国轻工业行业 200 强的酿酒企业有 63 家，占 200 强的 31.5%，其中，白酒企业 33 家，啤酒企业 25 家，葡萄酒企业 1 家，酒精企业 2 家。按销售额排列，进入 200 强的酿酒企业有 30 家，占 200 强的 15%，其中，白酒企业 17 家，啤酒企业 11 家，葡萄酒企业 1 家，酒精企业 1 家。在进入 200 强前 50 名的酿酒企业中，按销售额排列有 5 家，销售额达 5 亿元以上，其中，白酒企业 4 家，啤酒企业 1 家。由此可见，酿酒行业仍是中国轻工业的一支劲旅。

1. 白酒企业

在酿酒行业中，以白酒企业为主力军。据不完全统计，2006 年 1 月至 11 月，全国规模以上白酒企业 1 026 家，从业人员 31 万人，资产 1 162.17 亿元，负债 558.28 亿元，产量 397.08 万吨；白酒主业销售收入 971.39 亿元，利润 100.2 亿元，税金 139.72 亿元，是仅次于烟草的高税率行业；在酿酒行业内部，白酒利润大于啤酒 1.08 倍，葡萄酒 14.79 倍，黄酒 41.05 倍。白酒行业小酒厂众多，虽然注册白酒企业上升到 3.7 万家左右，但众多小型白酒企业困境重重，白酒市场的优胜劣汰明显加剧。

在白酒企业中，四川白酒产业在全国占有很重要的地位，亦享有崇高的声誉，除拥有国家 17 个名酒品牌中的 6 个之外，还有很多国家优质酒以及省、部级优质酒。川酒不仅在质量上占优势，而且产量也是全国第一。2008 年川酒产量高达 98.24 万吨，占全国白酒总产量的五分之一；销售收入 481.77 亿元，占全国白酒总销售收入的三分之一；利润方面，四川白酒也占全国白酒总利润的三分之一。此外，四川还有大量散酒销往全国各地，有的年份销出的散酒高达 70 万吨之多。

2. 黄酒企业

黄酒生产从全国范围来看，总的趋势是稳中有升，逐渐走向集团化经营。到 2000 年，全国最大的 4 家黄酒企业全部成立了股份制公司，产量占到全国产量的 17%，其中，中国绍兴黄酒集团公司生产量约 10 万吨，实现利税约 2 亿元，跨入了酿酒行业的利税亿元行列。黄酒企业的出口业务扩大，外销形势看好，新品种的科技投入均有所增加。

目前，大型黄酒企业的古越龙山（主要品牌包括"古越龙山"、"沈永和"、"鉴湖"、"状元红"）、绍兴东风酒厂（主要品牌为"会稽山"）等的产能已达到 11 万吨，销售地区以上海、江浙为主，全国各大城市也销售，并有一定的出口量。

3. 啤酒企业

在啤酒企业中，据《中国食品工业》1995 年初的资料显示，全国已有 30 多家啤酒企业集团，产量占全国总产量的 40%。近年来，啤酒集团化的趋势还在进一步加强。表 1.8 为 2008 年中国十大啤酒企业产量排行榜。

表 1.8 2008 年中国十大啤酒企业产量排行榜

序号	企业名称	2008年产量（kL）	市场占有率（%）
1	华润雪花啤酒［中国］有限公司	7 298 649	17.79
2	青岛啤酒集团有限公司	5 432 294	13.24
3	北京燕京集团有限公司	4 223 125	10.29
4	河南金星啤酒集团有限公司	1 852 258	4.51
5	重庆啤酒［集团］有限公司	1 766 304	4.30
6	英博雪津啤酒有限公司	1 296 904	3.16
7	广州珠江啤酒集团有限公司	1 189 120	2.90
8	金威啤酒［中国］有限公司	633 047	1.54
9	三得利啤酒［中国］投资有限公司	621 399	1.51
10	百威［武汉］国际啤酒有限公司	516 671	1.26

（三）中国酒的销售及消费情况

1. 白酒

目前全国白酒产量在饮料酒中居第二位，平均每人年消费量为 4~5 公斤。但国家名、优酒仅占白酒总量的 10% 左右，其中名酒的产量更低。据商业部统计，1991 年，全国的名酒商品量为 36 900 吨，仅占全国白酒总产量的 0.7%。近年来，白酒年产量基本保持在 400 万~600 万吨水平。

从销售情况看，国家名酒供不应求，国家名酒中，又以浓香型白酒最为畅销。货真价实的优质酒和一般中低档的酒销售较畅，人们的消费习惯已经逐渐从高度酒转向低度酒。目前，国内的 17 家名酒厂都推出了各自的低度酒，而且在产量上低度酒已超过了高度酒。据估计，低度酒所占比重已超过 60%。由于酒类品种丰富多彩，消费者有了更多的选择余地。

2. 啤酒

啤酒从 20 世纪 80 年代开始进入高速发展阶段。1986 年，啤酒产量首次超过了白酒，达到 412.88 万吨，在我国饮料酒中独占鳌头，到目前为止，啤酒仍然是产量和消费量最大的酒类。2002 年，中国啤酒产量在持续 9 年居世界第二后，以 2 386.83 万吨的产量超过美国的 2 200 多万吨，成为世界第一。2003 年，国内啤酒消费量已超过 2 400 万吨，中国已取代美国成为世界最大的啤酒消费市场。此后，中国继续保持"世界啤酒第一产销大国"的地位，目前啤酒仍然是我国产量和消费量最大的酒类。

尽管中国啤酒产量已连续数年位居世界第一，但人均啤酒年消费水平不高。2007 年人均消费为 28.9 升，基本达到世界平均水平 29 升，但离排名前 3 位的捷克、爱尔兰、德国等年均 110~160 升的人均消费水平还有较大差距。由于中国是农业大国，中国的农村市场仍有很大空间可以开发，如果城市居民和农村居民在日常消费品占有上的区别能够消除，那么中国啤酒市场规模在 2008 年超过 4 000 万吨后还有很大的上升空间。

目前，瓶装啤酒仍是啤酒消费的主流；易拉罐包装主要在旅游、饮食餐馆业较有销路，产量平稳；散装啤酒和桶装啤酒以地产地销为主；生啤最近几年来发展很快，基本上已得到了普及；其他品种的啤酒，如黑啤、干啤、无酒精啤酒和营养啤酒的销售也有上升的趋势。

3. 葡萄酒

2004 年，烟台张裕集团有限公司以 6 亿元的利税总额进入当年年度酿酒企业十强，是当中唯一一家葡萄酒企业。这意味着国产葡萄酒终于突破"小酒种"的角色，与白酒、啤酒形成了鼎足之势（见表1.9）。

表1.9 全国利税总额最大的饮料酒生产企业（2004年）

次序	企 业 名
1	五粮液集团
2	茅台集团
3	剑南春集团
4	青岛啤酒集团
5	燕京啤酒集团
6	珠江啤酒集团
7	张裕葡萄酒集团

（四）中国酒业的国民经济贡献

酿酒业是国家税收和财政的重要支柱产业之一。到2008年为止，我国酿酒企业年产值已达2874亿元，税利625亿元。酿酒工业所创造的经济效益为社会主义市场经济建设发挥了重要的作用。

1. 白酒

近年来，通过企业结构及产品结构的调整，白酒生产的技术水平和生产效率得到了很大提高；通过加强企业管理、降低能耗等途径，在控制总量的基础上，白酒企业的税金和利润得以同步增长。2005年白酒利税达到150亿元，其中利润占30%以上；2006年，全国规模以上白酒企业，产量和利润分别增长18.2%和25.93%。在此基础上，轻工行业协会要求白酒每年产量增加10%~20%，利润增加15%~25%，通过强化品牌优势，创建中国优秀品牌、世界品牌，实现全球化，通过30~50年的努力，使中国白酒成为世界性白酒。

2. 黄酒

2000年中国黄酒行业的利税达6亿元，2005年黄酒出口创汇额比2000年增长50%，仅绍兴酒的出口总量就达到8万吨以上。2007年，黄酒行业新产品产值同比增长40.7%，不仅高于饮料酒其他行业该指标的增长，也明显高于本行业全年27.6%的工业总产值增长，说明黄酒行业产品结构调整开始提速，逐步摆脱黄酒产品传统的低档次困扰，并由此带动黄酒产品整体附加值的提高。

随着消费升级的深化和消费者对黄酒营养功效的进一步认识，以及黄酒企业对产品口味的不断改进，黄酒这一中华民族特有的古老酒种将迎来历史性发展机遇，进入新一轮增长周期。黄酒消费结构逐渐转向中档及中高档，产品与技术不断创新。

3. 啤酒

2005年中国啤酒行业的利税总额超过120亿元，亏损企业减少到20%以下。"十五"期间啤酒出口量有较大的增长，企业结构重组和外资投入力度不断加大，2007年产量接近4000万吨，2008年产量达到4100万吨，其利润贡献率仅次于白酒。

4. 葡萄酒

2007年，全国葡萄酒产量的同比增长为饮料酒各行业中最高增幅。生产与消费向骨干企业集中，综合规模最大的6家企业合计产量与产值分别占行业的39.8%和51.1%，而合计收入与利润的增长也明显快于行业的增长。

纵观葡萄酒行业,从政府管理到行业自身调节机制已比较完备,市场从感性消费正逐步向理性消费转化,品牌体系也逐渐丰富。特别是 2007 年新国家标准的出台、国际葡萄酒的规模化进入、国内企业自身的战略布局调整与国际化的深入,标志着中国葡萄酒已经与世界葡萄酒融为一体,从初级阶段进入了发展阶段。

第二节　中国酒的文化基础

世界上酒类众多,任何一个国家或民族,都有与自己民族生活习惯密切相关的各类酒品,中华民族也不例外。我国劳动人民在同自然环境、社会环境的不断斗争和发展过程中,形成了具有中华民族文化特点和风格特征的各种类型的中国酒。而当中国酒与社会大众的日常生活相互接触和相互影响的时候,就形成了中国酒的文化内涵。

一、中国酒文化的基本概念

酒文化首先是一种文化,而文化的概念是有广义和狭义之分的。广义的文化是指人类劳动所创造的成果的总和,凡是人类有意识地作用于自然界及社会的一切活动,均属于广义的文化,包括物质生产、社会组织、精神生活、科学技术、风俗习惯等内容。狭义文化是指与特定民族的生产和生活方式相适应,以语言为符号传播的价值观念和行为准则,包括思想道德、文学艺术、宗教信仰,以及相应的组织和制度等。

(一) 酒文化的定义及社会现象

1. 中国酒文化的定义

所谓酒文化,就是指人类在酿酒和饮酒实践中所展示的各种社会生活,以及反映这种社会生活的各种意识形态,它包括物质和精神两个方面的内容。

酒文化的物质方面包括酿酒技术的发展、色香味不同的各种类型的酒、酒具的产生与演化等;酒文化的精神方面包括酿酒理论、饮酒的风俗习惯,以及宗教、伦理、政治、法律、文学和艺术等领域的泛文化现象。

2. 中国酒文化的社会现象

由于酒是一种特殊的饮料,它既能使人兴奋,也能使人麻醉,饮酒就成为有别于其他饮食行为的特殊行为。饮酒行为必然受到政治、经济、习俗、道德等特定条件的制约,并表现出人类精神活动的特点,如风俗习惯、伦理道德、审美情趣等。酒文化现象是人类精神生活的反映。

酒文化的产生与发展,受许多因素的影响,是一个历史的过程。如农业发展在酒文化演进中的基础作用、科技进步对酿酒工艺的促进、手工业发展对酒具质地和形制的制约、自然地理条件对酿酒业的微妙作用等,都反映出酒文化是人类历史的一部分,受到其他文化的影响,并与它们相互交融。

(二) 中国酒文化的特殊性

酒文化作为一种特殊的文化形式,在中国传统文化中有其独特的地位。

中国古人将酒的作用归为 3 类:酒以治病、酒以养老、酒以成礼。实际上,几千年来酒的作用并不仅限于此,至少还包括酒以成欢、酒以忘忧、酒以壮胆等。此外,酒也使人沉湎、堕落、伤身败体,如历史上有不少国君因沉湎于酒,招致亡国之祸。

在几千年的文明史中,酒文化几乎渗透到社会生活中的各个领域。

1. 中国酒业的发展与中国农业生产密切相关

中国是一个以农立国的国家,一切政治、经济活动都以农业发展为立足点。中国的酒绝大多数是用粮食酿造的,酒紧紧地依附于农业,成为农业经济的一部分。粮食生产的丰歉是酒业兴盛的晴雨表,各朝代统治者根据粮食的收成情况,通过发布酒禁或开禁来调节酒的生产,从而确保民食。反过来,酒业的兴衰也反映了农业的状况,是了解历史上天灾人祸的线索之一。在一些地区,酒业的繁荣对当地社会生活水平的提高起到了积极作用。

2. 中国酒政的变化与社会经济活动密切相关

自汉武帝时期实行国家对酒的专卖政策以来,从酿酒业收取的专卖费或酒的专税就成为国家财政收入的主要来源之一。酒税收入在历史上还与军费、战争有关,直接关系到国家的生死存亡。在有的朝代,酒税(或酒的专卖收入)还与徭役及其他税赋形式有关。

3. 中国酒文化的思想精髓体现了儒家哲学的特点

自古以来,因为酒而产生了不少名人趣事,正因为有了酒的熏陶和浸润,中国酒文化才显得更加丰富多彩,让人回味无穷。

在不少的古书典籍中都有酒的记载,酒与文化结下了不解之缘。酒文化博大精深,人们往往只能点到为止,难尽其意。但从众多的酒人酒事中不难看出两个字——中庸,即不偏不倚,这既是儒家的最高道德标准,也是中国酒文化的思想精髓。

早在 1 800 多年前,东汉学者许慎就为酒下了一个令人深思的定义:"酒,就也。所以就人性之善恶也;一曰造也,吉凶所造起。"这句话入木三分地说到了酒的本质:酒是一种可以使人为善,也可以使人为恶;可以趋吉,又可以趋凶的特殊液体。正之则善,偏之则恶;正之则吉,偏之则凶。

同为饮酒,饮同一种酒,是善是恶,孰吉孰凶,在于人的本性。饮酒恰到好处,则善则吉;纵酒过度,则凶则恶。同样是饮酒,凡人粗俗地吆五喝六,大声喧哗,争执得脸红脖粗,直到烂醉如泥;雅士则文质彬彬地大行酒令,高潮时,或即兴吟哦,或引吭高歌——真正体现了酒是集大地精华和人的智慧,扎根于芸芸众生之间,通俗与高雅并存,浅薄与深邃同在的不偏不倚的中庸之道。

4. 中国酒文化是以汉民族为代表的中国文化的有机组成部分

灿烂夺目的中国文化是在历史的延续中,由中华各民族的文化融会而成的。其中汉民族文化在与其他民族文化相互影响、相互汲取中,占据了主导地位,形成汉民族文化居主导地位的融合性文化。中国酒文化也具有这一特征。

(三) 中国酒文化的主要内容

中国酒文化的形成和发展,与中华民族传统文化的发展是同步的。中华民族在漫长的历史进程中形成的民族性格、民族道德、生活方式、风俗习惯等,构成了中华民族文化的内容,同时它们也渗透到中国酒文化的各个方面,成为中国酒文化的内容。以儒家思想为核心的道德伦理观念,渗透中国酒文化中,规范着个体和群体的饮酒行为。因此,中国酒文化强调酒在政治、教化、人际关系等方面的作用,包罗万象,丰富多彩。中国酒文化所折射出的是中华民族悠久的历史;中国酒文化的发展历程,是灿烂的中华文明史的缩影。

1. 中国酒类品种的形成和发展

按照酿酒业界经营上的习惯，中国的酒分为黄酒、白酒、果露酒、啤酒和葡萄酒五大类。其中每一大类又可以根据产地、原料、工艺特点、酒色、酒味、酒曲等分为更多的种类。

以白酒为例，白酒可以根据香型区分出十二大类型，其中，酱香型（茅型）、清香型（汾型）、浓香型（泸型）、米香型为四大基本香型。而同一香型的酒，由于产地自然条件的差异、工艺操作细节的不同，其香气和风味也各有特色，可以形成不同的流派。如浓香型白酒，根据地域及香味特征，可以再划分为四川派、江淮派、北方派等。

2. 中国酒具的产生与演变

酒具的产生与演变包括酒具的起源、酒具的种类、各种酒具的发展变化等。例如，我国少数民族众多，生活习惯、生活方式、生活环境千差万别，在长期的历史发展过程中形成了具有自己民族特色的饮酒文化和酒具。少数民族酒具的存在和发展，对中华民族酒具的演变和发展具有显著影响。

3. 中国酒的酒疗与健康

酒疗与健康主要是以传统中医学和现代西医学理论为基础的酒文化内容，涉及酒的功效、酒的危害、酒的饮用方法、饮酒禁忌、解酒与戒酒等各个方面。通过对酒的主要化学成分、酒的生理代谢方式、酒在人体内的生理阈值等的阐述，倡导健康的饮酒之道。

4. 饮酒民俗

饮酒民俗指涉及各民族在婚丧嫁娶、岁时佳节、宗教活动中的饮酒习俗。从对"超自然力量"的鬼神崇拜，到儒家传统饮酒文化根基的酒德和酒礼，再到与人们日常生活息息相关的各个方面，系统的礼法习俗已经形成；而雅俗共赏的酒令已日趋发展演变为多姿多彩的各种饮酒助兴方式。

5. 酒与文化艺术

酒与文化艺术主要涉及文学艺术作品中的酒文化现象以及酒在文艺创作过程中的独特作用，包括酒与诗词、酒与对联、酒与书画、酒与通俗文化、酒与戏曲、酒与音乐、酒与武术、酒与杂技等各方面的相关内容以及酒与文化艺术的相成关系。

6. 饮酒的社会心理

饮酒的社会心理主要是关于酒在社会文化中的功能以及酒与群体的心理和行为。通过酒人酒事所描述的饮酒行为及社会规范，强调正义与邪恶、利益与危害在于人的本性，在于饮酒的一线之间，揭示出饮酒适度是中国酒文化的思想精髓，"中庸"是儒家不偏不倚的最高道德标准。

二、中国酒文化的历史发展特征

（一）夏商周时期——酒祭

人类对神的信仰，显示了对神灵所代表的自然力的崇拜。祭祀，是人们向神祇祈福求祚的重大仪式。随着社会的发展和文明的进步，祭祀的政治意义日益加强，帝王的祭祀仪式作为朝廷大典，成为国家的重要政治活动。不论是郊祀，还是宗庙里的祭祀，都是王朝的大事，礼仪十分隆重。凡是祭祀，除要供献牛羊等牲畜及五谷瓜果外，还要献鬯酒——酒以成礼，酒在祭祀活动中，起着无可替代的作用。

1. 夏商的神鬼之祭

夏代奉行巫教礼仪，夏朝君主主持巫教典礼。到了商代，商朝人把夏朝奉行的巫教发展成形式严密、更加系统的祭祀制度，用以规定政治和伦理秩序，构造观念体系。商人奉行天帝崇拜和先王崇拜，祭祀礼仪也由简而繁，渐渐发展出严格的等级观念。在商代的甲骨文中，就有向死去的先王献酒的记载。

2. 周朝的天地万物之祭

在周代，周氏族的历史传统和殷朝的文化遗产相结合，祭祀活动有所变化，但祭祀仍是最重要的国家大典。与殷商不同的是，周人并不执著于对神的迷信，而是敬畏于自然和祖先的恩泽和庇佑。周代祭祀的对象很多，诸如天地、山川、社稷、宗庙、祖先、神鬼等等。酒祭分为两类：一类是用鬯把神灵从天上迎下来，叫做降神；另一类是用玄酒和秝酒陈供和献尸。祭祀的对象不同，所用祭酒也有区别。祭祀对象的年代越久，用酒要越淡。周代的制度是用玄酒为最尊，祭祀天地和在太庙祭祀祖先神主，都要陈列玄酒。敬神献尸的酒味道淡薄，而参与祭祀者饮用的清酒、昔酒和事酒，味道则较为醇厚。

周代祭祀属于礼的范围。王祭祀天地神祇，也要求平民敬天事神，尤其要服从代表天意治理天下的天子。祭祀礼仪礼节繁缛，规格谨严。大多数祭祀活动用献酒的次数代表礼仪的繁简。小的祭祀一献，祭祀社稷三献，遥望四方山川五献，南郊祭天七献，宗庙合祭祖先九献，无论繁简，祭祀均离不开酒。

宗庙九献之礼，祭祀程序最为隆重。首先是预备礼，百官各就各位，大小宗伯等取出各祖先牌位，按规定方式陈列。其次是入场礼，王和王后身着礼服入场，分站于东侧和西侧，用来代替祖先神灵的尸人进入西房。第三是降神礼，在礼仪的乐声中，王用玉柄勺从彝中酌郁鬯，转授给尸人，尸人将一部分酒浇到地上，自己呷一口，然后将剩下的鬯酒陈放在供桌上，称为一献。随即，王后用玉柄勺酌鬯酒交给尸人，尸人重复一献时的动作，称为二献。二献礼仪结束时，乐队演奏降神舞乐，反复9遍，意味着祖先全部到齐。降神之后，祭祀礼正式开始，分为朝践、馈献、加事、加爵4个阶段。在朝践阶段，王从东阶上，用玉爵酌浊酒，依次敬献给尸人；王后从西阶上，用瑶爵酌浊酒，随王依次敬献给尸人，称为三献、四献。在馈献阶段，王酌葱白色的酒，王后酌红色的酒，依次敬献给尸人，尸人接酒，将一部分浇在束好的菁茅上，代表神灵已经享用，尸人自己呷一口，然后将剩余的酒液陈放在供桌上，王和王后的馈献分别称为五献、六献。在加事礼阶段，当尸人吃完饭时，要用酒漱口。王用玉爵酌浊酒，王后用瑶爵酌浊酒，宾长用玉爵酌葱白色酒，依次敬献给尸人，供尸人漱口，分别称为七献、八献和九献。之后，祝官代替尸人酌清酒，由尸人将酒分别酬报给王、王后和宾长，并代表神灵向王、后和宾客们祝词，以示神灵赐福。在加爵礼阶段，王率领群臣为尸人舞蹈，舞毕，太子、三公之长等，依次向尸人献酒，尸人也酬答太子、群臣和众宾客。酬毕，尸人离席而出，庙门两旁举行神礼，祭祀到此结束，并将剩余的祭祀用酒食赏赐给群臣。

周代的这一套祭祀礼仪，后代有所增删变化，但自汉朝以后，祭祀程序变化不大。除了祭祀以外，中国古代还有其他一些宗教礼俗，也是繁简不一，各具特色。但酒作为请神和敬献的祭品，在这些活动中都发挥着不可替代的作用。

（二）春秋战国时期——酒礼

古时，人们把酒与礼联系在一起。酒文化中的礼，不仅是一种社会政治制度的反映，也是伦理秩序的表现，饮酒礼仪演变成为宴饮时的道德规范。把尊卑长幼的伦常礼教制度贯彻在饮酒行为上，是中国酒文化的明显特征。

1. 酒礼的兴起

从史料来看，在奴隶社会尤其是西周时期，对饮酒礼仪的细节规定已经相当严格和具体了。就宫廷饮酒礼仪而言，首先是要严格掌握饮酒时间，一般是在帝王加冕、成婚、丧葬、祭祀等大典时才饮；其次是饮酒顺序，要遵循先天地鬼神，后尊卑长幼的秩序；第三，对酒具的陈列和使用、所饮酒的种类、喝酒的爵数等，均有详细的规范来加以约束，由专设的酒官来监督大家的饮酒行为，以符合礼仪。《诗经》里的《小雅·宾之初筵》一篇就形象地描绘了周王在镐宴饮时的陈设、仪式、射礼、奏乐和席间的气氛。来宾入座后宴饮开始，宾主遵守礼节，互相谦让。席间食具和酒具摆列整齐，鱼肉干果陈设齐备。醴酒味道甘美浓醇，人们不停地往来敬酒，觥筹交错，气氛热烈。当鼓笙响起，人们伴着和谐的乐声，在祖先的神灵前起舞，按百礼行事，诸神来享。祭礼周到而又隆重，神灵就会赐给福祚，子孙个个都欢畅，参加饮宴的人们也都欢快尽兴，还各献技能，在靶场上表演技艺。

当使用酒来敬神祭祖时，不论是帝王宗室的祭献，还是民间百姓的祀祖，祝祷之后必须以酒酹地。在这番礼仪之后，与祭的人们才能开始宴饮。酹酒的仪式要求肃穆，必须恭恭敬敬地手擎酒杯，默念祷词。发展到后代，酹酒时往往将杯中酒分倾三点，最后将余下的酒洒成一个半圆形，象征三点一长钩的"心"字，表示是诚心献礼。

2. 乡饮酒礼的盛行

周代形成的饮酒礼仪对后世影响很大，随着社会发展，一些陈旧的礼仪逐渐被淘汰，但一些礼节代代相传，并对后世产生了深远的影响。

《礼记·乡饮酒礼》中记载了4种乡饮酒礼，有诸侯之国的乡大夫向国君举荐的德才优秀者的饮宴，有年终腊祭时党正举行的饮宴等。乡饮酒礼分为6个阶段：商量宾客名次，告知、催邀；迎接宾客；宴饮开始，宾主互相敬酒行礼；然后按尊卑长幼的秩序依次相酬，不断地饮酒作乐，尽欢乃止；席间乐曲演奏分为升高、笙奏、间歌、合乐4个阶段；宴罢，要为宾客送行，日后还要往来拜谢。这套程序把人们的行为举止和思想感情，统统纳入礼的规范之中。当乡大夫举行乡饮酒礼时，乡大夫为主人，乡之父老为宾客，其中最老而知礼节者为上宾，其余的人为众宾，主要目的是明长幼之序，习宾主之礼，教化人们互相亲睦，尊长敬贤。

春秋时，孙穆子受聘于晋国。晋悼公（公元前572—前558年在位）设宴款待孙穆子时，曾唱《鹿鸣》第三章，这是鹿鸣宴的萌芽。至唐代时，凡由地方官员推荐的赴京应试考生（称乡员），地方州县官要设宴欢送，因宴席间必须奏《鹿鸣》之曲，诵《鹿鸣》之歌，所以称为鹿鸣宴。这是唐代乡饮酒礼的一种。另一种是每年由州县长官，依照朝廷颁布的《乡饮酒礼》实行，以宣传礼教，消除一些人酗酒无度的恶习。直到清代，乡饮酒礼基本上沿袭唐代，只是稍作变化而已。

3. 酒礼的发展和演变

饮酒礼仪产生于奴隶社会和封建社会，具有很强的政治教化目的和道德规范目的，是维护宗法制度和伦理秩序的工具。其中一些礼俗经过数千年变化，被现代人继承下来，成为中华民族传统酒文化的组成部分。

春秋战国时代，就有对宴饮时迟到者罚饮的习惯，这个古老的定约一直延续到今天——当人们相约聚饮时如果有人迟到或闯席，大家常会要求对迟到或闯席者罚酒三杯。干杯也是十分古老的饮酒礼节：先干为敬；另一方要以同样的方式回报，否则就是失礼。明代时，苏州一带宴饮有这样的习俗——干杯时，杯中酒要喝得一干二净；否则，杯中剩余一滴酒，要罚饮一杯酒。今天人们同样认为干杯时杯中有余沥是失礼的行为。再如斟酒，过去以斟八分满为敬，现在讲究要斟满杯，尽量让客人多饮，以显示主人的好客。碰杯时，客人对主人，晚辈对长辈，酒杯举得要略低一些，以表示尊敬。敬酒时，通常是由主人先向客人敬酒，客人饮完后要向主人回敬。劝酒时，主人自己要先干一杯，再让客人干。就客人而言，饮酒时要有所克制，以免因过量而失态，喝醉常被视为失礼。

这些传统性的饮酒礼节，在一些宴饮场合，成为衡量一个人文明程度的标志，也成为人们显示真诚、增进感情、加强交流的媒介。

（三）秦汉时期——酒盛

1. 酒盛的因素

秦汉时期国家统一，经济发展，各地区之间交往频繁，民族融合加强，农业生产技术进步，商业和手工业发达，诸多因素促使了汉代酿酒业的发展。

汉代饮酒之风盛行，与酿酒业的发展互相促进。尽管西汉、东汉均有短暂的禁酒，但旋禁旋弛，并未对酿酒业造成严重阻碍。汉代初年，群聚畅饮的风气很流行，所以汉文帝曾颁布禁止百姓群饮的法令。武帝时，为增加政府收入而开禁，群饮之风如故。

在这种背景下，汉代酒文化迅速发展，酒在人们日常生活中占有越来越重要的地位，酒对人们的社会心理、思想意识产生了深刻的影响。

2. 乐府诗的兴起

公元前195年，汉高祖刘邦率兵击败淮南王英布的叛军，西归途中，经过故乡沛（今江苏沛县），邀集父老乡亲、旧友子弟宴饮，并招来120个少年儿童歌唱助兴。饮酒至酣，刘邦亲自击筑奏乐，放声高歌："大风起兮云飞扬，威加海内兮归故乡，安得猛士兮守四方。"令儿童们和声学唱，他一边高歌，一边起舞，慷慨伤怀，泪下数行。

这首《大风歌》被视为汉代乐府诗的开山之作，刘邦在歌词中抒发了自己荡平天下、统一海内、不可一世的英雄气概，同时也表达了一种深沉的忧虑：事业初创，内忧外患，太子年幼懦弱，自己却日渐衰老。他为政权的命运而担忧，希望有忠心耿耿的将士，来为汉朝守疆卫土。

3. 诗赋的发展

西汉梁孝王雅好诗赋，常常宴集文士，以美酒助诗兴。当时著名的辞赋家枚乘、路侨如、羊胜、韩安国、司马相如、公孙诡等，都是他的座上宾。其中有一位叫邹阳，还作过一篇《酒赋》，称颂酒有"庶民以为欢，君子以成礼"的作用。

西汉末叶的扬雄（公元前53—前18年），字子云，蜀郡成都（今属四川）人，汉成帝时为郎，给事黄门，王莽时任大中大夫，校书天禄阁。他是著名的哲学家、辞赋家，著有《太玄》、《法言》、《甘泉赋》等。相传他喜欢饮酒，杯不离手，写作时必须饮酒。大家知道他嗜酒，遇到有生僻字不能解释时，就带上酒作为礼品向他请教。

东汉末年的孔融，字文举，是名重一时的文士，曾任北海（今山东益都、掖县一带）相，世称孔北海。他嗜酒好客，常对人说，最大的愿望便是座上宾常满，樽中酒不空。汉献帝建安十二年（207年），曹操北征乌恒，因缺乏粮食，表奏朝廷主张禁酒时，孔融表示反对，认为治理国家不能没有酒，并举例说：刘邦为沛公时，郦食其至军门求见献计，有人通报给沛公，沛公得知来的是一位儒生，很轻视他，拒绝接见，郦食其又叫人报告，说自己是高阳酒徒，立刻得到召见，后来郦食其为汉朝的建立立下了功勋；又说，如果没有酒，樊哙也不能在鸿门宴上把刘邦从困境中解救出来,所以,酒对治国之政没什么妨害,禁酒毫无道理。孔融这一番言论,具有诡辩性质,但他的主张,代表了许多人的倾向。所以,曹操禁酒虽得以推行,但其效力却受到多方限制。私酿偷饮的人很多,就连曹操自己属下的尚书郎徐邈,每天都私下饮酒,喝得醉醺醺的,不能处理公事。汉代饮酒之风甚盛,以至于抵制禁酒法令,由此可知一二。

在汉代,由于酒在人们生活中作用的加强,它与文学创作的关系也日益密切,酒逐渐成为文学艺术的主题。邹阳、扬雄各自作有《酒赋》,扬雄还写过一篇《酒箴》。汉代乐府诗以酒为题的也不乏其例。如《杂曲歌辞·饮酒乐》、《四厢乐歌·上寿酒歌》、《清商曲辞·宴酒篇》、《杂曲歌辞·前有一樽酒行》等,都有歌酒咏饮的诗句。如《鼓吹曲辞·将进酒》诗云:"将进酒,乘大白。"《杂曲歌辞·乐府歌》词云:"春酒甘如醴,秋醴清如华。"借助于咏酒之作,人们抒发着对人生的感悟,对社会的忧思,对历史的慨叹。酒的作用潜入人们的心灵深处,从而使酒文化的内涵也随之扩展。

(四) 魏晋南北朝时期——酒嗜

1. 魏晋文化风采的形成及体现

魏晋时期,军阀割据,战乱连年,外族寇扰,边境不宁,对社会文化的各个方面都产生了深刻的影响。

魏晋时期的士人,深深感到汉代以来儒家礼教的幻灭,转而向生活中寻求审美的快感,由此形成了独特的魏晋文化风采,主要体现为:在哲学思想上,崇无轻有;在社会思想上,重个人,轻社会;从政治思想上来说,重视士人的良知,而轻视名教政治;从人生态度上来讲,重审美,轻功利。

从对生命意义的理解和对生命价值的追求出发,魏晋士人十分珍惜眼前可以实现的快乐,而饮酒狂欢,便是及时行乐的最佳方式。酒与醉成为魏晋文人时代风骨的一种体现,由此形成了对后世影响深远的酒文化风范。

2. 魏晋风度产生的条件

(1) 酿酒业高度发达

魏晋南北朝时期基本上没有禁酒法令,民间可以自由造酒。制曲技术和酿酒工艺较前代都有明显进步,酒业市场扩大,从贵族士大夫到普通百姓,饮酒风气很盛,酒的品种也十分丰富。

据记载,当时有用桃花浸泡过的酒,称为"桃花酒",据说喝了这种酒可以祛除白斑、增色美容,故又称"美人酒"。此外还有梨花盛开时配制的"梨花春",用李汁配合而成的"驻颜酒",以及芦酒、钓藤、杂麻、蔗酒、榴花酒等。

这一时期酿酒业的蓬勃发展,还反映在琳琅满目的酒类著作中,如《四时酒要方》、《白酒方》、《七日面酒法》、《杂酒食要方》等。其中北魏贾思勰的《齐民要术》,以专门章节总结了当时制曲和酿酒的技术经验和原理,堪称世界上最早的酿酒工艺学著作。

(2) 社会制度腐朽

魏晋南北朝既是酿酒业迅速发展的时期,又是社会动荡不安、政治黑暗的时代。当时盛行士族门阀制度。门阀制度在魏晋之际形成,东晋达到鼎盛,东晋末始衰,南朝以后士族地位继续下降。

由于社会矛盾的发展,门阀士族本身也越来越腐朽。在生活上,他们极端奢侈腐化,个个熏衣剃面,涂脂抹粉,穿宽衣服,戴大帽子,着高底鞋;在思想上,玄学和清谈占据统治地位。门阀贵族和一些士大夫，把崇尚玄虚的老庄之学作为精神寄托。与此相适应，脱离现实的空洞议论和聚合意气相投者纵饮美酒，成为那时一些贵族士大夫逃避现实甚至应付世事的方式，由此酒文化的内涵被大大地拓展了。

3. 魏晋风度酒文化的主要代表人物

如果说酒在夏商时期被借以加强人与神之间的联系，在西周时期被用来加强人与人之间的关系，那么，到魏晋南北朝时期，酒却反映出种种人生态度，也折射出时代思潮。它成为人们认识自我并试图超越自我，以便由此领悟个体生命真谛的工具。"竹林七贤"就是这一历史时期酒文化的代表人物。

竹林七贤是魏晋时期的 7 位名士——嵇康、阮籍、山涛、刘伶、向秀、王戎和阮咸。他们大都崇尚老庄学说，反对旧礼教，蔑视权贵。因为他们经常在山阳（今河南修武）竹林寺中聚饮清淡，时人誉之"竹林七贤"，其中的代表人物是嵇康和阮籍。

嵇康，字叔夜，谯郡铚人。出身寒微，娶曹操曾孙女为妻，与曹氏皇室是姻亲，曾任中散大夫。他崇敬上古圣贤，善于写诗作文，擅长弹琴，喜欢饮酒，司马氏篡权后，要求嵇康做官，但遭其坚决拒绝。他曾作过《酒会诗》曰："乐哉苑中游，周览无穷已。百卉吐芳华，崇台邈高跱。林木纷交错，玄池戏鲂鲤。轻丸毙翔禽，纤纶出鳣鲔。坐中发美赞，异气同音轨。临川献清酤，微歌发皓齿。素琴挥雅操，清声随风起。斯会岂不乐，恨无东野子。酒中念幽人，守故弥终始。但当体七弦，寄心在知己。"

竹林七贤的另一代表人物阮籍，字嗣宗，陈留尉氏人。曾任太尉司马懿的从事中郎、散骑常侍等职。正元初，封天内侯。嗜好饮酒，有时整日沉浸于醉乡之中。他的父亲阮瑀曾依附于曹操，而他自己却生活于司马氏篡夺曹魏政权的政治斗争异常激烈的时代。他不满于司马氏政治集团，但又迫于强大的压力，不得不采取消极对抗的方式，以饮酒放纵来躲避政治迫害。

竹林七贤中的刘伶，字伯伦，西晋沛国人，更以嗜酒知名。他不满于司马氏的黑暗统治和礼教的虚伪，经常乘车出游，车中装载美酒，随身带一把锹，一边行路一边痛饮，并吩咐从人说，自己在哪里醉死，就在那里用锹挖土埋掉。一次他酒瘾大发，叫妻子为他备酒，妻子恐怕他纵酒伤身，劝他戒酒，刘伶无可奈何，便假意答应断酒，并要求妻子备酒，以便对神发誓。妻子十分高兴，取来酒，刘伶跪而叩祝说："天生刘伶，以酒为名。一饮一石，五斗解酲。妇人之言，慎莫可听。"说罢，又饮酒不停，直到酩酊大醉。刘伶不仅酒量过人，诗文也写得出色。他写过一篇《酒德颂》，说一位惊世骇俗的大人先生，幕天席地，只知喝酒，无忧无虑，其乐陶陶。酒醉之后，倒地便睡；酒醒之后，似乎对世界有所领悟。他感觉不到酷暑严寒，人世的利禄欲望更不能扰动他的感情。大人先生俯视世界万物，纷纷攘攘，犹如江海上漂载着点点浮萍。这些描写，既是刘伶自己的写照，也是魏晋玄学崇尚自然、反对名教的思想的反映。说它是酒德颂，毋宁说它是对当时名教政治的反叛。

竹林七贤中的山涛，也是一位酒徒。史书记载他能饮八斗，可见其海量。他的幼子山简也是嗜酒之人，醉后常常歪戴头巾，倒骑在马上，昏昏欲睡。永嘉三年（309 年），官任征南将军，都督荆、湘、广、交四州军事，镇守襄阳，也是这般情状。襄阳小儿为之歌曰："山公时一醉，径造高阳池。日暮倒载归，酩酊无所知。"

自南北朝至唐代，饮酒之风依然盛行，唐代有"酒中八仙"、"竹溪六逸"、"醉士"、"醉民"，宋代有"云溪醉侯"、"醉翁"等，续承魏晋时的流风遗韵，也留下了许多饮酒嗜酒的佳话。

(五)隋唐五代时期——酒狂

1. 隋唐时期的历史背景

从隋末的天下群雄并起,军阀混战,百废待兴,到唐初的从大乱走向大治,天下繁荣,百业兴盛,政治、经济、文化繁荣,特别是以诗歌为代表的文学艺术达到了登峰造极的地步。

同时,酿酒业也得到空前的发展,酒类商品流通扩大,形成了"酒肆"这种专营卖酒的商店。而且唐代卖酒业私营与官营并存,朝廷设立了分工细致的酿酒管理机关,称"良酿署",通过卖酒赚取利润。另外,政府对酒曲进行专卖,根据民间买曲数量抽取酿酒、卖酒人的酒税。从唐朝一些诗人的记述中可以了解到当时酒肆的盛况。

2. 代表性的酒狂人物

历史上,酒与文人有着不解之缘,也许酒是激发文人灵感的妙药,是他们遁世销愁的法宝。历朝历代,酒与文人之间演绎了数不清的故事。

在唐代,许多文人以酒自命,王绩自称"五斗先生";诗人白居易被贬江州司马时自称"醉司马",迁河南尹时自称"醉尹",又称自己是"醉吟先生";皮日休称自己是"醉士";和尚诗人可朋自号"醉髡",也就是"醉秃"。

一些文人经常聚饮,成了著名的"酒友集团",如因杜甫《饮中八仙歌》而著名的"酒中八仙",即贺知章、李琎、李适之、崔宗之、苏晋、李白、张旭、焦遂;还有在山东徂徕山隐居的李白、孔巢父、裴政、淘沔、韩准、张叔明,被称为"竹溪六逸"。

3. "酒中仙"李白

唐朝是我国诗歌发展的巅峰,涌现出许多伟大的诗人,其中李白是最具个性色彩的一位。他的诗作充满了丰富、浪漫的想象力,成为流传千古、脍炙人口的佳作。

李白(701—762年),字太白,号青莲居士,被称为"酒星魂"、"酒圣"、"酒仙",酒为李白和他的诗作增色不少。杜甫在《饮中八仙歌》中说:"李白斗酒诗百篇,长安市上酒家眠。天子呼来不上船,自称臣是酒中仙。"这首诗生动地描述出李白才气横溢、狂放不羁的性格。在李白的作品中,关于酒的诗句随处可见,如"举杯邀明月,对影成三人","将进酒,杯莫停"、"但愿长醉不复醒"、"会须一饮三百杯"、"百年三万六千日,一日须倾三百杯"等。李白写酒的气势宏大,前无古人,后无来者。

在古代著名的酒人中,李白酒量不算很大(古人饮酒超过一石的大有人在,而李白不过数斗),但李白爱酒的豪气却无人能及。他在《陪侍郎叔游洞庭醉后》中说"刬却君山好,平铺湘水流。巴陵无限酒,醉杀洞庭秋",他要把湘水和洞庭湖化为巴陵大地上的无限美酒。当李白看到汉水时,想把一江汉水也都化为美酒:"遥看汉水鸭头绿,恰似葡萄初酦醅。此江若变作春酒,垒麹便筑糟丘台。"李白这样豪气凌云而又满脑子酒意的诗人,古今中外,难有望其项背者。李白过湖北松滋时,泛舟洞庭湖,饮酒吟诗:"南湖秋水夜无烟,耐可乘流直上天。且就洞庭赊月色,将船买酒白云边。"李白写酒不仅仅是气魄大,也很讲究意境,如"春风与醉客,今日乃相宜";"唯愿当歌对酒时,月光长照金樽里";"兰陵美酒郁金香,玉碗盛来琥珀光。但使主人能醉客,不知何处是他乡"。李白对酒的领悟也是常人难及的,像"抽刀断水水更流,举杯销愁愁更愁",如不是常与杯中物打交道,是难有这样传神精辟的见解的。

历史上的文人多有怀才不遇的感慨,于是他们纵情山水之余,酒也成了不可或缺的饮品,"古来圣贤皆寂寞,唯有饮者留其名"。当然,真正"饮者留其名"的毕竟很少见,李白能留名千古，靠的是诗名，酒名只是增色而已。

这位伟大的浪漫主义诗人，一生写酒咏酒，最后又死于酒。据说他是在醉酒以后到采石矶的江中捞月亮，落水而死。关于李白醉酒的故事，在后代的文学艺术作品中有相当多的表现。如昆剧中《太白醉写》，京剧、川剧、秦腔中也有李白佯醉痛骂安禄山的故事；美术作品中有《李白脱靴图》、《李白捉月图》、《李白醉酒图》等，至于后来歌颂李白醉酒傲世、藐视权贵的作品更是不胜枚举。旧时一些酒店的酒旗或者匾额上常有"太白世家"、"太白遗风"的字样，可见，李白酒名与诗名同样得到了后人的景仰。

4. 善咏酒的唐代文人

除了李白之外，唐代诗人中善咏酒的文人还很多。如元稹曾创作《咏醉》十二首，遍咏各种醉态及对醉酒的态度，名目有：先醉、独醉、宿醉、惧醉、羡醉、忆醉、病醉、拟醉、劝解、任醉、同醉、狂醉等。其中《拟醉》以下五首是醉后赋诗。如《劝醉》一诗："窦家能酿销愁酒，但是愁人便与销。愿我共君俱寂寞，只应连夜复连朝。"

诗人聂夷中也有咏酒的佳句："草木犹须老，人生得无愁"；"一饮解百结，再饮破百忧"；"我愿东海水，尽向杯中流"。

5. 嗜酒的唐代文人

诗名、文名能及李白的唐代文人凤毛麟角，但嗜酒如李白者倒是大有人在。

诗人孟浩然曾一心想入仕途，曾向朝廷重臣张九龄写诗求荐："欲济无舟楫，端居耻圣明。坐观垂钓者，徒有羡鱼情。"后来，荆州刺史韩朝宗约他一同去长安，准备把他引荐给朝廷。但动身那天，他却与几个朋友痛饮。有人提醒他："你不是和韩公约好一道走的吗？"孟浩然怒斥说："现在喝得正痛快，还管得了那么多吗？"可见其人嗜酒比做官还重要。

初唐的王绩，自号"五斗先生"，可见其酒量不小。他常在酒店里打发时间，自叹生不逢时，没能遇见像刘伶那样饮酒的豪客，如能与刘伶在一起闭门"痛饮"，才是人生一大快事。唐高祖武德（618—626年）年间，他待诏门下省，他弟弟王静问他在门下省待诏舒服吗，他说："待诏门下省薪水很低，但一天能发三升好酒，倒是让人留恋得很哪。"后来，高祖知道了这件事，每天给他发酒一斗，当时人叫他"斗酒学士"。王绩还写过《醉乡记》，说醉乡是真正的大同世界。此人确是酒中痴人。

（六）宋元明清时期——酒税

1. 酒税的历史沿革

随着酿酒业的发展以及民间对酒需要量的增加，古代统治者们意识到政府垄断酒销售有利可图。

西汉武帝采纳了桑弘羊的建议，对酒实行官卖制度，使政府增加了收入。昭帝始元六年（公元前81年）废除了酒的专卖，改为民间每卖一升酒，抽四文钱的税。这是酒税的开始。

两晋六朝饮酒风气很盛，有些朝代在一定时期内实行过酒类专卖。

在唐朝，实行的是既抽酒税，又实行地方性的官卖制度。

2. 宋元明清酿酒业的发展

（1）酿酒专著的记叙

隋唐以来的典籍中，关于酿酒法的很多。北宋时又出了一本酿酒法的总结性著作，即朱肱的《北山酒经》。朱肱，字翼中，自号无求子、大隐翁，吴兴（今浙江湖州）人，曾入仕途，官至奉议郎，后归寓杭州大隐坊，著书酿酒。

《北山酒经》分上、中、下三卷。上卷为总论，记述酒的历史渊源；中卷记制曲法，把曲分为三类，共十三种曲，再述各种曲的配料名目、分量、加工及配制方法；下卷记造酒法，如造酒分酢浆、淘米、煎浆等十六道工序，每道工序注明方法及要点，还记载了造白羊酒、地黄酒、菊花酒、葡萄酒等多种名酒的方法。

《北山酒经》中记述制曲及造酒法比前代更进了一步。如就制曲而言，制曲原料种类多，而且大部分原料不需蒸煮，磨碎即可，还可以用旧曲菌种嫁接到曲胚上。这说明当时已可以人工选种、育种。在酿酒工序上，《北山酒经》和《齐民要术》相比，不仅更加细致，而且有所改进。如"上槽"（即压榨出酒液），"收酒"（将榨出的酒液澄清后放入瓶中），"煮酒"（将酒液煮沸，起到增加酒度及灭菌的作用）。

在《北山酒经》的基础上，北宋人李保又编撰了《续北山酒经》。该书分酒法、曲法两类。酒法仅《酝酒法》一篇和思春堂酒等三种酒名。其余为造曲法，录有曲法四十三种，但仅列有名目而无具体内容。

（2）史书及文物论证

北宋诗人苏舜钦（1008—1048年）的诗句："时有飘梅应得句，若无蒸酒可沾巾"，有人认为"蒸酒"即为烧酒。据当代考古发现，至迟在南宋的时候可能已经有了烧酒。1975年在河北省育龙县出土了一套铜制的蒸馏酒器。根据鉴定，这个酒器铸造年代不迟于1161年（金世宗大定元年，南宋高宗绍兴三十一年）。

明代李时珍的药物学著作《本草纲目》中有专门一章叫做《酒》，总结了16世纪以前我国酒的发展情况，对历代酒事都做了详尽介绍。其中《论曲酒》一节分为曲、神曲、红曲、酒、烧酒、葡萄酒六篇。他认为从元代开始有了烧酒，用度数较高的酒与糟一起放入甑中，加热蒸发，由于酒的沸点比水低，气化快，用器皿收集冷凝的被蒸发的酒液，得到的即是高度烧酒（20度以上）。

总体看来，从《齐民要术》、《北山酒经》和《本草纲目》的记载可见，我国的制曲酿酒技术一直都在不断提高，特别是宋辽金元以来进步更加显著。

3. 宋元明清的酒税制度

（1）宋朝的酒税

宋初酒税收入不多，真宗时酒税有所增加，仁宗时对西夏、辽的战争费用较大，提高酒税成了政府扩大收入的重要来源，后来索性通过提高酒价来增加收入。南宋时酒价比其他物价涨幅都大。

北宋政府对未经官府允许私造酒、曲的，要处以严刑。北宋政府对酒类进行专卖，规定城镇地区由官府酿酒出售，乡村百姓买扑酒坊。所谓买扑，就是官府将某一地域造酒卖酒的专利给予某人，由某人按官府规定的数额、时间缴纳买名钱和净利钱。买名钱可能是购买专利所需的钱，净利钱可能是卖酒所得的净利，要缴一部分给官府。这种买扑制度避免了官办商业的一些弊病。此外，在四京（今河南省开封、洛阳、商丘、河北大名）等处实行官府卖曲，民间用官曲造酒之法。另外，广东、福建等地山区有瘴雾，当地人有以酒为药的习俗，政府准许民间自酿，但要缴税。

北宋官府造酒一般用三种人：士兵、罪徒和雇差百姓，其中以轮差士兵为主。有些地方专设厢军清酒指挥。官府所造酒曲除自己卖以外，还批发给一些乡村酒店向百姓出售。

南宋初年，金兵南下，军情紧急，军民各自为战，急需筹款。各地方政府纷纷造酒、曲出售。宋金和议后，南宋政府加以整顿，仿北宋实行万户酒法，即将酒税分摊，由百姓分担而允许民间私酿。

总体来看，宋朝酒法弊端很多，一是官府造酒低劣，百姓不愿购买，从而百姓因私酿犯法者很多。二是官府想通过酒税增加收入，就会以获利多少为官员升降的标准，官吏们就会设法多售，以致有的官府招娼妓为酒保诱人酗酒。

（2）元朝的酒税

元朝设专官办理酒税，官府每酿一石输钞五两，私人每酿一石缴十两。

元代酒税有民族歧视的特点，如汉人酒税"息十取一"，色目人（元时主要指在元政权范围内生活的中亚、西亚乃至欧洲地区的人种）是"三十取一"。

（3）明清的酒税

明清两代大致是允许私酿的，政府直接向酿酒者征税。酒税并入商税，无专门管理酒税的机构。明代，酒按商税标准，三十取一。清代规定酒户向政府按月、按季缴纳税钞。对贩酒商人专门设关卡查税，如发现酒坛上没有税官贴的"烧锅发票"，以漏税重罚。

从酒类官卖和酒税的历代沿革来看，起初政府往往实行酒类官卖，但一方面由于官办商业弊端很多，如酒质低劣、官吏舞弊等，另一方面民间私酿风气难禁，所以常常官卖与酒税双管齐下，或以酒税为主。

每朝之初酒税一般较轻，随后慢慢加重，以致百姓不堪重负。如宋朝时酒税仅次于两税（分夏秋两季征收的税）、盐税，居政府税收的第三位，可见酒税之重。酒税成为历代政府财政收入的重要来源之一，由于政府求利心切，酒税往往成为封建社会矛盾激化的重要因素之一。

三、中国酒文化的表现形式

（一）酒与诗词

酒与诗词的不解之缘是众所周知的。可以说没有酒便没有诗，也没有词。酒激发了诗人蕴藏在心中的丰富情感，是诗人灵感的种子；另一方面，没有带有诗的气质的人，便没有酒的知音。酒本身就是诗，就是词，好的诗词正如同滋味醇厚的酒。

中国古代最早的诗歌总集《诗经》的305首诗中，酒诗就有50首。诗歌鼎盛期的唐代，留下诗歌约5万首，酒诗占有10%，其中传诵不朽的名诗很多。与酒诗比较，酒词相对较少，但词有长短句言，其表现力比诗更进一步，在词的鼎盛期宋代，酒词的佳作也不少。

以几位著名诗词作家的作品为例（见表1.10），可见酒与诗词的关系非常密切。

表 1.10　古人酒诗词作品对照

姓名	一生诗词（首）	与酒有关的诗词（首）	百分比（%）
陶渊明	142	56	40
杜甫	1400	300	21.4
李白	1500	170	11.3
李清照	114	57	50

1. 酒与诗词的经典摘要

在中国几千年的诗歌创作中，诗人们不乏以精妙语言论述酒与诗的关系。例如：

杜甫的"宽心应是酒，遣兴莫过诗"（《可惜》）；"醉里从为客，诗成觉有神"（《独酌成诗》）；"李白斗酒诗百篇"（《饮中八仙歌》）。

戴叔伦的"醉后乐无极，弥胜未醉时。动容皆是舞，出语总成诗"（《醉中作》）。

晏殊的"一曲新词酒一杯"（《浣溪沙》）。

苏轼的"俯仰各有志，得酒诗自成"（《和陶渊明〈饮酒〉》）。

陈与义的"醉中今古兴衰事，诗里江湖摇落时"（《醉中》）。

杨万里的"酒入诗肠风火发，月入诗肠冰雪泼。一杯未尽诗已成，诵诗向天天亦惊"（《重九后二月登万花川谷月下传觞》）。

朱淑真的"看来表里俱清彻，酌酒吟诗兴尽宽"（《雪夜对月赋诗》）。

陆游的"饮如长鲸渴赴海，诗成放笔千觞空"（《凌云醉中作》）。

唐晏的"饮中有妙旨，待诗斟酌之"（《饮酒》）。

金天羽的"酒肠无酒诗不流"（《佩忍饷酒，以诗报之，效其体》）。

2. 酒与诗词的经典名篇

如果我们把酒看做是诗人抒情言怀的一种媒介，那么，我们更可以从数千年的诗卷中洞察中国酒文化中酒与诗的微妙关系，全面了解诗与酒的含义。

（1）浪漫诗酒

浪漫主义诗人李白的《把酒问月》：

青天有月来几时？我今停杯一问之。

人攀明月不可得，月行却与人相随。

皎如飞镜临丹阙，绿烟灭尽清辉发。

但见宵从海上来，宁知晓向云间没。

白兔捣药秋复春，嫦娥孤栖与谁邻？

今人不见古时月，今月曾经照古人。

古人今人若流水，共看明月皆如此。

唯愿当歌对酒时，月光长照金樽里。

与此诗并列的是苏轼写于1076年中秋流传千古的《水调歌头》：

明月几时有？把酒问青天。不知天上宫阙，今夕是何年？我欲乘风归去，又恐琼楼玉宇，高处不胜寒。起舞弄清影，何似在人间？转朱阁，低绮户，照无眠。不应有恨，何事长向别时圆？人有悲欢离合，月有阴晴圆缺，此事古难全。但愿人长久，千里共婵娟。

不难看出，以上两诗均因酒起兴，借月发端，表现出一般人很难具有的宇宙意识。

（2）离别诗酒

王维的《送元二使安西》：

渭城朝雨浥轻尘，客舍青青柳色新。

劝君更尽一杯酒，西出阳关无故人。

这首诗表达了深厚强烈的惜别之情，真是千言万语，一时间无从说起，便把它统统溶化到这杯酒中。在这里，有细心周到的体贴、依依不舍的别情、真诚感人的劝慰，也有淡而悠长的离忧、伤而不悲的别苦。

李白的名作《金陵酒肆留别》：

风吹柳花满店香，吴姬压酒劝客尝。

金陵子弟来相送，欲行不行各尽觞。

请君试问东流水，别意与之谁短长？

这首诗写出了离别者自身的愁苦感觉，借酒冲淡浓郁的离情别绪，借酒表达对友人真情厚意的感激。

白居易以《何处难忘酒》为题写离别,情真意切:

何处难忘酒,天涯话旧情。
青云俱不达,白发递相惊。
二十年前别,三千里外行。
此时无一盏,何以叙平生。
何处难忘酒,青门送别多。
敛襟收涕泪,簇马听笙歌。
烟树灞陵岸,风尘长乐坡。
此时无一盏,争奈去留何。

在这里,酒是友谊的象征,表达了依依惜别之情。

在离别之苦中,最痛苦的莫过生死之别。苏武出使匈奴被拘留19年,在复归汉室之际,曾同朝为臣的李陵相别赠诗:

嘉会难再遇,三载为千秋。
临河濯长缨,念子怅悠悠。
远望北风至,对酒不能酬。
行人怀往路,何以慰我愁。
独有盈觞泪,与子结绸缪。

两人昔日情若手足,今日分手,形同死别,除了饮几盏浓酒,洒几行热泪,又能说些什么呢?

(3) 爱情诗酒

在人世间的诸多情感中,最炽烈、最真诚、最持久的当属爱情。情深意挚的吟咏在诗歌史上俯拾皆是。情人之间的离别更加缠绵悱恻,销人魂魄。

宋代著名女词人李清照为思念小别的丈夫而作的《醉花阴》:

薄雾浓云愁永昼,瑞脑销金兽。佳节又重阳,玉枕纱厨,半夜凉初透。
东篱把酒黄昏后,有暗香盈袖。莫道不消魂,帘卷西风,人比黄花瘦。

借黄昏时东篱把酒、赏菊吟诗的生活片断,生动地塑造了一位不堪忍受离别之苦的少妇形象。

北宋词人柳永的《雨霖铃》:

寒蝉凄切,对长亭晚,骤雨初歇。都门帐饮无绪,留恋处,兰舟催发。执手相看泪眼,竟无语凝噎。念去去千里烟波,暮霭沉沉楚天阔。
多情自古伤离别,更那堪冷落清秋节。今宵酒醒何处?杨柳岸晓风残月。此去经年,应是良辰好景虚设。便纵有千种风情,更与何人说!

把离别之情写得淋漓尽致,备足无余。

在战乱年代,李弥逊的《菩萨蛮》表现出了侥幸生还者既喜且惊的特殊心态:

江城烽火连三月,不堪对酒长亭别。休作断肠声,老来无泪倾。风高帆影疾,目送舟痕碧。锦字几时来,薰风无雁回。

陆游感人肺腑的《钗头凤》:

红酥手,黄滕酒,满城春色宫墙柳。东风恶,欢情薄,一怀愁绪,几年离索。错、错、错!

春如旧,人空瘦,泪痕红浥鲛绡透。桃花落,闲池阁,山盟虽在,锦书难托。莫、莫、莫!

这首词描写了诗人与唐婉之间真挚深沉的爱情和被迫分离的极度痛苦,控诉了封建家长制残酷扼杀美好爱情的罪恶。

(4) 感怀诗酒

在咏酒诗中,对故乡亲朋深深眷恋的游子情结这一深沉凄婉的咏叹调也一再出现。如范仲淹的《苏幕遮》抒写了思乡之情、羁旅之思:

碧云天,黄叶地。秋色连波,波上寒烟翠。山映斜阳天接水,芳草无情,更在斜阳外。

黯乡魂,追旅思。夜夜除非,好梦留人睡。明月楼高休独倚,酒入愁肠,化作相思泪。

杜甫的《登高》,则更使人百感交集,忧端丛生:

风急天高猿啸哀,渚清沙白鸟飞回。

无边落木萧萧下,不尽长江滚滚来。

万里悲秋常作客,百年多病独登台。

艰难苦恨繁霜鬓,潦倒新停浊酒杯。

当宋代女词人李清照由一个美丽多情、幸福惬意的少妇变成孤苦伶仃、花容憔悴的寡妇,流落江南之际,她在咏酒之作中,将故国之思、羁旅之愁写得凄苦感人:

寻寻觅觅,冷冷清清,凄凄惨惨戚戚。乍暖还寒时候,最难将息。三杯两盏淡酒,怎敌他、晚来风急?雁过也,正伤心,却是旧时相识。

满地黄花堆积,憔悴损,如今有谁堪摘?守著窗儿,独自怎生得黑?梧桐更兼细雨,到黄昏、点点滴滴。这次第,怎一个、愁字了得!

(5) 醒世诗酒

在人生价值取向上,诗人们也借酒抒情。有的流露出无可奈何的悲观情绪和及时行乐的人生态度。如白居易的《劝酒》:

劝君一盏君莫辞,劝君两盏君莫疑,劝君三盏君始知。面上今日老昨日,心中醉时胜醒时。天地迢遥自长久,白兔赤马相趁走。身后堆金挂北斗,不如生前一樽酒。君不见春明门外天欲明,喧喧歌哭半死生。游人驻马出不得,白舆素车争路行。归去来,头已白,典钱将用买酒吃。

李白的《悲歌行》:

悲来乎,悲来乎。主人有酒且莫斟,听我一曲悲来吟。悲来不吟还不笑,天下无人知我心。君有数斗酒,我有三尺琴。琴鸣酒乐两相得,一杯不啻千钧金。

悲来乎,悲来乎。天虽长,地虽久,金玉满堂应不守。富贵百年能几何,死生一度人皆有。孤猿坐啼坟上月,且须一尽杯中酒。

李白的《将进酒》既有诗人的感伤,却又悲中见壮,哀里见豪,借酒抒发出对人生、自我的热爱和肯定:

君不见黄河之水天上来,奔流到海不复回。君不见高堂明镜悲白发,朝如青丝暮成雪。人生得意须尽欢,莫使金樽空对月。天生我材必有用,千金散尽还复来。烹羊宰牛且为乐,会须一饮三百杯。岑夫子,丹丘生,将进酒,杯莫停。

与君歌一曲,请君为我倾耳听。钟鼓馔玉不足贵,但愿长醉不愿醒。古来圣贤皆寂窦，唯有饮者留其名。陈王昔时宴平乐，斗酒十千恣欢谑。主人何为言少钱，径须沽取对君酌。五花马，千金裘，呼儿将出换美酒，与尔同销万古愁。

诗人们在酒的世界里找到了现实世界寻找不到的东西。他们借酒抒情，以酒言志。李白、杜甫可谓中国诗歌史上的美丽星座，也是酒文化史上令人注目的酒仙。

李白"斗酒诗百篇"，与酒有着不解之缘。现实主义诗人杜甫对酒也一往情深，他的死也不脱酒的干系。此外，陶渊明也是中国文坛上一位诗式的酒神，或曰酒神式的诗人。他生性嗜酒，谱写了大量的咏酒诗篇。据统计，陶渊明现存诗文142篇中，讲到饮酒的有56篇，无怪乎白居易说他"篇篇劝我饮，此外无所之"。

酒与诗可以说自古缔结连理，相从相随，说不出是酒使诗生辉，也道不明是诗使酒成名，但有一点可以明了：要想完整地理解中华文化中诗篇的精髓，必先通晓酒之奥妙。酒与诗是一对分不开、离不了的孪生兄弟。

(6) 怡情诗酒

苏轼，字子瞻，号东坡居士，四川眉山人。与父苏洵、弟苏辙共称"三苏"，同入"唐宋八大家"之列。虽然东坡"少年多病怯杯觞"，但这并不妨碍苏轼对酒有着浓厚的兴趣和独到的领悟，不妨碍他成为最具有酒神意识的艺术家。他的诗词文章中所表现的酒，以及体现出"青鸟秋虫之声"、"古槎怪石之型"、"大海风涛之气"，无不得力于酒神之助。他的诗朋书友黄庭坚说："东坡酒酣放浪，意忘工拙时，字特瘦劲似柳诚悬。至于笔圆而韵胜，挟文章妙天下，忠义贯日月之气，本朝当推为第一。"苏轼把自己新建的堂房取名"醉墨"，可见他对酒的感情之深。

史载，宋嘉祐四年（公元1059年）十月，苏东坡与其父苏洵、弟弟苏辙一起游泸州。虽只小住一日，但他对泸州酒业的发达、酒质的优美钦羡不已，寄以厚爱。当他被贬惠州时，一日，他收到家人自四川带去的一筐荔枝和两罐泸酒，十分欣喜，举杯畅饮，爱不释手，一时诗兴大发，吟出了那首著名的《浣溪沙·夜饮》词，倾注了苏东坡对泸酒的偏爱和迷恋之情。

佳酿飘香自蜀南，
且邀明月醉花间，
三杯未尽兴尤酣。
夜露清凉挽月去，
青山微薄桂枝寒，
凝眸迷恋玉壶间。

(二) 酒与对联

中国是世界上独一无二的对联王国。对联起源于晋代，盛行于明清。在中国灿烂的文学艺术宝库中占据一定地位，在世界文学艺术殿堂上放射出奇光异彩。外延广阔的中国酒文化为对联提供了无限丰富的内容，对联艺术又为酒文化知识提供了独特的表现形式。

所谓酒联，顾名思义，就是与酿酒、饮酒、用酒、酒名、酒具、酒楼等相关的对联。酒联作为中国酒文化的一个重要组成部分，几乎与对联同时产生、发展和兴盛。它既包括酿酒、赞酒等直接涉酒的对联，也包括在各种不同场合（逢年过节、婚喜寿丧、待客题赠等）间接涉酒，借酒寄情的许多酒联。

1. 赞酒对联

任何一种酒体的香气都不是单调平一的，而是一种复合香气。人对酒香的感觉呈现一定层次，包括溢香、闻香、品香、留香等。人们所称赞的酒香，就是对于这"四香"的感受。例如：

　　三杯入腹浑身爽／一滴沾唇满口香。
　　风来隔壁三家醉／雨过开瓶十里香。

对于同一种酒，酒度越高，香气就越浓，也越容易醉人。因此，赞酒对联中常常用到醉字。例如：

　　猛虎一杯山中醉／蛟龙两盏海底眠。
　　入座三杯醉者也／出门一拱歪之乎。
　　酒香十里春无价／醉买三杯梦也甜。

除了赞酒香、酒醉之外，还有不少赞香型、赞工艺、赞酒史、赞酒地以提高酒的知名度的酒联。例如：

　　赞西凤酒：柳林千家醉／西凤万里香。
　　赞泸州老窖：芳流十里外／香溢泸州城。
　　赞五粮液：太白若饮五粮液／唐诗定添三百章。
　　赞汾酒：竹叶杯中万里溪山闲送绿／杏花村里一帘风月独飘香。
　　赞古遂醉酒：古香古色古名实遂古意／醉地醉天醉酒莫如醉心。

2. 酒楼对联

一幅好的酒联比一个酒广告、酒说明更具有吸引力。它是酒化的广告，又是一种雅致的陈设，其古朴纯厚与店号匾额、门面修饰、室内摆设相配合，能收到珠联璧合、相映生辉之效。

如民国初年，成都"张有贵酒家"的一副对联：

　　为名忙，为利忙，忙里偷闲，且饮两杯茶去／劳心苦，劳力苦，苦中作乐，再拿一壶酒来。

又如江南某"东兴酒家"对联：

　　东不管西不管酒管（馆）／兴也罢衰也罢喝罢（吧）。

一般酒楼的酒联可分为以下几种：

(1) 赞美酒菜，吸引顾客

　　开坛千里醉／上桌十里香。
　　美味招来天下客／酒香引出洞中仙。
　　登门亲尝饭菜美／过街留步闻酒香。

(2) 劝客饮酒，助兴佐餐

　　捧杯销倦意／把酒振精神。
　　勺盛九州菜／杯溶万般情。
　　店有佳肴，但可随心挑几样／客爱名酒，不妨就此喝一杯。

(3) 描写环境，突出外景

　　矮墙披藤隔闹市／小桥流水连酒家。
　　华屋杂茅庐，于西子湖边，别开胜景／停桡来把盏，在刘伶庄畔，应集酒仙。

(4) 表达热情，诚恳待客

　　人走茶不凉／客来酒尤香。
　　美食烹美肴美味可口／热情温热酒热气暖心。

山好好，水好好，开门一笑无烦恼/来匆匆，去匆匆，饮酒几杯各西东。

(5) 巧用典故，措辞幽默

嘻嘻哈哈喝酒/叽叽咕咕谈心。

做些鱼翅燕窝美酒，欢迎各位老爷太太/留点残羹冷饭剩汤，养活我们大人娃娃。

酒后高歌，听一曲铁板铜琶，唱大江东去/茶边话旧，看几许星轺露冕，从淮海南来。

(6) 嵌入字号，叫响店名

广东潮州"韩江酒楼"联：韩愈送穷，刘伶醉酒/江淹作赋，王粲登楼。

陕西咸阳"兴顺酒家"联：兴家立业，可以取则取/顺理成章，不期然而然。

杭州西湖"仙乐酒家"联：翘首仰仙踪，白也仙，林也仙，苏也仙，今我买醉湖山里，非仙亦仙/及时行乐地，春亦乐，夏亦乐，秋亦乐，冬来寻诗风雪中，不乐也乐。

3. 节俗酒联

我国是一个历史悠久的文明古国，在数千年的文明发展进程中，各民族都形成了多种多样的传统节日及风俗活动。中国的节日从一开始就与酒结下了不解之缘，使得中国酒文化成为地地道道的社会文化、大众文化。例如：

迎春酒联：春歌春酒春花烂漫/新人新事蔚然成风。

元宵酒联：雪月梅岭开春景/灯鼓酒花闹元宵。

端午酒联：艾酒溢幽芳香传四海/龙舟掀巨浪气吞八荒。

中秋酒联：东山月，西厢月，月下花前，曲曲笙歌情切切/南岭天，北港天，天涯海角，樽樽桂酒意绵绵。

4. 婚宴酒联

从两千多年前的周朝开始，中国人就流行在婚礼仪式上饮"合卺酒"，宋朝称为"合欢酒"，清朝改称"交杯酒"，这种习俗一直流传至今。

现在，一些地区和民族，在婚嫁时仍然兴喝"女儿酒"、"别亲酒"、"梳头酒"、"花月酒"、"回礼酒"、"火塘酒"、"同心酒"、"传花酒"、"拦门酒"等。喜酒入喜联，更是喜上加喜。例如：

恭贺：喜酒喜糖办喜事盈门喜/新郎新娘树新风满屋新。

祝福：花开连理描新样/酒饮交杯醉太平。

勉励：合家畅饮新婚酒/夫妇同吟比翼诗。

5. 祝寿酒联

数千年来，酒一直以其养生延寿的功能，成为敬老、养老的佳品。

在给老年人祝寿时，一定要敬酒，许多寿联中也就自然而然地带上了酒味儿。如清朝李渔贺张丰庵夫妇中秋双寿联：

月圆人共圆看双影今宵清光并明/客满樽俱满羡须眉此日秋色平分。

6. 哀挽酒联

用酒奠祭天地、神明、祖先，最早萌芽于夏商时代，随着历史的发展，社会的进步，"酒祭"的形式、内容、性质也有了不断的变化，后人多借酒祭来缅怀先人或朋友。每至节日或先人、亲友的忌日，以酒祭奠，表达哀思。

凡人去世，更要用酒祭奠亡灵，招待来客。这种酒祭的形式和风俗反映在挽联中，就产生了不少酒联。例如：

颂扬死者（沈德潜挽桑调元）：文星酒星书星，在天不灭/金管银管斑管，其人可传。
表达悲痛感情：欲祭疑君在/奠酒泪沾衣。
孙髯翁的自挽联：这回来得忙，名心利心，毕竟糊涂到底/此番去甚好，诗债酒债，何曾亏负着谁。

7. 名胜酒联

我国有悠久的历史、优秀的文化和美不胜收的名胜古迹。浩如烟海的名胜古迹楹联，是一份非常珍贵的文化遗产，而在这些楹联中也不乏酒联。

例如，白乳泉在安徽怀远县城南郊，背依荆山，面临淮河，隔河与禹王庙相望。泉水水质甚佳，苏轼来游，评为天下第七泉。泉东有望淮楼，楼上有此联。气势磅礴，意境深远：

片帆从天外飞来，劈开两岸青山，好乘长风冲巨浪/乱石自云中错落，酿得一瓯白乳，合邀明月饮高楼。

8. 题赠酒联

亲友间赠送礼品常常用酒，因而文人雅士间题赠也带有酒味。有的咏物言志，有的修身养性，有的激励斗志，有的表达情谊，有的劝学惜时，有的重教治家，都富有哲理，给人以启迪。如清朝赵之谦自题联：

不拘于山水之形，云阵兼山，月光兼水/有得乎酒诗之意，花酣也酒，鸟笑也诗。

作者以画家、诗人之眼观物，具清雅趣，得其意忘其形，与自然为友，大概是艺术家常有的事。

又如郑板桥自题联：

愿与不解周旋客饮酒/难为未识姓名人作书。

此联体现了作者豁达潇洒的性格。

9. 劝诫酒联

人类生活需要酒，适时适量饮酒确有好处，但是，过量饮酒又会变成坏事。有人曾给酒列举了伤身、害后、败德、废事、耗财等大害处。劝诫酒联如：

抽刀断水水更流/借酒销愁愁更愁。
交不可滥，谨防良莠难辨/酒勿过量，慎止乐极生悲。
书未成名，叹尔今生空伏案/酒能丧命，劝君来世莫贪杯。
盘中餐粒粒皆辛苦，弃之可惜/杯中酒滴滴均醇美，酌量而饮。
酒欲醉人人不醉/花香袭我我自清。
好花半开/美酒微醺。

（三）酒与书画

中国是酒的大国，也是书画艺术的大国。嗜酒者并不都是书画艺术家，但书画艺术家大都嗜酒。

书法、绘画这两种艺术形式带有强烈的主观表现色彩，其意义存在于忘言之境，其结构、笔画只有在不可言传只可意会的意境中体会其味。在这种纯粹线条与结构美的自由氛围中，天然适合酒的意识的生存。书法、绘画又非常强调顿悟、灵感的作用，一幅书法或绘画作品，完全可以在直觉和灵感的作用下完成。因此，书法、绘画的创作与酒的关系非常密切。

酒给人以刺激，给人以快感，使人的情绪在最短的时间内调节至最佳状态，引起人强烈的创作冲动。酒又可以使人平添许多豪情，狂放不羁，不拘成法，创作出许多艺术价值极高的传世佳作。书画艺术大师们或因酒得力，妙笔生花，增添不少神韵；或借酒为题，巧构妙思，丰富作品意蕴；或在酒中觅到柳暗花明的崭新境界；或在酒中抓住那稍纵即逝的灵感火花。

1. 酒成书法

书法艺术是中华民族传统文化的瑰宝，在东汉时期已发展成一门有很高审美价值的艺术，出现了一批书法艺术家。其书以隶书见长，被誉为"骨气洞达，爽爽有神"的蔡邕，就是一位大名鼎鼎的"醉龙"。虽然由于年代久远，我们已无从得知这位大书法家醉眼蒙眬，却下笔传神的景象，但仅从"醉龙"的雅号中就完全可以猜想到他的书法与酒是有着不解之缘的。

东晋的王羲之素有"书圣"的赞誉，他最为后人称道的作品是《兰亭序》（见图1.2）。据文献记载，公元353年农历三月三日，王羲之与当时名士孙统、孙绰等41人到山阴兰亭修禊。大家修禊完毕后，曲水流觞，饮酒赋诗。当时众人公推王羲之写唱和诗集的序言——《兰亭序》。王羲之酒酣之后，乘着酒兴写下天下第一行书《兰亭序》，其字遒媚强劲，奕奕有神，且极具变化。三百余言中"之"字出现20多次，无一相同。众人拍案叫绝，王羲之酒醒后也非常吃惊，再也写不出同样的佳作。可见他是在酒的帮助下写出了后世书法家所难以企及的艺术珍品。《兰亭序》博得一代名君唐太宗李世民的异常珍爱，推为王书第一，终日把玩，死后又殉葬昭陵，可见其有震撼人心的艺术感染力。

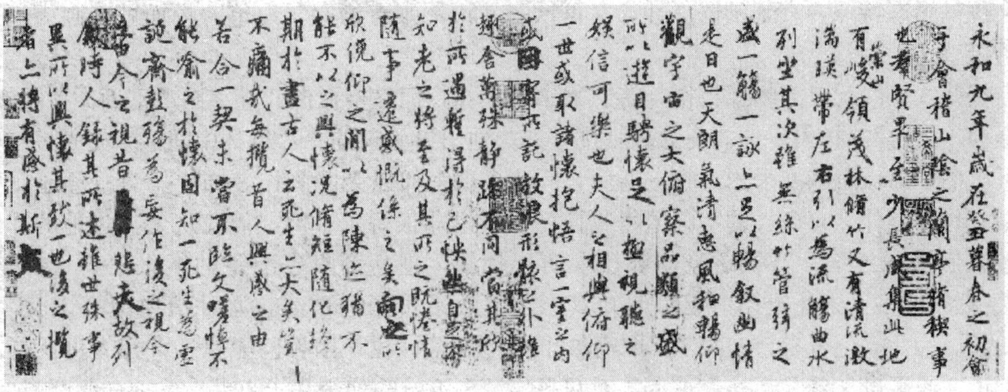

图1.2 王羲之的《兰亭序》

以草书见长的两位大师张旭和怀素与酒的关系也极为密切。张旭号称"草圣"，唐文宗李昂把李白诗、裴旻剑舞和他的草书称为"三绝"。张旭生性嗜酒，得意之作多写于酒酣之后，"每大醉，呼叫狂走，乃下笔，或以头濡墨而书，既醒自视，以为神，不可复得也，世称张颠"。今天能见到的张旭书《古诗四帖》，结体茂密，笔劲墨重，粗细变化多而形象丰富，颇得横壮之力和豪逸之气。杜甫在《饮中八仙歌》中说："张旭三杯草圣传，脱帽露顶王公前，挥毫落纸如云烟。"李颀《赠张旭》写道："张公性嗜酒，豁达无所营。皓首穷草隶，时称太湖精。露顶据胡床，长叫三五声。兴来洒素壁，挥笔如流星。下舍风萧条，寒草满户庭。问家何所有？生事如浮萍。左手持蟹螯，右手执丹经。瞪目视霄汉，不知醉与醒。诸宾且方坐，旭日临东城。荷叶裹江鱼，白瓯贮香粳。微禄心不屑，放神于八纮。时人不识者，即是安期生。"

怀素是一个和尚，但嗜酒如命，一日九醉，人称"醉僧"。每当酒酣兴发，通寺壁庙墙，衣裳器皿，无不书写，自言"饮酒以养性，草书以畅志"。著名的《自叙帖》长达700余字，首尾贯通，体势飞动，显示了作者精湛的功力和创造性的品格。李白也曾给予热情洋溢的礼赞："少年上人号怀素，草书天下称独步……吾师醉后倚绳床，须臾扫尽数千张。飘风骤雨惊飒飒，落花飞雪何茫茫。起来向壁不停手，一行数字大如斗。恍恍如闻神鬼惊，时时只见龙蛇走。左盘右蹙如惊电，状同楚汉相攻战。"

2. 酒助画兴

绘画艺术起源甚早，它十分重视艺术家人品的高雅、襟怀的超旷，尤其是对"神"和"气韵"的要求，显示了绘画艺术直觉顿悟、空灵澄澈的主观特性。显然，酒的境界有助于领会这种"神"和"气韵"，也有助于获取超越功名尘俗的品格。在绘画这朵灿烂的艺术之花中，酒的作用不可湮没。

有"画圣"之称的盛唐画家吴道子，不到20岁已穷尽丹青之妙，所画道释人物，气势雄峻生动，线条遒劲圆润，衣服飘举；同时兼善山水。但他无论画人物、山水均需仰仗酒力，"每一挥毫，必然酣饮"。

唐代另一位诗画皆擅的艺术家郑虔，以山水画见长，常在画上自题诗，诗、书、画皆妙，有"郑虔之绝"之称。他每次作画，都要饮酒至酣，醉眼蒙眬中往往精神亢奋，运笔如神。宋人郑刚中说他"酒酣意放，搜罗表象，驱入毫端，窥造化而见长性，虽片纸点墨，自然可喜"。

宋代包鼎，专画虎，在画室中先饮一斗酒，然后脱衣模仿虎的动作，卧、起、行、顾，体会虎的形态特点，直到领悟虎性，又再饮一斗酒，乘着酒兴，取笔一挥而就。画虎逼肖，力透纸背。

扬州八怪的代表人物郑板桥，诗、书、画俱佳，但性格孤傲，其字画"富商大贾虽饵以千金而不可得"。扬州一位盐商为求真迹，选择他出游必过的一片竹林中间，事先煮好狗肉，备下美酒。郑板桥兴高采烈大吃一通后，问诸多房舍何以无字画作装饰，盐商故意道："这一带好像没有什么有名气的字画值得我挂，只听说郑板桥水平高，但我从未见过他的作品，未敢轻信他人之言。"郑板桥豪兴顿生，研墨挥毫，把盐商事先准备的纸张"一一挥毫竟尽"。后来好多人走此捷径，板桥明知其意，但敌不过酒的诱惑，心甘情愿地一次又一次"上当"。为此，他曾有诗自嘲道："啬彼丰兹信不移，我于困顿已无辞。束狂入世犹嫌放，学拙论文尚厌奇。看月不妨人去尽，对花只恨酒来迟。笑他缣素求书辈，又要先生烂醉时。"

难以想象，如果没有酒的神助，我国书画艺术长廊里要少去几多空灵、几多潇洒、几多千古不灭的神品和几多脍炙人口的佳作。在酒的帮助下，这些作品给人以一种特殊的感受，醉色朦胧，酒气环绕，读者仿佛体会到那"别有天地非人间"的境界。

（四）酒与戏曲

酒与戏曲的关系极为密切，这表现在戏剧的起源、戏剧的表演、戏剧的内容以及剧作家嗜酒等许多方面。

1. 戏曲起源于原始祭神活动

公元前5世纪的希腊悲剧，起源于春季播种时节酒神仪式及颂酒神的歌曲。古希腊人祭祀时用山羊做祭牲，一群穿着羊皮衣服的人，模拟神的从者，绕着神坛合唱酒神颂，载歌载舞，歌词中述说酒神、葡萄神狄奥尼索斯教人们种植葡萄时遭遇的种种困难和冒险经历，后来逐渐衍化为悲剧表演。

希腊喜剧也起源于祭祀酒神的仪式，它是由秋季收获葡萄时谢神的狂欢歌舞发展而成的。到了公元前6世纪，这种原在乡间举行的酬酒神的表演开始移到雅典城里来举行，称之为城市酒神节，逐渐涌现出了埃斯库罗斯、阿里斯托芬等悲剧家、喜剧家。希腊戏剧遂成为公元前5世纪希腊文学皇冠上的一颗明珠。

中国戏曲起源于原始的歌舞，而原始歌舞又与祭神活动结合在一起，诸神中也包括酒神，而且祭祀中离不开酒俸，观戏助兴也需要饮酒。

2. 戏曲作品中有酒的内容

在我国戏曲的各种剧种中，以饮酒为内容，或涉及酒的戏剧作品很多。如京剧《醉打山门》，把鲁智深饮酒破戒，狂饮大醉的放浪豁达的性格描写得活灵活现；昆剧《太白醉写》，把李白乘醉请杨国忠磨墨、高力士脱靴、挥毫成文慑服渤海国使者的恃才傲物的性格刻画得栩栩如生；越剧《梁山伯与祝英台》，祝英台被许马家，敬酒安慰前来求婚的梁山伯，二人把酒难以相饮，一杯酒充满了苦涩与辛酸；沪剧《巧凤求凰》中一段酒赋，几乎把各种名酒都写了进去，既符合剧情，又极为有趣，喜欢酒的观众既过戏瘾，又过酒瘾。

曲艺作品中也有不少写酒及饮酒的故事。如相声大师侯宝林有一个著名的段子《醉酒》，在这段相声中，前面刻画了一个没真喝醉而借酒装醉的人物，后面描写了两个喝醉了又不承认醉的人，都刻画得栩栩如生，叫人忍俊不禁。

长篇弹词《双按院》，写公差杨传、李乙急公好义，为了给百姓申冤，假扮按院，并与新上任按院当堂验印的故事。两人在饮酒中萌生的调包计和浑水摸鱼计，在第二天公堂验印时大获成功，从而使真按院变成"假冒货"，二人双双得以脱险。这里一个饮酒的细节成为剧情转折的重要契机，引人入胜，耐人寻味。

（五）酒与音乐

音乐与酒之间也有着不解之缘。但凡大型酒宴，少有无音乐相伴的。

1. 酒宴吟唱的起源

我国历史上，记载最早的乐舞饮宴，是《礼仪·乡饮酒礼》，该书详细地记载了当时饮宴中乐舞表演的全过程。

汉代兴起的文体汉赋，起源于楚辞，是吟唱的文学，属于音乐类，其兴起之初，就有了《酒赋》三篇，可以认为是酒宴吟唱之祖。

2. 古人对音乐的认识

古人对于音乐的认识非常深刻。《毛诗》序云："诗者，志之所之也，在心为志，发言为诗。情动于中，而行于言；言之不足，故嗟叹之；嗟叹之不足，故咏歌之；咏歌之不足，不知手之舞之、足之蹈之也"，"情发于声，声成文谓之音"。

音乐的基本特点是抒发感情、愉悦性情，人们运用音乐存在不同层次。首先，情动于中，而行于言，这就是赋诗；然后，言之不足，故嗟叹之，这就是咏诗；进而，嗟叹之不足，故咏歌之，这就是唱歌；最终，咏歌之不足，不知手之舞之、足之蹈之也，这就是歌舞。既助兴又抒情，兴尽情尽，尽善尽美。

饮酒有两面性，好的方面是激发感情，活跃思想；不好的方面是麻木思想，消沉意志。音乐则可以扬其长而避其短，正如孔子所言："乐而不淫，哀而不伤"。饮酒时音乐不同，功效也不同。歌舞饮宴，可以渲染气氛，助兴愉情，还有审美作用。

（六）酒与武术

武术是中华民族独特的文化，数千年来被视为国粹。在20世纪30年代，武术被称为"国术"，至今在港、澳、台和海外部分华人中仍称武术为"国术"。

自卫本能和攻防技术的积累,是武术产生的自然基础。世界上各个国家都产生过自己的格斗技术,但传承千载而又丰富多彩的却只有中国的武术。中华武术不只是格斗技术、健身体育,而且影响到民族文化的方方面面,诸如医药保健、戏剧文学、方术宗教等。酒与中国武术也有紧密的联系。

1. 武人好酒

人们常说自古诗人皆好酒,其实自古武人也同样好酒。上古的夏育、孟贲,传说中黄帝的大将力牧,以及春秋时代的薛炽、养由基,都是好酒的武士。西楚霸王项羽,刘邦的大将樊哙等,都是海量。武人好酒,因为酒可以表现他们的豪爽气概和尚武精神,寄托他们的情怀。

2. 武术套路中有酒

武术中的醉拳、醉剑、醉棍等,套路的形成起源于醉,风格中重形、重技、形技兼重,但核心在于一个"醉"字。

(1) 醉拳

"醉拳"又称"醉酒拳"、"醉八仙拳",其拳术招式和步态如醉者形姿,故名。考其醉意醉形曾借鉴于古代的"醉舞"(见《今壁事类》卷十二)。其醉打技法则吸收了各种拳法的攻打捷要,以柔中有刚、声东击西、顿挫多变为特色。

作为成熟的套路传承,大约在明清时代,张孔昭《拳经拳法备要》即载《醉八仙歌》。醉拳由于模拟醉者形态,把地趟拳中的滚翻技法融于拳法及腿法。至今其流行地区极广,四川、陕西、山东、河北、北京、上海和江淮一带均有流传。

(2) 醉剑

剑术在中国有着悠久的历史,而且蕴含着丰厚的文化内涵。剑被奉为百兵之君,它曾经被尊为帝王权威的象征、神佛仙家修炼的法器,更成为文人墨客抒情明志的寄托,也是艺术家表现人物、以舞动人的道具。

"醉剑"是浸润了酒文化的剑术,它风格独特,深受人们欢迎。其奔放如醉,乍徐还急,往复奇变,忽纵忽收,形如醉酒毫无规律可循,但招招式式却在东倒西歪中暗藏杀机,扑跌滚翻中透出狠手。"醉剑"由于它那如醉如痴、往复多变和观赏性强的特点,在舞剑中更占据着特殊重要的地位。

(3) 醉棍

"醉棍"是棍术的一种,它是把"醉拳"的佯攻巧跌,与弓、马、仆、虚、歇、旋的步法以及棍术的劈、崩、抡、扫、戳、绕、点、撩、拨、提、云、挑、醉舞花、醉踢、醉蹬连棍法等结合,从而形成的一套极为实用的武术套路。传统"醉棍"有流传于江苏、河南的《少林醉棍》等。

(七) 酒与杂技

中国杂技艺术保留着历史上最悠久的传统节目,其中有些与酒和酒具有密切的关系。中国的酒文化源远流长,中国的杂技艺术自形成起,即浸润其中。从杂技最辉煌的汉代,至20世纪东方杂技艺术的复兴,到走向世界的当代,不少优秀的杂技节目都放射着酒文化的光彩。

1. 原始杂技与酒器的结合

杂技艺术作为一种古老的原始艺术,与舞蹈一样,也来源于生活,来源于劳动技能的艺术化,自然是杂技艺术产生的必要源泉之一。传统杂技中,有不少节目直接来源于劳动或生产、生活用具的耍弄。

中国自古有用陶制"瓦钟"酿酒并保存谷物的传统。美酒酿成或谷物丰收之后，人们情不自禁地将这些陶制的坛、盆等抛向空中，再以手承接，进而头顶肩传，形成一种高难技巧，变为"耍坛子"的杂技艺术节目。

宋代的"踢弄"杂技中就有"踢酒坛"的节目。明代的蹬技形式多样，风俗画中有双足蹬酒缸，双手敲钹，边唱边蹬的形象。《清稗类钞》中记载了一位清代"耍酒坛"的杂技高手，五彩金龙瓷酒坛在其手里像活了一般，其高超的技艺前代未有。

2．古彩戏法中的酒趣

平中求奇，以出神入化的巧妙手法，从无到有，显示人类的创造力量，这是中国杂技重要的艺术特色之一，它鲜明地表现在传统节目"古彩戏法"中。

戏法古称幻术，汉唐即盛。中国戏法与西洋魔术最大的区别就在于魔术讲究运用声光道具，台面上金碧辉煌、银光铮亮。中国戏法演员却只要一件长袍、一条长单，平凡朴实，毫无华彩，然而这一身长袍却要变出千奇百怪的东西。从十八件大小酒席的菜肴到活鱼、活鸟，演员一个筋斗能献出火烧得熊熊灼人的铜盆，再一个筋斗又取出硕大无比、有鱼有水的鱼缸。中国古彩戏法门类甚多，其灵巧精湛的演技几近神异，举世称绝。

《空壶打酒》的戏法是艺人们经常表演的一个十分有趣的小幻术，最早表演者拿一只农村常见的陶制酒壶，后来一般改用敞口的酒壶和一只小酒杯。先把壶口朝下，无滴酒流出，然后用一枝竹筷从壶口插到壶底，取出后竹筷仍是干的，用以显示壶是空的。当把壶反转向上后拿过酒杯，却能从壶中斟出满杯美酒。当表演者故弄玄虚地向着酒壶吹口气，再把酒壶朝下倒转过来，却滴酒不见。再次把壶正过来吹口气，一斟美酒又继续流个不停。最后，当把杯中的酒倒进酒壶时，却见壶中的酒满满地溢出壶口。表演者又向着酒壶吹一口气，却见满壶美酒骤然消失，观者无不称奇叫绝。

3．现代杂技的"世纪之星"

1991年1月，在巴黎国际马戏杂技比赛上，中国杂技演员许梅花表演的《柔术滚杯》，以重60公斤108只酒杯为道具，在一张花篮式圆台上，双手、双脚、额、嘴上共托起6座5层酒杯的水晶塔，还做出各种婀娜多姿、轻柔优美而难度极大的造型。表演赢得了最高奖——法兰西共和国总统奖。

来自世界各国的评委们一致认为，该表演中高超的技巧、典雅的意境和《春江花月夜》的乐曲，以及富有民族特色的服装，完美地表现了中国杂技艺术独特的神韵，令人既惊叹于演员优雅娴静的仪态，举重若轻的表演，以及刚柔相济的技巧，又获得了一种真正的艺术享受。这一使国内外观众为之倾倒的节目，正是酒文化与现代杂技艺术的有机结合，中华民族酒文化也随着这108只酒杯闪射出奇光异彩。

（八）酒与通俗文学

中国酒文化悠久、丰厚，它渗入人们日常生活的各个角落。我国有许多历史故事都与饮酒有关，古籍及民间传说中关于酒典轶事的文学记述也很多。

1．酒祸与防酒祸

明清之际的大学者顾炎武在《日知录》卷二十八《酒禁》条中说："酒之祸烈于火。"话虽耸人听闻，却也不为无因。纵酒之害，大抵有两个方面：一是纵酒丧生，二是纵酒败事。

（1）纵酒丧生

①饮酒猝死。

丁冲是东汉末曹操当权时人，曾劝曹操把汉献帝迎到许昌，曹操很感谢他。据《三国志·魏书·任城、陈、萧王传》，曹操将汉献帝迎至许都后"以冲为司隶校尉。后数来过诸将饮，酒美，不能止，醉烂肠死"。

傅奕是隋唐著名天文学家、哲学家，对计时器很有研究，著有《漏刻新法》，也注过《老子》。更使他享有盛名的是他反对佛教，曾十多次上书皇帝，极力主张废止崇佛。《唐书》本传说他："醉卧，蹶然起曰：'吾其死矣！'因自为墓志曰：'傅奕，青山白云人也。因酒醉死，呜呼哀哉！'"

吴沃尧是清末小说家，字研人，因系广东佛山人，自号"我佛山人"。所著小说《二十年目睹之怪现状》是近代四大谴责小说之一。据《清稗类钞》，他纵酒无度，每独斟大醉，卒因沉湎致肺疾，而纵酒如故。在一天早晨顿觉棘喉刺舌，猝死。

②积酒丧生。

信陵君是战国时魏国公子无忌，因帮助平原君赵胜解邯郸之围，破了秦军，威震天下，为亲王所忌。魏王受了秦的反间，对信陵君怀忌，于是信陵君谢病不朝，以醇酒、妇人避世，免遭祸害，却陷入了另一方面的祸害。据《史记》本传载，他"与宾客为长夜饮，饮醇酒，多近妇女，日夜为乐饮者四岁，竟病酒而卒"。这是慢性酒精中毒致死。

曹植因才学敏博，深得曹操宠爱。本来曹操多次想立他为嗣，但因他饮酒不检，而且误事，遂失去继承权。以后曹丕篡汉，做了皇帝，对他不断迫害，他则更纵酒自遣。"常饮酒无欢，遂发病薨"，寿命才41岁。他的短命一半由于抑郁，一半由于纵酒。

萧颖达是南朝梁代的开国功臣，从小"好勇使气"，齐梁易代之际，颇有战功，官至信威将军，都督江州诸军事、江州刺史，封作唐侯。《梁史》本传说他从江州任上"既处优闲，尤姿声色，饮酒过度，颇以此伤生"，只活了34岁就死了。

寿命的长短系于多种原因，历史上嗜酒的人也有长寿的。如贺知章、白居易，前者活到86岁，后者活到75岁，可算高寿；也有活不到50岁的酒人，如李商隐只活了46岁，苏舜钦只活了41岁。在正常情况下，狂饮、暴饮、长期饮酒逾量无疑会促使人衰弱乃至丧生。

（2）贪杯误事

酒也被称作"祸泉"，历史上记载了不少因酒而亡国败家、招灾肇祸的史实。古史相传，夏桀、商纣都是造酒池肉林，作长夜之饮，因荒淫于酒色而亡国的。当然，一个王朝的灭亡原因很多，不会仅仅因为酗酒。但历史上贪杯误事的例子确实是非常之多，值得后人借鉴和警惕。

①子反因酒被杀。

春秋时期，楚共王和晋厉公战于鄢陵，这是一场楚晋争霸的有名战役。战争的结果是楚国兵败退却，楚国的主将司马子反被楚共王杀死。当时子反在战场上督战，口渴求饮。他的随从谷阳给他送上一杯酒，子反一尝，喝道："拿走！"但经不住谷阳劝说，子反就喝了下去。子反这人本来爱饮酒，一杯下肚，就不能克制，连连叫添酒，终于大醉。这时楚共王下令进攻，派人召子反商议。子反醉了，伪称犯了心疼病，动弹不得。楚共王亲自驾车来找子反，一进营帐，嗅到一股酒气，立刻下令退兵，回到楚国后，把子反杀了。

②灌夫骂座判死。

魏其侯窦婴，是汉文帝窦后的堂侄，武安侯田蚡是汉景帝皇后的同母兄弟。汉武帝时，田蚡位居丞相，权势超过了窦婴，过去趋奉窦婴的官员士大夫大都背弃他而奔走于田蚡之门。只有将军灌夫因为故旧关系，而且其人颇有侠气，反而越发和窦婴往来亲密。灌夫为人嗜酒，曾多次凌辱田蚡，田蚡和窦婴两家本来有嫌隙，田蚡根本不把失势的窦婴瞧在眼里，曾仗势霸占窦婴封地的田产，并多次戏弄窦婴，其中都牵涉到灌夫。一次，田蚡喜宴，座上灌夫给田蚡敬酒，灌夫因醉冲动，使酒骂座。田蚡大怒，将灌夫家眷全部拘捕，上奏章劾他"骂座不敬"，并历举以前的许多事，判以死罪，窦婴奋身救援。后武帝屈从王太后而偏袒田蚡，灌夫判死，窦婴也因"矫诏"和诽谤罪斩首。

③刘曜因酒被擒。

刘曜是攻灭西晋的北方匈奴族政权前赵王朝的末代皇帝。此人骁勇善战，但自幼便嗜酒。当时石勒（后为后赵皇帝，取代了前赵）的势力强盛，北方大部分土地都已被他占领，双方不断战争。公元328年，刘曜自长安出军十万，攻破石勒军，包围了洛阳，石勒亲率大军来救，两军决战于洛阳城郊。据《行书·刘曜载记》，在石勒将到之前，刘曜自恃战胜之威，成天与亲信饮酒赌博，毫无准备，直到石勒逼近，才仓促在洛阳城西的西阳门一线布阵。将出战以前，狂饮酒数斗，上马前又喝了一斗多酒。石勒部将石堪见刘曜昏醉之状，纵兵攻其虚弱，刘曜醉中不能压阵，只得奔退，马陷于石渠，受伤被擒。刘、石当时兵力并不悬殊，双方条件都差不多，成败完全决定在战场上。

④刘文静狂言惹祸。

刘文静是怂恿唐高祖李渊取天下的首义功臣，跟从李渊、李世民父子四处征讨，功勋卓著。高祖即位后，官居吏部尚书，领陕东道行台左仆射，封鲁国公。同时的裴寂，也是辅佐高祖起事的元勋，因为和高祖是旧交，所以更受亲信，任尚书左仆射，崇贵甚于刘文静。刘文静自以为才能在裴寂之上，而且屡立军功，甚为不平。故而在议论朝政时常和裴寂对立，彼此矛盾极深。据《旧唐书》本传称：文静曾和他的弟弟酣宴，醉后感情冲动，理性失去控制，狂言："必当斩裴寂耳！"但被他一个失宠的姬妾传出，被报告皇帝说他要谋反。虽大臣李纲、萧瑀、皇子李世民竭力庇护，但裴寂的进谗终使高祖下令将刘文静、刘文起兄弟杀害，家产籍没。

⑤李景俭失言被贬。

李景俭是唐朝宗室，汉中王李瑀之孙。此人博闻强记，恃才放旷，与元稹、李绅等人交情很深，对达官贵人等不肯屈节。据《唐书》本传，元和末年，为执政者所不喜，李景俭被派任澧州刺史，因李绅、元稹的推荐，被新即位的穆宗召见于延英殿，他向皇帝自诉仕途受屈，穆宗颇怜惜他，改任为仓部员外郎；不到两个月，又骤升为谏议大夫。他受宠后，性更狂傲，常常使酒讥蔑公卿大臣。当时肖俛、段文昌两人执政，李景俭瞧不起这两位宰相，每每酒后出言侮辱。这两位向穆帝陈诉，穆宗便以他"动或违仁，行不由义"、"众情皆疑、群议难息"的罪状，贬为建州刺史。后又因酒后失言，直呼当政者名和加以数落，又被参奏，贬为漳州刺史。

（3）防酒祸

纵酒伤身，对饮酒者个人不利；酗酒滋事，给社会秩序带来危害。对此历来有两种方法来制约：一种是用法律手段来禁止酿酒，但事实证明禁酒是行不通的；另一种是用道德训诫来劝人节饮，启发人自觉节饮或戒酒，这种方法比较有效，这是因为经验和酒祸的见闻生动地告诉了人们滥饮狂饮的害处。

在中国的饮酒史上，表现了两种相反的倾向。一方面，旷达潇洒的高人雅士，以饮酒为慷慨遣怀的乐事，著名饮客的佚事成为人间佳话；另一面则以不饮酒、戒酒或善于控制自己的节饮者为值得称颂，他们戒酒、节饮的行为也当作美谈。

①以不饮酒为美德。

司马迁的《史记·游侠列传》中记述了一位叫郭解的江湖人物,曰:"解为人,短小精悍,不饮酒。"游侠这类人物,一般都慷慨豪气,所交往的也大都是纵酒放任之徒。在这样的环境中不近酒,就是特立独行,极不容易。因而司马迁在《史记》中特别提到,这一笔对于凸显人物性格是很必要的,可以说是司马迁对郭解的赞扬。

邴原是三国时代的名士,与华歆、管宁合称一龙(华歆为龙头,管宁为龙身,邴原为龙尾)。他能饮而且宏量,但平时却从不沾酒,以至师友都认为其根本不会喝酒。《三国志·魏书》本传说他"辞家求学,八九年间酒不沾,临别,师友以原不饮酒,会米肉送原。原曰'本能饮,但以荒思废业,故断之耳'。于是共坐饮酒,终日不醉"。

②戒酒不易,矢志戒酒。

嗜酒成癖的人要把酒戒掉是极不容易的。《晋书·庾衮传》载,庾衮是孝子,父亲活着时常常叫他戒酒,他却戒不掉。每次喝醉后,辄自责曰:"余废先人之诫禁,何以训人!"乃于父墓前自杖三十。史称,庾衮以德行称著,向以礼法自持,门生很多。这样一位笃行君子,尚且戒不掉,常人就更难了。

当然也有嗜酒而终于戒断了的。如东晋的元帝司马睿,过江后仍然十分贪杯,以帝王之尊,没有人敢劝诫他。丞相王导是司马睿做琅琊王时的旧人,他经常流涕切谏。《世说新语》说,因为王导的苦心劝说,元帝终于被感动,痛饮了一次,从此不再喝酒。

另一个例子是岳飞。岳飞自年轻时就嗜酒豪饮。据《宋史》本传说,高宗有一次劝他说:"卿异时到河朔乃可饮。"就是说,大敌当前,要专心军务,到打败金军,大地收复后才可开酒戒。岳飞从此就断杯不沾酒浆,麾下将士劝他进酒时,便说:"待至黄龙府,乃与诸军痛饮耳!"可惜他为秦桧所害,最终没能到黄龙府。

③酒不逾量,饮酒不乱。

酒禁不了,戒酒也很难,其实适量的饮酒也无可厚非,重要的是要有"酒德"。所谓"酒德",就是饮酒而不乱。饮酒不乱的唯一方法是不逾量,这主要在于自我控制。

酒是兴奋剂,饮了一定量的酒以后,酒精在体内发生了作用,控制就难了。能够限量自持的人最为明智,每为史书所称道。

东汉朱博,《后汉书》本传说他"自微贱至富贵,食不重味,案上不过三杯",是严格自我控制的人。

汉末的管辂,是有名的历算家,精于《易》理。他每和人谈论,一定要先饮酒壮胆。当时有个叫诸葛原的,也精于卜筮,对管辂极为倾服,与管辂告别时,殷殷嘱咐,说他太喜欢饮酒,才学又高,应该注意这两点,要节酒而不逞才。管辂道:"酒不可极,才不可尽。吾欲持酒以礼,持才以愚,何患之有也?"此后果然终生不曾在贪杯和逞才上出事。

竹林七贤的山涛,酒量极宏,但他自己规定无论如何不超过八斗。《晋书》本传说,晋武帝要试他一试,召他饮酒,预先用一个盛八斗酒的容器,依量盛酒请他喝,但暗暗令人在山涛不注意的时候加酒进去。山涛饮足八斗之后,余下的就不再饮,简直像肚里有个量器一样。这是他平时养成只喝八斗的习惯,自我感觉提醒他在适当的限度停饮。

2. 酒典轶事

酒能刺激人的感性思维,使人心灵激越,神情飞扬,人的雄心壮志、政治情怀、心理素养较平常更易勃发和显现。也正因为如此,酒在政治生活中扮演着不同寻常的角色,自觉或不自觉地成为政治斗争的工具和手段。在酒及饮酒行为的掩饰下,历史上演过不少政治生活的悲喜剧。

(1) 曹操煮酒论英雄

曹操是一位深解酒中三昧的政治家，他不仅善于以酒赋诗，以酒抒发其政治情怀，而且每每以酒释仇，以酒施恩，以酒招安，把酒引入了政治谋略之中。"对酒当歌，人生几何"，是以酒赋诗；大宴长江，缅怀以往，是以酒抒怀；青梅煮酒之日，关羽、张飞直闯小亭，曹操反而赠酒压惊，是以酒释仇；赐饮降将，是以酒赐恩；设宴安抚关羽，是以酒招安，其中尤以"青梅煮酒"演出一幕"煮酒论英雄"的好戏。

刘备失势后投奔曹操，为防谋害，韬光养晦；曹操则想窥探刘备的内心。于是，一天曹操在许昌九曲河畔青梅亭煮酒与刘备对饮，共论当时天下英雄。刘备佯装糊涂，列举袁绍、刘表、袁术、孙策、刘璋等当时风云人物，曹操一一否定，最后把酒道："今天下英雄，唯使君与操耳，本初之徒不足数也！"曹操想借酒的热情撬开对方心中的秘密，并以此抒发自己的人生感慨，刘备则慑于酒的"热情"，极力掩饰自己的宏伟抱负和政治情怀，假装闻雷失惊，掉了筷子，表示胸无大志，终于骗过曹操。

(2) 楚汉相争"鸿门宴"

在残酷的政治斗争中，酒还是消灭异己的特殊工具，"鸿门宴"是这方面的显著例证。刘邦先入关中，项羽非常恼怒，特在鸿门设宴，意在严惩刘邦。刘邦不得已而赴宴，诚惶诚恐。项羽妇人之仁，不忍立下毒手。范增见状，让项庄舞剑助兴，寻机杀掉刘邦，因项伯作梗而未能如愿。张良见事态紧急，赶快召壮士樊哙入内，樊哙凭借不怕死的一腔豪气震住项羽，终于使刘邦安然逃离虎口。

(3) 赵匡胤杯酒释兵权

作为政治斗争的一种谋略，酒还被用来作为巩固政权的手段。赵匡胤黄袍加身后，总感政权不稳固，于是决定收回兵权，消除后顾之忧。建隆二年七月的一天，赵匡胤准备了丰盛的酒宴，宴请为他立下汗马功劳的有功之臣。三杯酒下肚，赵匡胤几经周折，将战功赫赫的武将们唬得惊慌失措，接着故意装作随便的样子说："事情很简单，大家交出兵权就什么事也没有了。把兵权集中在我一个人手里，你们如释重负，我也不再担忧，你们的部下也不会想入非非，咱们君臣之间也不再相互猜疑了……我们的儿女之间可以相互结为亲眷，咱们既是君臣，又是亲家，国就是家，家就是国，这样和睦相处，该有多好啊！"众武将唯唯诺诺，犹恐不及，哪里还有什么异议，第二天都乖乖交出了兵权，这就是历史上有名的"杯酒释兵权"。从此平息了藩镇动乱的根源，有了较长时期的统一和稳定。

(4) 朱元璋"火烧庆功楼"

如果说赵匡胤的"杯酒释兵权"还有其积极意义，那么朱元璋的"火烧庆功楼"则是最高统治者"飞鸟尽、良弓藏、狡兔死、走狗烹"的残害功臣。传说朱元璋当上皇帝后，担心与自己一起出生入死、战功卓著的将领们危及他的皇权，就以设宴庆功行赏为名，把所有有名望的将领和功臣都召进京城赴宴，然后将庆功楼付之一炬，把他们全部烧成灰烬。酒在这里充当了阴险计谋的手段。

(5) 武则天醉贬牡丹花

唐朝年间，女帝武则天飞扬跋扈、骄气凌人，总想做那些难以做到之事，以惊天下。一日正值残冬，武后与太平公主在暖阁饮酒，并与宫娥上官婉儿唱和吟诗，恰逢几株腊梅开了，阵阵清香扑鼻，随即吩咐挂红、赏金牌。

武后在醉眼蒙眬中，认定既然各花都一样是草木，腊梅既不畏寒，别的花卉自然也会讨她的欢喜，随即乘辇，命公主、上官婉儿同去上林苑赏花。结果除腊梅、水仙、迎春以外，尽是一派枯枝，莫要说赏花，就连赏个青叶也是难上加难。武后再三寻思，遂醉笔下诏："明朝游上苑，火速报春知；花须连夜发，莫待晓风催！"盼咐太监拿去用了御宝，即发上林苑张挂，并命御膳房明早预备赏花酒宴。

　　武后回宫后，睡到黎明，醉意已消。想起昨日下诏之事，心中着实懊悔；酒后举动，太过孟浪。假若群花竟不开放，张扬出去，羞愧如何遮掩？正在寻思，忽听上林苑、群芳圃司花太监来报，各处群花大放。武后这一喜非同小可，即带公主等奔上林苑而去。看到满园青翠萦目，红紫迎人，一片锦绣乾坤。但众花中唯有牡丹未开放，武后大怒，盼咐太监将各处牡丹连根挖起，多架柴炭立时烧毁。后在众人劝说下，又给牡丹宽限半日，用火炙烤，并严命若仍无花，再治其罪。

　　到了巳初，各处被火炙烤过的牡丹俱已含苞待放，并顷刻开花。武后见牡丹已开放，怒气虽消，心中究竟不快，又下一道圣旨道："朕命百花黎明齐放，牡丹乃花中之王，理应遵旨先放，今开在群花之后，明系玩误。本应尽绝其种，姑念素列药品，尚属有用之才，著贬去洛阳。"所以后来天下牡丹，以洛阳最为有名。

　　（6）楚人画蛇添足

　　楚国有人祭祀，祭毕，有一卮酒叫门客享用。主人道："这点酒大家分享太少了，不如由一人独饮，请大家在地面画一条蛇，谁先画成谁就独饮这卮酒。"其中一人首先画成，便取酒在手，说："我还能给蛇添上足。"于是他在蛇身上画起脚来。其时，另一个人已画成了蛇，立即夺取了那人手里的酒，说："蛇本来就没有足，安上了足就不是蛇了，酒该我享用。"于是喝完了那卮酒。画蛇添足成了无中生有、费力不讨好的比喻，流传至今。

　　（7）汉人载酒问字

　　西汉末的扬雄，学富五车，著有《太玄》、《法言》、《方言》等著作。他家贫而嗜酒，不少人知道他有酒癖，遇到有奇字不能解释时，就载了酒作礼品向他请教。陶渊明诗曰："子云（扬雄，字子云）性嗜酒，家贫无由得。时赖好事者，载醪祛所惑。"用酒缴学费，传为古今趣闻。

　　（8）石崇杀姬劝酒

　　西晋初年的石崇家豪富，筑金谷园招宴时饮酒赋诗，诗不成就要罚酒若干，在宴客时常令美人行酒，要美人劝客人干杯，如客人不干，便令军士将美人行斩。王导与王敦兄弟曾被石崇宴请，王导素不能饮，但因不干杯，就要杀掉劝酒的美人，只得勉强喝下，因此每至沉醉。但王敦却坚决不喝，石崇果然将行酒的美人杀掉，再换一美人劝酒，如此斩了三个美人，王敦面不改色，仍然不喝。王导在旁责怪他，王敦冷冷地说："他杀他自己家里的人，关你什么事！"

　　（9）东方朔妙饮"不死酒"

　　汉武帝晚年迷信仙道，朝思暮想能够长生不老。一位谀臣投其所好，谎称君山上有一种美酒，饮后可成仙，使其信以为真。于是汉武帝赶快虔诚地斋戒七日，派人带数十名童男童女前去索取，费九牛二虎之力取回一壶"不死酒"。他不愿草草饮用，姑且存进御用酒库，想择日再饮。但没想到大臣东方朔捷足先登，偷偷溜进酒库把它喝个精光。武帝闻报大怒，要对他处以极刑。东方朔毫无惧色地说："陛下无须发怒，如果饮过此酒果真能成不死之身，那您无论如何也杀不死我，如果您能杀死我，说明此酒是假的，要它何用？"武帝想想也对，无可奈何把他赦免了。

（10）杯弓蛇影

《晋书·乐广传》载，乐广有一熟客，忽长久不来，来时面带病容。乐广问他得什么病，客人说："前在座，蒙赐酒，方欲饮，见杯中有蛇，意甚恶之，既饮而疾。"原来乐广衙门大厅壁上挂有一柄牛角弓，上刻蛇形。乐广心想杯中的蛇一定是弓形。于是仍在老地方置酒，问道："你现在杯中见到什么？"客人一看，杯中仍有蛇。乐广便告诉他蛇影是壁上的弓。客人恍然大悟，其疾若失。

（11）文君当垆

《史记·司马相如传》载，司马相如很穷，应友人临邛令王吉之邀，到临邛去作客。临邛大富豪卓王孙，家中童仆达 800 人，设宴请司马相如。酒酣，王吉请司马相如弹琴，相如知道卓王孙的女儿文君寡居娘家，貌美喜音乐，善诗词，故意弹《凤求凰》一曲挑动之。卓文君窥见司马相如的风采，爱上了他，终于在夜间私奔，与相如同回成都。这对恋人在成都家徒四壁，无以为生。他们变卖车骑，开了一家酒店。文君当垆酤酒，相如身穿鼻裈作下手，演出一幕动人千古的"文君当垆，相如涤器"的爱情故事。

（12）汉书下酒

北宋人苏舜钦，豪放不羁，好饮酒，住在岳丈杜衍家中，每晚灯下读书，须饮酒一斗。杜衍派人去窥视，听到他正在读《汉书·张良传》。当他读到张良与刺客在博浪沙狙击秦始皇，误中副车时，拍手道"惜乎！不中"，便满饮一大杯。又读到张良对汉高祖说到他同高祖相遇于留，这是天使陛下与臣相遇时，拍案道："君臣相遇，共难如此！"又满饮一大杯。杜衍听了，大笑道："有如此下酒物，一斗不足多也。"

（13）龙泉井的动人传说

从前，泸州城南郊凤凰山下有位老樵夫。一天，他进山打柴时看见一条大蟒蛇在追咬一条小青蛇。大蟒蛇张开血盆大口，把小青蛇咬得遍体鳞伤。青蛇身小力弱，招架不住，只好蹿来蹿去地躲避。

老樵夫心想：原来蛇中也有以强欺弱的事！他怒从心中起，顺手抄起一根木棍，朝大蟒蛇头上打去。一阵乱棍，老樵夫出了恶气，大蟒蛇也僵在地上不动弹了。小青蛇得救了，向老樵夫点点头，眼巴巴地看了老樵夫好一阵子，才不舍地离去。

天黑了，老樵夫背着柴回家，半路上来到一个峡谷阴森的地方，迷了路。只见前面的崖壁处，露出一线光亮。他想，这深山中难道有人家？壮着胆子走进去看个究竟——不禁大吃一惊：原来崖壁下有一个洞，一条大路通进洞内深处。樵夫正张望着，两个看门的老者走出来，作揖："老龙王等你多时了，快请进。"

樵夫走进洞中，只见重重院落，层层楼阁，雕梁画栋。大殿中间金雕玉镂的椅子上，坐着一个身穿龙袍、胡子又白又长的老人。老人见樵夫来到，忙招呼让座。这时走出一个翩翩少年，向樵夫行礼拜谢。白胡子老人指着少年对樵夫道："这是我的不肖子，竟私自去人间游玩，不巧被大蟒蛇咬伤，幸亏恩人搭救。今特请恩人到龙宫来，表表全家酬谢之意。龙宫里奇珍异宝，恩人要什么东西尽管说。"说完，龙王又叫少年向樵夫再三拜谢。

接着，龙王摆宴，山珍海味，玉液琼浆，盛情款待樵夫。樵夫这时才明白过来，原来白天救的小青蛇是龙子。他一天没吃东西，肚子也饿了，便不客气地大吃了一顿。吃完饭，就要告辞回家。

送行时，龙王请樵夫随意挑选一件珍奇宝物。老樵夫挑来挑去，觉得件件都没有用处，于是推谢不要。老龙王便拿起一瓶美酒，道："这瓶薄酒请恩人带去。"樵夫想：这敢情好，自己平日也喝两盅，能除腰酸腿疼之苦。他接下美酒，揣在怀里向龙王致谢。

老樵夫在龙宴上多喝了两杯，身子摇摇晃晃，站不稳脚。走到家附近的一口井旁，忽然一个跟头，跌倒在井边，怀中酒瓶摔碎，酒都流井里去了。老樵夫十分惋惜，伸手入井捧了一口水来喝。奇怪！井水带点香甜味！老樵夫很高兴。此后，老樵夫经常去井边打水喝，每次喝后都精神爽快，心情舒畅。

樵夫越来越老，再也不能上山打柴了，便把井中的水舀来酿酒，开个小酒店。哪知这井水酿出来的酒，味美无比，人们交口称赞，美名传遍了泸州城。

老樵夫酿酒的井，名为龙泉井，至今龙泉井还在南城营沟头。

3. 酒坛笑林

酒与幽默有着不解之缘，这一方面得力于饮酒时轻松愉快的气氛有利于诱发平时被压抑的幽默意识；另一方面，酒有文饰作用，取笑者与被取笑者都可以在酒的遮盖下避免尴尬。

（1）父子好酒

有一家父子二人皆是好酒之徒，喝得家徒四壁，身无分文，典衣卖粮也要喝。一天，爷俩扛着一袋粮食到集市上换了一坛子白酒，兴致勃勃地商议着回去怎么享用。扛酒坛子的儿子只顾说话，不小心被路上的半截砖绊倒了，把酒坛摔个粉碎。父亲大为恼火，严词斥责儿子无用。儿子头也不抬，只顾全神贯注地吸吮洒在路上的酒汁，直到全干了，才抽空对父亲说："你还愣在那里干什么？难道还要等菜不成？"

（2）坚决戒酒

有个嗜酒如命的家伙，日日沉醉于酒乡之中不能自拔。众乡邻见他日渐衰弱，面黄肌瘦，知他已病入膏肓，纷纷劝他戒酒。他装作很感动的样子，正色说："各位父老乡亲，从今以后一定要彻底戒酒，只是现在还不行。因为小儿外出未归，为父的牵肠挂肚，放心不下，只好借酒浇愁。等小儿回来，坚决戒酒！"并双膝跪地，对天发誓："皇天在上，小儿外面归来，我若不戒酒，让大酒缸把我淹死，小酒杯把我噎死，跌在酒池内泡死，掉在酒海里淹死，罚我生为曲部之民，死为糟丘之鬼，压在酒泉之下，永远不得翻身。"大伙问："令郎到底干什么去了？"他一本正经答曰："到杏花村给我买酒去了。"

（3）无钱打酒

有个刻薄鬼，一次让一个仆人去酒店打酒，却只给一个酒壶，一文钱也不给。仆人提醒道："老爷，您还没给钱呢，叫我拿什么买酒？"刻薄鬼闻言大怒，说："花钱买酒谁都会，还用得着派你去？不拿钱打回来酒，那才叫本事呢。"仆人不高兴地走了。不一会儿，他回来了，把酒壶给了刻薄鬼。刻薄鬼以为占了大便宜，高兴地接过酒壶就往嘴里倒，但未见一滴酒倒出来，不禁大怒道："壶内空空如也，让我喝什么酒？"仆人并不惊慌，慢悠悠地说："酒壶有酒谁不会喝，要是能够从空酒壶中喝出酒来，那才叫本事呢。"

（4）酒醉撞树

有个人特好喝酒，然而天生量浅，一喝必醉。一天，他醉醺醺地走出酒店，没几步就一头撞到一棵树上。他以为碰着了人，挺礼貌地停下来，低头哈腰，满脸堆笑地说："对不起，没看见，请原谅。"走几步又撞到一棵树上，又连忙说："对不起，没看见，请原谅。"到他第三次撞到树上又第三次赔礼道歉后，索性在路旁坐了下来，并自言自语道："今天人真多，老碰人家不是个事，干脆等他们走完了，我再回家吧。"

（5）糟饼

一人家贫而不善饮，每出，只唼糟饼二枚，即有酣状。适遇友人问曰："尔晨饮耶？"

曰："非也，食糟饼耳。"归以语妻，妻曰："便说饮酒，也装些门面。"夫颔之，及出，遇此友，问如前，以吃酒对。友诘之曰："热吃乎？冷吃乎？"答曰："是燠的。"友笑曰："仍是糟饼。"既归而妻知之，咎曰："酒如何说燠？须云热饮。"夫曰："晓矣。"再遇此友，不待问，即夸云："我今番的酒是热吃的。"友问曰："尔吃几何？"伸手曰："两个。"

（6）好酒者

一人好酒，坐席太久，其仆欲令其去，因见天阴，说称天将雨了，其人说："将雨怎么去的。"稍间下雨，许久雨去，仆又说："雨住了。"其人说："雨住了还怕甚的。"

（7）易酒三佳

京师缙绅，喜饮易酒，为其冲淡故也。中原士夫量大者，喜饮明流，为其性酽也。余僚丈秦湛若，中原人，极有量，尝问人曰："诸公喜饮易酒，有何佳处？"其人答曰："易酒有三佳：饮时不醉，一佳；睡时不缠头，二佳；明日起来不病醒，三佳。"湛若曰："如公言，若不醉不缠头不病醒，何不喝两盏汤儿？"其人大笑。

（8）只这一瓶

一主人请客，客久饮不去，乃作谑曰："有担卖瓷瓶者，路遇虎，以瓶投之，俱尽，止一瓶在手，谓虎曰：'你这恶物，起身也只这一瓶，不起身也只这一瓶。'"客亦作谑："昔观音大士诞辰，诸神皆贺，吕纯阳后至，大士曰：'这人酒色财气俱全，免相见。'纯阳数之曰：'大士金容满月，色也；净瓶在旁，酒也；八宝璎珞，财也；嘘吸成云，气也；何独说贫道？'大士怒，用瓶掷之。纯阳笑曰：'大士莫性急，这一瓶打我不去，还须几瓶耳。'"

（9）瓶饮亦好

昔一人专好饮酒，后为高游京师。忽一日遇一故人，其故人乃是悭吝之士，于途间相见。其好酒人曰："敬要到贵寓一叙，口渴心烦，或是茶酒，可借一杯止渴。"故人曰："吾贱寓甚远，不敢劳烦玉趾。"其好酒之人曰："谅不过只有二三十里。"故人曰："敝离所甚隘，不堪停尊驾。"好酒人曰："但开得口就好。"故人曰："奈器皿不备，无有杯盏。"好酒人曰："我与你辱在相知，就瓶饮亦好。"

（10）双斧劈柴

一人酒色过度而病，医曰："今双斧劈柴也，今后须戒。"妻从旁睨之。医会其意，转口曰："即不能戒色，亦须戒酒。"病者曰："色害胜酒，还宜首戒。"妻曰："先生的话不听，如何得病好？"

（11）蘸酒

有性吝者，父子在途，每日沽酒一文，虑其竭，乃约用箸头蘸尝之。其子连蘸二次，父怒叱曰："汝吃如此急酒耶？"

（12）陈公戒酒

南京陈公某善酒，督学山东时，父虑其废事，寓书戒之。乃出俸金，命工制一大碗，可容二斤许，镌八字于内云："父命戒酒，止饮三杯。"士林传笑。

（13）再打三斤

某县令甚呆，所为多可笑，此纰缪不可枚举。饮量甚洪，日必沽酒数斤，怡然独酌。一日，突有喊冤者，正醺醺时，阻其雅兴，含怒升堂，扣案喝打，并不掷签。役跪请曰："打若干？"官伸指曰："再打三斤。"吏笑不可遏，竟至哄堂。

（14）偷酒

一先生好饮酒，馆童爱偷酒，偷得先生不敢用人，自谓必要用一不会吃酒者，方不偷酒，然更要一不认得酒者，乃真不吃，始不偷也。一日，友人荐一仆至，以黄酒问之，仆以陈绍对。先生曰："连酒之别名都知，岂止会饮？"遂遣之。又荐一仆至，问酒如初，仆以花雕对。先生曰："连酒之佳品竟知，断非不饮之辈。"又遣之。后又荐一仆，以黄酒示之，不识；以烧酒示之，亦不识。先生大喜，以为不吃无疑矣，遂用之。一日，先生将出门，留此仆看馆，嘱之曰："墙挂火腿，院养肥鸡，小心看守。屋内有两瓶，一瓶白砒，一瓶红砒，万万不可动。若动了，肠胃崩裂，一定身亡。"叮咛再三而去。先生走后，仆杀鸡煮腿，将两瓶红白烧酒，次第饮完，不觉大醉。先生回来，推门一看，仆人躺卧在地，酒气熏人，又见鸡、腿皆无，大怒，将仆人踢醒，再三究诘。仆人哭诉曰："主人走后，小的在馆小心看守，忽来一猫，将火腿叼去；后来一犬，将鸡逐至邻家。小的情急，痛不欲生，因思主人所嘱红白二砒，颇可致命，小的先将白砒吃尽，不见动静，又将红砒用完，未能身亡，现在头晕胸闷，不死不活，躺在这里挣命呢。"

(15) 酒娘

人问："何为叫做酒娘？"答曰："糯米加酒药成浆便是。"又问："既有酒娘，为甚没有酒爷？"答曰："放水下去，就是酒爷。"其人曰："若如此说，你家的酒，是爷多娘少的了。"

四、中国酒的饮用习俗

我国悠久的历史，灿烂的文化，分布各地的众多民族，酝酿了多姿多彩的民间酒俗，有些酒俗一直流传至今。

(一) 传统饮酒文化根基——酒德和酒礼

历史上，儒家的学说被奉为治国安邦的正统观点，酒的习俗同样也受儒家酒文化观点的影响。

1. 酒德

"酒德"两字，最早见于《尚书》和《诗经》，其含义是说饮酒者要有德行，不能像商纣王那样，"颠覆厥德，荒湛于酒"。《尚书·酒诰》中集中体现了儒家的酒德，这就是："饮惟祀"（只有在祭祀时才能饮酒）；"无彝酒"（不要经常饮酒，平常少饮酒，以节约粮食，只有在有病需要时才宜饮酒）；"执群饮"（禁止民从聚众饮酒）；"禁沉湎"（禁止饮酒过度）。

儒家并不反对饮酒，用酒祭祀敬神，养老奉宾，都是德行。

2. 酒礼

饮酒作为一种饮食文化，在远古时代就形成了一套大家必须遵守的礼节。有时这种礼节还非常繁琐，但如果在一些重要的场合下不遵守，就有犯上作乱的嫌疑。因为饮酒过量，往往不能自制，容易生乱，制定饮酒礼节就很重要。

我国古代饮酒常见的有以下一些礼节：

主人和宾客一起饮酒时，要相互跪拜。晚辈在长辈面前饮酒，叫侍饮，通常要先行跪拜礼，然后坐入次席。长辈命晚辈饮酒，晚辈才可举杯；长辈酒杯中的酒尚未饮完，晚辈也不能先饮尽。

古代饮酒的礼仪约有四步：拜、祭、啐、卒爵，就是先作出拜的动作，表示敬意，接着把酒倒出一点在地上，祭谢大地生养之德，然后尝尝酒味，并加以赞扬，令主人高兴，最后仰杯而尽。

在酒宴上，主人要向客人敬酒（叫"酬"），客人要回敬主人（叫"酢"），敬酒时还要说上几句敬酒辞。客人之间相互也可敬酒（叫"旅酬"）。有时还要依次向人敬酒（叫"行酒")。敬酒时，敬酒的人和被敬酒的人都要"避席"，起立。普通敬酒以三杯为度。

(二) 祭祀用酒的习俗

从远古以来，酒就是祭祀时的必备用品之一。

1. 原始宗教、神权政治与酒

原始宗教起源于巫术，在中国古代，巫师利用所谓的"超自然力量"，进行各种活动，都要用酒。巫和医在远古时代是没有区别的，酒也是巫医的常备药之一。

在古代，统治者认为："国之大事，在祀在戎。"祭祀活动中，酒作为美好的东西，首先要奉献给上天、神明和祖先享用。战争决定一个部落或国家的生死存亡，出征的勇士，在出发之前，更要用酒来激励斗志，酒与国家大事的关系由此可见一斑。反映周王朝及战国时代制度的《周礼》中，对祭祀用酒有明确的规定。如祭祀时，用"五齐"、"三酒"共八种酒。

主持祭祀活动的人，在古代是权力很大的，原始社会是巫师，巫师的主要职责是奉祀天帝鬼神，并为人祈福禳灾，后来又有了"祭酒"主持飨宴中的酹酒祭神活动。

2. 民间丧葬、祭祀与酒

我国各民族普遍都有用酒祭祀祖先，以及在丧葬时用酒举行一些仪式的习俗。

人死后，亲朋好友都要来吊祭死者，民间俗称"吃斋饭"，也有的地方称为吃"豆腐饭"，这就是葬礼期间举办的酒席。虽然都是吃素，但酒还是必不可少的。死者入葬后，古代的习俗还有在墓穴内放入酒，为的是死者在阴间也能享受到人间饮酒的乐趣。即使在现在，在清明节为死者上坟，也常带酒肉。

在一些重要的节日举行家宴时，要为死去的祖先留着上席，一家之主这时也只能坐在次要位置，在上席为祖先置放酒菜，并示意让祖先先饮过酒或进过食后，一家人才能开始饮酒进食。在祖先的灵前，还要插上蜡烛，放一杯酒，若干碟菜，以表达对死者的哀思和敬意。

(三) 重大节日的饮酒习俗

中国人一年中的重大节日，都有相应的饮酒活动。如端午节饮"菖蒲酒"，重阳节饮"菊花酒"，除夕夜饮"年酒"。在一些地方，如江西民间，春季插完禾苗后，要欢聚饮酒，庆贺丰收时更要饮酒，酒席散尽之时，往往是"家家扶得醉人归"。

1. 春节

农历春节俗称过年。汉武帝时规定农历正月初一为元旦；辛亥革命后，将农历正月初一改称为春节。春节期间有饮用屠苏酒、椒花酒（椒柏酒）的传统习俗，寓意吉祥、康宁、长寿。有的地方，正月的第一天人们一般不出门，从正月初二才开始串门。有客人上门，主人会将早已准备好的精美的下酒菜肴摆上桌子，斟上酒，共贺新春。

(1) "屠苏酒"

原是草庵之名。相传古时有一人住在屠苏庵中，每年除夕夜里，他都给邻里一包药，让人们将药放在水中浸泡，到元旦时，再用这水兑酒，合家欢饮，使全家人一年中都不会染上瘟疫。后人便将这草庵之名作为酒名。饮屠苏酒始于东汉。明代李时珍《本草纲目》记载："屠苏酒，陈延之《小品方》云，'此华佗方也'。元旦饮之，辟疫疠一切不正之气。"饮用次序也颇讲究，即"由幼及长"。

(2) "椒花酒"

用椒花浸泡制成的酒，饮用方法与屠苏酒相同。梁宗懔在《荆楚岁时记》中记载，"俗有岁首用椒酒，椒花芳香，故采花以贡樽。正月饮酒，先小者，以小者得岁，先酒贺之。老者失岁，故后与酒"。宋代王安石在《元日》一诗中写道："爆竹声中一岁除，春风送暖入屠苏。千门万户瞳瞳日，总把新桃换旧符。"

2. 元宵节

元宵节又称灯节、上元节。始于唐代，因为时间在农历正月十五，是三官大帝的生日，所以过去人们向天宫祈福，必用五牲、果品、酒供祭。祭礼后，撤供，家人团聚畅饮一番，以祝贺新春佳节结束。晚上观灯、看烟火、食元宵（汤圆）。

3. 中和节

中和节又称春社日，时间在农历二月一日，祭祀土神，祈求丰收，有饮中和酒、宜春酒的习俗。

据说饮中和酒、宜春酒可以医治耳疾，因而人们又称之为"治聋酒"。据《广记》记载："村舍作中和酒，祭勾芒种，以祈年谷。"据清代陈梦雷编纂的《古今图书集成·酒部》记载："中和节，民间里闾酿酒，谓宜春酒。"

4. 清明节

时间约在西历4月5日前后。人们一般将寒食节与清明节合为一个节日，有扫墓、踏青的习俗，始于春秋时期的晋国。

清明节饮酒有两种原因：一是寒食节期间，不能生火吃热食，只能吃凉食，饮酒可以增加热量；二是借酒来平缓或暂时麻醉人们哀悼亲人的心情。古人对清明饮酒赋诗较多，如杜牧诗《清明》："清明时节雨纷纷，路上行人欲断魂。借问酒家何处有，牧童遥指杏花村。"

5. 端午节

端午节又称端阳节、重午节、端五节、重五节、女儿节、天中节、地腊节。时间在农历五月五日，大约形成于春秋战国时期。

人们为了避邪、除恶、解毒，有饮菖蒲酒、雄黄酒的习俗；同时，还有为了壮阳增寿而饮蟾蜍酒以及为了镇静安眠而饮夜合欢花酒的习俗。

最为普遍及流传最广的是饮菖蒲酒。唐代《外台秘要》、《千金方》，宋代《太平圣惠方》，元代《元稗类钞》，明代《本草纲目》、《普济方》及清代《清稗类钞》等古籍书中，均载有此酒的配方及服法。菖蒲酒是我国传统的时令饮料，而且历代帝王也将它列为御膳时令香醪。

由于雄黄有毒，现在人们不再用雄黄兑制酒饮用了。对于饮蟾蜍酒、夜合欢花酒，在《女红余志》、清代南沙三余氏撰的《南明野史》中有所记载。

6. 中秋节

中秋节又称仲秋节、团圆节，时间在农历八月十五日。

在这个节日里，无论家人团聚，还是挚友相会，人们都离不开赏月饮酒。文献诗词中对中秋节饮酒的描写比较多。五代王仁裕著的《天宝遗事》记载，唐玄宗在宫中举行中秋夜文酒宴，并熄灭灯烛，月下进行"月饮"。到了清代，中秋节以饮桂花酒为习俗。

我国用桂花酿制露酒具有悠久的历史，二千三百年前的战国时期，已酿有"桂酒"，在《楚辞》中有"奠桂酒兮椒浆"的记载。唐代酿桂酒较为流行，有些文人也善酿此酒，清代有"桂花东酒"，为京师传统节令酒，也是宫廷御酒。对此在文献中有"于八月桂花飘香时节，精选待放之花朵，酿成酒，入坛密封三年，始成佳酿，酒香甜醇厚，有开胃、怡神之功……"的记载。直至今日，也还有在中秋节饮桂花陈酒的习俗。

7. 重阳节

重阳节又称重九节、茱萸节，时间在农历九月九日，有登高并饮菊花酒的习俗。

饮菊花酒始于汉朝。宋代高承著的《事物纪原》记载："菊酒，《西京杂记》曰：'戚夫人侍儿贾佩兰，后出为段儒妻，说在宫内时，九月九日佩茱萸，食蓬饵，饮菊花酒，云令人长寿。'登高，《续齐谐记》曰：'汉桓景随费长房游学。'谓曰：'九月九日，汝家当有灾厄，急令家人作绢囊，盛茱萸，悬臂登高山，饮菊花酒，祸乃可消。'景率家人登，夕还，鸡犬皆死。房曰：'此可以代人。'"自此以后，历代人们逢重九就要登高、赏菊、饮酒，延续至今不衰。

明代医学家李时珍在《本草纲目》一书中，说常饮菊花酒可"治头风，明耳目，去痿，消百病"，"令人好颜色不老"，"令头不白"，"轻身耐老延年"等。因而古人在食其根、茎、叶、花的同时，还用来酿制菊花酒。除饮菊花酒外，有的还饮用茱萸酒、茱菊酒、黄花酒、薏苡酒、桑落酒、桂酒等酒品。

历史上酿制菊花酒的方法不尽相同。晋代是"采菊花茎叶，杂秫米酿酒，至次年九月始熟，用之"，明代是用"甘菊花煎汁，同曲、米酿酒。或加地黄、当归、枸杞诸药亦佳"。清代则是用白酒浸渍药材，而后采用蒸馏提取的方法酿制。因此，从清代开始，所酿制的菊花酒，就称之为"菊花白酒"。

8. 除夕

除夕俗称大年三十夜，时间在农历一年的最后一天晚上，是中国人最为重要的节日，是家人团聚的日子，人们有别岁、守岁的习俗。即除夕夜通宵不寝，回顾过去，展望未来，饮酒守夜。

除夕守岁饮酒、吃年夜饭始于南北朝时期。年夜饭是一年中最为丰盛的酒席，即使家贫，平时不怎么喝酒，年夜饭中的酒也是必不可少的。除夕饮用的酒品有"屠苏酒"、"椒柏酒"。这原是正月初一的饮用酒品，后来改为在除夕饮用。宋代苏轼在《除日》一诗中写道："年年最后饮屠苏，不觉来年七十岁。"除夕午夜，全家聚餐又名为团圆酒，向长辈敬辞岁酒，这一习俗延续到今。

（四）婚姻饮酒习俗

婚姻是人生的重大事件，即是单身子女离开父母的庇护独立生活的开始，也是夫妻双方组成新的家庭，为孕育新生命的前奏。因而，从订婚到婚庆大典完毕的整个过程，名目繁多的筵席是离不了的。

人们常常说的"喜酒"，往往是婚礼的代名词，置办喜酒即办婚事，去喝喜酒，也就是去参加婚礼。

1. 会亲酒

举办订婚仪式，肯定是要摆酒席的，称为"会亲酒"。往往是男女双方的长辈或长者都要到场，喝了"会亲酒"，表示婚事已成定局，婚姻契约已经生效，此后男女双方不得随意退婚、赖婚。

2. 答谢酒

满族人在举行婚礼前后要置办"谢亲席"和"谢媒席"。所谓"谢亲席"，就是男方家将烹制好的一桌酒席置于特制的礼盒中，由两人抬着送到女家，以表示对亲家养育了女儿给自家做媳妇的感谢之情。所谓"谢媒席"，就是将精心置办的一桌酒席用圆笼装上，由一人挑上送到媒人家，表示对媒人成全好事的感激之情。

3. 送亲酒

达斡尔族在举行婚礼时有"接风酒"和"出门酒",即女方送亲的人一到男方家,新郎父母要斟满两盅酒,向送亲的人敬"接风酒",也叫"进门盅",来宾要全部饮尽,以示已是一家人。尔后,男家要摆三道席宴请来宾。婚礼后,女方家远者多在新郎家住一夜,次日才走,在送亲人返程时,新郎父母都恭候门旁内侧,向贵宾一一敬"出门酒"。

4. 交杯酒

饮"交杯酒"是我国婚礼程序中的一个传统仪节,在古代又称为"合卺"(卺的意思本来是一个瓠分成两个瓢)。《礼记·昏义》有"合卺而醑",孔颖达解释道"以一瓠分为二瓢谓之卺,婿之与妇各执一片以醑"(即以酒漱口),合卺又引申为结婚的意思。在唐代即有交杯酒这一名称,到了宋代,在礼仪上,盛行用彩丝将两只酒杯相连,并绾成同心结之类的彩结,夫妻互饮一盏,或夫妻传饮。这种风俗在我国非常普遍,如在绍兴地区喝交杯酒时,由男方亲属中儿女双全、福气好的中年妇女主持。喝交杯酒前,先要给坐在床上的新郎、新娘喂几颗小汤圆,然后,斟上两盅花雕酒,分别给新婚夫妇各饮一口,再把这两盅酒混合,又分为两盅,取"我中有你,你中有我"之意,让新郎、新娘喝完,并向门外撒大把的喜糖,让外面围观的人群争抢。

婚礼上,为表示夫妻相爱,也有"交杯酒"由新郎新娘共饮"交臂酒"的方式完成。即在婚礼上夫妻各执一杯酒,手臂相交各饮一口。

满族人结婚时,也有饮"交杯酒"的习俗。入夜,洞房花烛齐亮,新郎给新娘揭下头盖后要坐在新娘左边,娶亲太太捧着酒杯,先请新郎抿一口,送亲太太捧着酒杯,先请新娘抿一口,然后两位太太将酒杯交换,请新郎新娘再各抿一口。

5. 回门酒

结婚的第二天,新婚夫妇要"回门",即回到娘家探望长辈,娘家要置宴款待,俗称"回门酒"。回门酒只设午餐一顿,酒后夫妻双双回家。

6. 纪年酒

每一个民族都很重视结婚,认为结婚是人生极为重要的一幕。许多民族为了避免忘却这一幕,往往要举行名目繁多的结婚纪念活动。其中,人们庆祝得最多且最隆重的就是"银婚-25年"和"金婚-50年",一般都要邀请亲朋好友来参加酒宴和周年纪念会,喝结婚"纪年酒"以示庆贺。

朝鲜族把夫妻结婚60周年称为"四婚",人们要举行庆祝活动。纪念日那天,夫妻要穿上当初结婚时穿的漂亮服装,坐在褥垫上,品尝着丰盛的酒食菜肴,接受子孙和亲友们的祝贺。晚辈要按辈分的高低先后为老人敬酒。亲朋好友、左邻右舍也携礼来祝贺。主人宴请来客,人们载歌载舞,庆祝活动十分热闹。

(五) 寿诞饮酒习俗

一个人从出生到年迈,在芸芸众生中是微不足道的,但就个体生命本身而言则是漫长的生命历程,从为人子女到为人父母,生命之轮在不断前行,为了记住这一个又一个逝去的时刻,亲朋好友欢聚一堂,置办酒宴庆祝是常有之事。

1. 出生酒与寄名酒

出生酒,也叫"三朝酒",以示家族兴旺、代代相续。江南民间习俗是,孩子出生后,要挨家挨户(一般是自己的自然村落,或村民小组)上门送东西,一般为红蛋两个,甘蔗四节,核桃四个或八个,红糖水一杯,饼干一些,粽子两个。大户人家往往会请来众多亲朋喝酒庆祝，特别是中年得子、老来生子或几代单传，更是要大摆酒席。

旧时孩子出生后，还会请人为新生儿算卦，以预知前程和消灾免祸。如请人算出命中有克星，多厄难，就要把他送到附近的寺庙里，作寄名和尚或道士，大户人家则要举行隆重的寄名仪式，拜见法师之后，回到家中，就要大办酒席，祭祀神祖，并邀请亲朋好友，三亲六眷，痛饮一番，称之为"寄名酒"。

2. 满月酒与百日酒

中华各民族普遍的风俗之一，生了孩子满月时，摆上几桌酒席，邀请亲朋好友共贺，称之为"满月酒"，亲朋好友一般都要带有礼物，也有的送上红包。

小孩满百日，又要庆祝一番，称之为"百日酒"。另外，为了庆祝小孩开荤，还要有"开荤酒"，以及为了庆祝小孩长牙、走路等，都可能要摆宴、吃酒。

3. 女儿酒与状元红

晋人嵇含所著的《南方草木状》，说南方人生下女儿才数岁，便开始酿酒，酿成酒后，埋藏于池塘底部，待女儿出嫁之时才取出供宾客饮用。这是最早有关南方"女儿酒"的记载。

由于绍兴酒有越陈越香的特点，所以，千百年来在民间流传着一种古老习俗——将陈酒作为女儿的嫁妆。同时，由于封建社会"学而优则仕"及科举制度的影响，"嫁夫莫过状元郎"的思想在民间也有很大的市场。于是绍兴陈酒得到继承，在绍兴地区逐渐发展成为著名的"花雕酒"，其酒质与一般的绍兴酒并无显著差别，主要是装酒的坛子独特。

当女儿出生时，父母就要酿制若干坛酒，并在土坯上雕上各种花卉图案，人物鸟兽，山水亭榭，然后将酒坛埋入地窖。等到女儿出嫁时，取出酒坛，请画匠用油彩画出"百戏"，如"八仙过海"、"龙凤呈祥"、"嫦娥奔月"、"西施浣纱"等造型，并配以吉祥如意、花好月圆的"彩头"。其中，酒坛外表涂朱红色者得名绍兴元红酒。人们称这种酒为"女儿酒"或"状元红"，用以款待婚宴宾客。

4. 生日酒与祝寿酒

中国人有生日纪念的习俗，有条件者，一般会邀请亲朋好友庆祝一番，称为"生日宴"，要喝"生日酒"。过去一般习惯在过生日的人的家里摆上酒宴，现在则常常是在餐馆大宴宾客。同时，随着社会的发展，一般人的生日宴请逐渐演变为至亲或挚友的小范围聚会。

中国人也有给老人祝寿的习俗，每逢50、60、70岁等生日，称为大寿，一般由儿女或者孙子、孙女出面举办，邀请亲朋好友参加酒宴，称之"祝寿宴"，要喝"祝寿酒"。置办酒宴时，民间一般有男作九女作十的习惯，如庆祝60大寿，男方要在满59岁时作，女方则在满60岁时作，据说这样会延年益寿、造福子孙。

（六）其他饮酒习俗

1. 上梁酒与进屋酒

在中国农村，盖房是件大事，盖房过程中，上梁又是最重要的一道工序，故在上梁这一天，要办"上梁酒"，有的地方还流行用酒浇梁的习俗。房子造好，举家迁入新居时，又要办"进屋酒"，一是庆贺新屋落成，并致乔迁之喜，二是祭祀神仙祖宗，以求保佑。

2. 插秧酒与打谷酒

一年农活中的头等大事就是插秧与打谷，既是播种希望，也是收获成果，而且还需要一定的体力劳动。因而在中国农村，也有饮酒摆席"打牙祭"的习俗。

哈尼族有饮"新谷酒"的习俗，每年秋收之前，居住在云南元江一带的哈尼族，都要按照传统习俗举行一次丰盛的"喝新谷酒"的仪式，以欢庆五谷丰登，人畜平安。所谓"新谷酒"，是各家从田里割回一把即将成熟的谷把，倒挂在堂屋右后方山墙上部的一块小篾笆沿边，意求家神保护庄稼，然后勒下谷粒百十粒，有的炸成谷花，有的不炸，放入酒瓶内泡酒。喝"新谷酒"选定在一个吉祥的日子，家家户户置办丰盛的饭菜，全家老少都无一例外地喝上几口"新谷酒"。这顿饭人人都要吃得酒酣饭饱。

3. 开业酒与分红酒

这是店铺作坊置办的喜庆酒。

店铺开张、作坊开工之时，老板要置办酒席，称之为"开业酒"，以致喜庆贺；店铺或作坊年终按股份分配红利时，要办"分红酒"，以祝愿生意兴隆、来年大吉，并起到鼓舞和团结股东及职员人心的作用。

4. 接风酒与壮行酒

远方的朋友来了，肯定要喝几杯；好友、同事出差归来了，免不了碰几杯。接风酒是一种由来已久的酒俗，历朝历代，"接风洗尘"酒都有不少记载。

而有朋友远行，为其举办酒宴，表达惜别之情，称之为"送行酒"。在战争年代，勇士们上战场执行重大且有很大生命危险的任务时，指挥官们都会为他们斟上一杯酒，用酒为勇士们壮胆送行，称之为"壮行酒"。

（七）独特的饮酒方式

1. 饮咂酒

古代遗留下来的独特的饮酒方式，在西南，西北的彝、白、苗、傈僳、普米、景颇、哈尼、纳西、傣、壮、侗等少数民族地区流传。在喜庆日子或招待宾客时，抬出一酒坛，人们围坐在酒坛周围，每人手握一根竹管或芦管，斜插入酒坛，从其中吸咂酒汁，人数可达五六人甚至七八个人。

咂酒法饮用的酒都是水酒，咂酒有冷咂、热咂之分。冷咂即搬出酒坛，将吸管插入坛底吸饮；热咂是把水酒放在锅里加热或者直接把酒坛架在火上，边加热边饮用。但无论冷咂还是热咂，吸管都是一插到底，一边饮用，一边加入冷开水，使坛内或锅内的酒液保持在相同的水平，直到酒味全都丧失。

这种独特的饮酒方式，气氛热烈，可以加强人与人之间的感情交流。

2. 转转酒

彝族人特有的饮酒习俗，饮酒时不分场合地点，也无宾主之分，大家皆席地而坐，围成一个一个的圆圈，一杯酒从一个人手中依次传到另一人手中，各饮一口。

这个习俗，据说来自一个动人的传说：在一座大山中，住着汉人、藏人和彝人三个结拜兄弟。有一年，三弟彝人请两位兄长吃饭，吃剩的米饭在第二天变成了香味浓郁的米酒，三个兄弟你推我让，都想将酒留给其他弟兄喝，于是从早转到晚，酒也没有喝完，后来神灵告知只要辛勤劳动，酒喝完后，还会有新的酒涌出来，于是三人就转着喝开了，一直喝得酩酊大醉。

3. 火塘酒

即在火塘边饮酒及其相关的规程。火塘多设在少数民族家庭的堂屋中，火塘酒的拘谨与严肃表现在饮酒人的座次排列、饮酒礼节、语言行为等几个方面。

在传统彝族社会中，火塘"上方"指背墙面门的位置，是家庭中男性长者的专座；而纳西族摩梭人则是当家妇女的当然座位。火塘边饮酒，祖宗在堂，老幼环坐，因此，不得秽语袭行，不得随意喧哗。

火塘酒的话题多由宾客或长者提出，晚辈后生尤其是青年妇女不能随意插话打岔。讨论的内容，从农事安排到生活总结，无所不包。火塘是少数民族生活的重要组成部分。

4. 拼伙酒

以参加人共凑份子的形式饮乐，故又称"打拼伙"（打平伙），也就是现在年轻人流行的"AA制"，是许多民族共有的饮酒习俗；又因饮酒歌舞多在春暖花开时节，地点多在远离村寨的林间草地，参加者大都是正当花季的青春少年，拼伙酒也叫"吃山酒"、"饮花酒"。

有的民族中，这类本属随机性的饮酒习俗在长期发展中已逐渐稳定在某一时空之内，演变成全民性的民族节日。如云南省大姚县彝族昙华山"插花节"、巍山县巍宝山"二月八会"、贡山县怒族"花山节"、滇东南苗族"踩花山"等节日，均与拼伙酒的饮用习俗有着直接的渊源承继关系。

直到现在，各民族人民所喜好的节日期间的郊野宴饮，其组织方式和活动形式都保留着拼伙酒的遗风。

5. 盟誓血酒

在各民族中均有表现，这种基于万物有灵的原始宗教形态下出现的仪式，不但在加强民族团结、解决争端、消除心理隔阂等方面具有极其重要的作用，而且在许多重大的军事行动、政治斗争中都产生过不可估量的作用。

钻牛皮饮血酒是盟誓中最庄重、肃穆的诅盟。历史上彝族社会尤盛行此举。盟誓的双方各出小鸡一只、酒若干斤，共出一头牛，由毕摩念咒主持盟誓，杀鸡、牛，取血混融于酒，剥下牛皮，绷紧蒙在一个木架上，盟誓双方念誓言后，自牛尾而牛头从架下钻出，并诅誓："有负此盟，当同于此鸡、此牛！"共饮血酒一碗。由毕摩主誓，并以"法术"邀请大地山川诸神灵监誓。在万物有灵观念的作用下，结盟双方轻易不敢毁约，此法多用于解决重大的纠纷和政治结盟。

（八）劝酒

中国人的好客，在酒席上发挥得淋漓尽致。人与人的感情交流往往在敬酒时得到升华。中国人敬酒时，往往都想对方多喝点酒，以表示自己尽到了主人之谊，客人喝得越多，主人就越高兴，说明客人看得起自己，如果客人不喝酒，主人就会觉得有失面子。

有人把劝人饮酒总结为"文敬"、"武敬"、"罚敬"等几种方式，这些做法有其淳朴民风遗存的一面，也有一定的副作用。

1. 文敬

文敬即有礼有节地劝客人饮酒，是传统酒德的一种体现。

酒席开始，主人往往在讲上几句话后，便开始了第一次敬酒。这时，宾主都要起立，主人先将杯中的酒一饮而尽，并将空酒杯口朝下，说明自己已经喝完，以示对客人的尊重。客人一般也要喝完。在席间，主人往往还分别到各桌去敬酒。

主人敬酒之后，客人还要向主人敬酒，一般是一些祝福或感谢之意。客人向主人敬酒，被称之为"回敬"。

客人向主人"回敬"之后，客人与客人之间就可以相互"敬酒"，被称之为"互敬"。为了使对方多饮酒，敬酒者会找出种种必须喝酒的理由，若被敬酒者无法找出反驳的理由，就得喝酒。在这种双方寻找论据的同时，人与人的感情交流得到升华。

2. 武敬

敬酒者利用自己在饮宴上的绝对地位，或找出各种对方不得不屈从的理由，使对方无法抗拒饮酒的敬酒行为，被称为武敬。

特定情况下，如被敬酒者不会饮酒，或饮酒太多，但是主人或客人又非得敬上以表达敬意，这时就可请人代酒。这种不失风度又不使宾主扫兴的躲避敬酒的方式，被称为"代饮"。代饮酒的人一般与被敬酒者有特殊的关系。在婚礼上，男方和女方的伴郎和伴娘往往是代饮的首选人物，故酒量必须很大。

为了劝酒，酒席上有许多趣话，如"感情深，一口闷"、"感情厚，喝个够"、"感情浅，舔一舔"等。

3. 罚敬

"罚酒"是中国人敬酒的一种独特方式。

"罚酒"的理由五花八门，凡是与传统礼仪不相符合或是违反了饮酒者的约定俗成，都会成为罚酒的理由。最为常见的可能是对酒席迟到者的"罚酒三杯"，其他还有"滴酒罚三杯"、"屁股一抬，喝酒重来"等，有时也不免带点玩笑的性质。

另外，通过行"酒令"，负者被罚酒也是"罚酒"的常用方式。

4. 少数民族的待客敬酒

藏族人好客，用青稞酒招待客人时，先在酒杯中倒满酒，端到客人面前。这时，客人要用双手接过酒杯，然后一手拿杯，另一手的中指和拇指伸进杯子，轻蘸一下，朝天一弹，意思是敬天神，接下来，再来第二下、第三下，分别敬地、敬佛。这种传统习惯是提醒人们青稞酒的来历与天、地、佛的慷慨恩赐分不开，故在享用酒之前，要先敬神灵。在喝酒时，藏族人民的约定风俗是：先喝一口，主人马上倒酒斟满杯子，再喝第二口，再斟满，接着喝第三口，然后再斟满。往后，就得把满杯酒一口喝干了。这样做，主人才觉得客人看得起他，客人喝得越多，主人就越高兴，说明主人的酒酿得好。藏民族敬酒时，对男客用大杯或大碗，敬女客则用小杯或小碗。

壮族人敬客人的交杯酒并不用杯，而是用白瓷汤匙，两人从酒碗中各舀一匙，相互交饮。主人这时还会唱起敬酒歌："锡壶装酒白连连，酒到面前你莫嫌，我有真心敬贵客，敬你好比敬神仙。锡壶装酒白瓷杯，酒到身前你莫推，酒虽不好人情酿，你是神仙饮半杯。"

西北裕固族待客敬酒时，都是敬双杯。不论客人多少，主人只拿出两只酒杯，轮番给客人敬双杯。

（九）酒令（觞令）

饮酒行令，是中国人在饮酒时助兴的一种特有方式。

1. 酒令的起源

酒令由来已久，开始时可能是为了维持酒席上的秩序而设立的"监"。汉代有了"觞政"，就是在酒宴上执行觞令，对不饮尽杯中酒的人实行某种处罚。

在远古时代就有了射礼，为宴饮而设的称为"燕射"，即通过射箭，决定胜负，负者饮酒。古人还有一种被称为投壶的饮酒习俗，源于西周时期的射礼。酒宴上设一壶，宾客依次将箭向壶内投去，以投入壶内多者为胜，负者受罚饮酒。《红楼梦》第四十回中鸳鸯吃了一盅酒，笑着说："酒令大如军令，不论尊卑，唯我是主，违了我的话，是要受罚的。"

总的来说，酒令是用来罚酒的，但实行酒令最主要的目的是活跃饮酒时的气氛。何况酒席上有时坐的都是客人，互不认识是很常见的，行令就像催化剂，可使酒席上的气氛马上就活跃起来。

2. 酒令的方式

行酒令的方式可谓五花八门，文人雅士与平民百姓行酒令的方式自然大不相同。文人雅士常对诗或对对联、猜字或猜谜等；一般百姓则用一些既简单，又不需作任何准备的行令方式。

最常见也最简单的是"同数"，现在一般叫"猜拳"，即用手指中的若干个手指的手势代表某个数，两人出手后，相加后必等于某数，出手的同时，每人报一个数字。如果哪一个人所说的数正好与加数之和相同，则算赢家，输者就得喝酒。如果两人说的数相同，则不计胜负，重新再来一次。

击鼓传花是一种既热闹、又紧张的罚酒方式。在酒宴上宾客依次坐定位置，由一人击鼓，击鼓的地方与传花的地方是分开的，以示公正。开始击鼓时，花束就开始依次传递，鼓声一落，如果花束在某人手中，则该人就得罚酒。因此花束的传递很快，每个人都唯恐花束留在自己的手中。击鼓的人也得有些技巧，有时紧，有时慢，造成一种捉摸不定的气氛，更加剧了场上的紧张程度。一旦鼓声停止，大家都会不约而同地将目光投向接花者，此时大家一哄而笑，紧张的气氛一消而散。接花者只好饮酒。如果花束正好在两人手中，则两人可通过猜拳或其他方式决定胜负。击鼓传花是一种老少皆宜的方式，但多用于女客，如《红楼梦》中就曾生动地描述了这一场景。

第三节　中国酒的酿酒文化

用酒曲酿造是中国酒的特色，是我们祖先的伟大创造。中国酒曲酿酒的发明在 6~7 世纪（大约隋唐时）由朝鲜传入日本和越南等国家，形成了用曲酿酒的东方酒文化的特色。

我国传统酒有黄酒和白酒，都是用不同酒曲酿造而成的。酒曲品种繁多，有大曲、小曲、麦曲、红曲等，各有不同的功效。而酿酒技艺亦各有特点，如大曲白酒工艺采用大曲为发酵剂进行固体窖内发酵、固态蒸馏的方法；小曲白酒采用小曲进行固态或固液结合酿造；而黄酒生产工艺采用小曲、麦曲或红曲为糖化发酵剂，进行先固态、后液态发酵而成。酿制技艺内容丰富多彩，酒品繁多，酒质各有特色，代代相传。

优质酒的酿造过程，除了与酒曲、酿酒技艺有很大的关系外，还与原料、水源、地理环境等有很大的关系。因此，中国的酿酒文化与这些因素息息相关。

一、原材料

众所周知，凡是糖类物质，都可被用作酒类生产的原料。本节主要以黄酒、白酒的生产原材料为例，对酿酒原料进行说明。

（一）黄酒生产用原材料及辅料

黄酒是用谷物做原料，用麦曲或小曲作糖化发酵剂制成的酿造酒。

历史上，黄酒在北方以粟（学名 *Setaria italica*）为生产原料，粟在古代是秫、粱、稷、黍的总称，有时称为粱，现在也称为谷子，去除壳后的叫小米；在南方，普遍使用稻米，尤其是糯米为原料。稻米是水稻的种子，外包谷壳，脱壳后为糙米，稻米的胚乳部坚硬，外皮柔软易除去，一般去糠制成精白米供酿酒使用。

现代黄酒的生产，主要原料是大米、黍米、玉米、粟米等，主要辅料是制曲用小麦、籼米、辣蓼草等。

1. 大米

酿造黄酒所用的大米，主要是糯米，特别是优质黄酒，要求必须由糯米酿造，其主要原因包括以下几个方面：

①糯米的淀粉含量比其他米稍高，而蛋白质等成分较少，因此酿成的酒杂味少。

②糯米中的淀粉几乎全都是支链淀粉，形状不规则，分子排列较疏松，故吸水快，浸米与蒸煮较容易。

③糯米中的支链淀粉被淀粉酶水解后，由于支链多，形成较多的残留糊精和低聚糖，因此糯米酒的口味较醇厚。

大米外层称米糠层，含脂肪、蛋白质较多，有损于黄酒的风味，故必须进行适当的精白。另外，采用新鲜大米酿制黄酒，可防止脂肪氧化产生油腻味。

黄酒酿造对大米的精白度要求较高，精白度是指糙米经过精碾、筛选后，糙米总量与精白米之比值。根据精白的程度，可分为5成精白、7成精白和9成精白（精白米）等。精白度越高，则精白率越低，酿酒的酒质越好，成本越高；反之，精白度越低，则精白率越高，成本相对降低。一般糯米的精白率为88%~92%左右。

由于糯米产酒率低，在工艺调整以确保蒸煮糊化彻底的条件下，普通黄酒也可用直链淀粉含量较高的粳米酿酒，提高产酒率。

2. 黍米和玉米

北方生产黄酒常用黍米，如即墨老酒。黍米俗称大黄米，色泽光亮，颗粒饱满，米粒呈金色为最佳，糯性，适于酿酒。

近年来，国内有的厂家用玉米为原料酿造黄酒，开辟了黄酒的新原料。玉米的特点是含脂肪特别丰富，酿酒时可能影响糖化发酵及成品酒的风味。由于脂肪主要集中在胚芽，含量达胚芽干物质的30%~40%，因此必须除去胚芽，俗称脱胚。玉米所含的蛋白质大多为醇溶性蛋白，不含β-球蛋白，有利于酒的稳定。

3. 籼米

籼米可作为酿酒原料，但更多的是作为小曲的原料。

籼米虽然淀粉含量较高，但蒸饭时吸水较多，米饭干燥蓬松，冷却后变硬，产生回生老化，不能再被糖化和发酵，因此淀粉利用率不高，出酒率较低。

4. 小麦

小麦是黄酒的辅助原料，主要用于制曲。小麦含有丰富的碳水化合物、蛋白质、适量的无机盐和生长素。小麦片疏松适度，很适宜微生物的生长繁殖，它的皮层还含有丰富的β-淀粉酶。小麦蛋白质含量比大麦高，大多为麦胶蛋白和谷蛋白质，各占40%左右，麦胶蛋白的氨基酸中以谷氨酸为最多，它是黄酒鲜味的主要来源。

5. 辣蓼草

辣蓼草（又称水蓼、虞蓼、泽蓼、川叶），是多年生草本植物，茎直立，高1 m左右，分支稀疏，节突起，茎面通常呈红紫色。叶有柄，深绿色，叶面有八字状的黑斑，味辛辣，托叶口缘有刺毛，秋季开花结果。制小曲用的辣蓼草需在每年7月中旬取尚未开花的野生辣蓼草，除去黄叶和杂质，趁夏日炎阳当日晒干，趁热去茎留叶，粉碎成粉末备用。

辣蓼草的作用一方面是草中含有丰富的酵母菌和根霉菌所需的生长素，能促进菌类繁殖；另一方面是在米粉中加少量辣蓼草粉，能给米粉团带来一定的疏松作用，有利于微生物发芽生长。用辣蓼草粉制成的小曲又称蓼曲。

（二）白酒生产用原材料及辅料

凡是含有淀粉或糖分的植物及粮谷类作物均可作为白酒酿造发酵的原料。传统的白酒原料以高粱为主，或搭配适量的玉米、小麦、大米、糯米、荞麦等。此外，随产地的不同，大米、玉米以及红薯干同样也是白酒酿造的重要原料。

优良的酿酒原料，要求新鲜、无霉变、无虫蛀和无杂质，淀粉含量高，蛋白质含量适量，油脂含量少，单宁含量适量，并含有多种维生素及矿质元素，含果胶质极少，不得含有过多的有害物质，如含氰化合物、番薯酮、龙葵苷、黄曲霉毒素等。粮谷原料应颗粒饱满，有较高的千粒重，原粮含水分在14%以下。除此之外，还要求具有产量丰富、易于收集、易于贮藏、加工和价格低廉等特性。

固态法大曲白酒都以高粱为主要原料；普通低档白酒，可以薯类块根或块茎为原料，也可以甘蔗糖蜜或甜菜糖蜜为原料。

1. 谷类原料

白酒生产传统上多用谷类植物的子实做原料，包括高粱、玉米、小麦、大米、糯米、荞麦等，优质白酒以高粱为主要原料。

（1）高粱

高粱又称红粮，属粟科植物种子（子实）。依穗的颜色，有红高粱、黄高粱、白高粱之分；按淀粉分子结构，有粳高粱和糯高粱之分。糯高粱，其淀粉几乎全是支链淀粉，具有吸水性强、容易糊化的特点，因此出酒率高；粳高粱则几乎全部是直链淀粉。高粱所含单宁和色素大部分集中在种皮中，对酒精发酵具有阻碍作用，但微量的单宁在发酵中形成的酚元化合物可赋予白酒特殊的香味。

高粱子实部分的化学成分（见表1.11），因品种、产地、气候、土壤的不同而有差别，主要反映在单宁、粗蛋白质和粗脂肪的含量上。高粱子实的单宁含量比较高，因为单宁能凝固蛋白质而使酶失活，故高粱一般不用作制曲的原料。

表1.11　高粱的主要化学成分（%含量）

原料名称	高　粱
水　分	12~14
淀　粉	61~63
蛋白质	9.4~10.5
脂　肪	4~4.3
单　宁	0.29~0.6

（2）玉米

酿酒用的是玉米子实，以颜色分，有黄玉米和白玉米两种，前者的淀粉含量高于后者。玉米子实含脂肪较高，特别是其胚芽部分，由于过多的脂肪不利于白酒发酵，所以必须预先分离掉玉米的胚芽。玉米子实还含有较多的植酸，在发酵过程中植酸被分解为环己六醇和磷酸，前者使酒呈醇甜味，后者能促进甘油的生成。

玉米子实蒸煮后疏松适度，不粘糊，有利于发酵。

(3) 大米

按大米的淀粉性质，可分为粳米和糯米两种。

大米的营养成分组成特别适合根霉菌的生长，因此，小曲都是以大米为主要原料制造。以糯米为原料酿制的白酒，其质量比粳米酿制的白酒好。

(4) 小麦

小麦的子实是固态法大曲酒用于制曲的主要原料。小麦子实除淀粉外，还含有少量的蔗糖、葡萄糖、果糖等。

(5) 豆类

白酒制曲如果不以小麦为原料，而改用大麦、荞麦时，一般都需要添加 20%~40% 的豆类。常用的是豌豆，以补充蛋白质含量，并增强曲块的黏结性，有助于曲块保持水分，适宜于微生物生长繁殖。

2. 薯类原料

(1) 甘薯

酿酒用的是甘薯块根。甘薯的淀粉含量高，与高粱、玉米或小麦、大米相比较，其蛋白质和脂肪的含量较低，酿酒发酵过程中生酸较慢，升酸幅度小，糖化酶受到的损害较小；而且甘薯块根结构疏松，容易蒸煮糊化，因此糖化完全。用甘薯酿酒出酒率较高。

但用甘薯作为酿酒原料也有一些缺点：甘薯块根含有较多的果胶，在蒸煮糊化过程中产生大量对人体健康有害的甲醇；甘薯块根中的甘薯树脂对发酵有一定抑制作用；最突出的问题是鲜甘薯不易保存，极易受病菌侵害，产生出对发酵有极强抑制力的番薯酮，并使白酒带有明显苦味。

(2) 木薯

木薯的块根富含淀粉，可用作酿酒原料。木薯块根结构疏松，容易蒸煮糊化，用作酿酒原料，出酒率高。但是，木薯的果胶含量甚至高过甘薯，而且还含有少量的极毒物质氰基苷。

3. 糖质原料

用糖质原料生产白酒，最常见的是将制糖工业的副产物废糖蜜做原料，采用液体发酵的方法，经多塔式蒸馏得到酒精，然后再降低酒度，勾兑，制作成成品酒。

(1) 甘蔗糖蜜

甘蔗糖蜜是以甘蔗为制糖原料的废蜜。由于产区的土质、气候、原料品种、收获季节和制糖方法、工艺条件的不同，糖蜜中的化学成分相差较大。

(2) 甜菜糖蜜

甜菜糖蜜是以甜菜为制糖原料的废蜜。甜菜糖蜜的组成成分与甘蔗糖蜜类似，但在含量上与甘蔗糖蜜相差较大，特别是还原糖和含氮量。

4. 辅料及填充料

固体发酵酿制白酒时要使用一定量的填充剂，即辅料和填充料。常用的辅料有麸皮、谷糠、高粱糠，常用的填充料有稻壳、酒糟、高粱壳、玉米芯等。辅料和填充料经蒸熟后使用，是调节入池酒醅的淀粉浓度和酸度，保持一定的水分和酒精，并对酒醅起疏松作用的合理配料的重要组成部分。

填充剂的质量优劣和用量多少，关系到白酒产品的质量及出酒率，在白酒生产中受到极大重视，要求疏松性、吸水性好，含杂质少，无霉变。

(1) 麸皮

麸皮是小麦加工面粉过程中的副产品，其成分因加工设备、小麦品种及产地而异（见表1.12）。

在麸曲白酒和液态法白酒的生产中，使用麸皮为制曲原料，其原因是除麸皮可给酿酒用微生物提供充足的碳源、氮源、磷源等营养物质外，还含有相当数量的α-淀粉酶。另外，麸皮比较疏松，有利于糖化剂曲霉菌、根霉菌的生长繁殖，可以制得质量优良的曲块。

(2) 高粱糠

高粱糠是加工高粱米的副产物（见表1.12）。

表1.12 麸皮、高粱糠两种辅料的主要化学成分（%含量）

辅料名称	麸皮	高粱糠
水 分	10.6~16.9	13.8~14.2
碳水化合物	51.9~62.4	35.0~65.0
粗蛋白	9.4~17.5	11.0~15.0
粗脂肪	1.7~5.6	3.5~9.5
粗纤维	6.3~10.1	1.0~10.0
灰 分	4.3~7.4	2.0~7.0
单 宁	—	0.1~1.0

高粱糠不仅被用作辅料，而且可以作为酿酒的原料，但需要在酿制工艺上作必要的调整。因为高粱糠的淀粉含量较低，而脂肪和蛋白质的含量高，所以发酵时生酸速度较快，升酸幅度大，微生物酶受到的损害大，发酵不易顺利进行。

在白酒酿制过程中，可以加入的填充料包括稻壳、花生壳、高粱壳、玉米芯、麦秆、酒糟、甘薯蔓等。

从白酒产品质量和饲料价值角度考虑，在几种填充剂中，以稻壳和小米糠为最好。

二、水源

地球上的水源可分成5类（见表1.13），而无论哪一类水，均是含有各种溶解或不溶解杂质的非纯水，即天然水。

表1.13 地球上水源的种类

类 别	水 源
第一类	雨水、雪水、冰山水
第二类	地表水（江、河、湖、泊、浅井、水库等）
第三类	地下水（深井水、泉水等）
第四类	海水
第五类	冰源水（南极、北极冰水等）

自古以来，就有"名酒必有佳泉，水是酒的血液"的说法。酒类生产用水，是含有各种矿物质的自然水，与酿造过程中微生物生长、酶促反应活性、耐热性、pH值变化等有关，并影响酒的风味。我国酿酒工业目前主要采用地表水、地下水为生产水源。

（一）生产用水的分类

酒类生产用水，根据用途不同，主要分为工艺用水、锅炉用水、洗涤及冷却用水等。

1. 工艺用水

酒类生产用水中，凡进入最终成品酒中的水，均称为工艺用水或酿造用水。如投料水、洗糟水、浸米水、淋米水、培养酒母用水、调整酒度用水等，此水直接参与酒的组成，对制造工艺和酒品质有很大的影响。

工艺用水中一般含有 K^+、Na^+、Mg^{2+}、Ca^{2+}、Fe^{2+}、Fe^{3+}、S^{2-}、CO_3^{2-}、SO_4^{2-}、HPO_4^{2-}、PO_4^{3-}、Cl^-、HSO_4^- 等离子，一些金属离子和无机酸根阴离子参与了发酵中极其复杂的生物化学反应，水中缺少这些离子就酿制不出好酒。

K^+、Mg^{2+}、HPO_4^{2-}、PO_4^{3-} 的含量不足，会使微生物生长不良。适量的 Ca^{2+}、Cl^- 离子能促进发酵，但 Ca^{2+}、Mg^{2+}、Mn^{2+}、Fe^{2+}、Fe^{3+} 等离子含量过高，会严重影响白酒的质量。Ca^{2+}、Mg^{2+}、Mn^{2+} 与有机酸形成难溶于水和酒精的沉淀，使有机酸不能进一步生成酯，从而使白酒缺少香气；Fe^{2+}、Fe^{3+} 含量过多，会使白酒带铁腥味。

2. 锅炉用水

锅炉用水一般要求无任何固形悬浮物，总硬度低。锅炉用水如果硬度过高，则必须采用离子交换树脂法或其他方法进行软化，否则锅炉壁易结垢，影响传热，严重时会引起锅炉爆炸。

3. 洗涤及冷却用水

洗涤用水部分属于工艺用水，进入酿酒过程；部分属于有机污水，进入环保系统进行再生利用。

为了降低费用，节约用水，冷却水应尽可能循环使用。对冷却用水的要求是硬度适当，温度较低。

（二）酿造用水的水源及水质

水占成品酒成分的 40%～80%，因此，水对酒的品质影响极大，生产上对酿造用水的质量有一定要求，而且对于不同类型的酒类生产以及生产过程中的不同生产工序，酿造用水的质量要求有所不同。有时可能需要去除一些无机离子，有时也可能添加一定量的无机盐。

1. 黄酒用水

黄酒属于非蒸馏的压滤酒，酿成后直接饮用，故水质的好坏不仅影响黄酒质量，还与人体健康密切相关。

用于黄酒酿造的用水，最好选用泉水，也可用湖心水、河心水及井水。应符合饮用水标准，使用自来水作发酵用水时，pH 中性、硬度 2～6 为好，保持适量的钙、镁能提高酶的稳定性，铁含量应小于 0.5 mg/L。

过去绍兴黄酒取鉴湖中心水酿造，湖心水质清澈，杂质少，硬度适宜，含适量盐类，为酿造优质水。

2. 白酒用水

白酒属于蒸馏酒，酿造用水以满足微生物培养、酿酒发酵为准，不直接涉及对白酒产品质量的影响，但勾兑降度用水，对水的质量要求很高。

用于白酒酿造的水源，应符合一般工业用水的要求，水量充沛稳定，水质优良清洁无污染，水温较低，硬度适中，咸水、苦水有碍酵母发酵，不宜使用。表 1.14 是茅台酒的酿造用水分析结果。

表 1.14 茅台酒酿造用水的分析结果

分析项目	杨柳湾水	赤水河水
色	色微	无色微混
嗅	无	无
味	微泥土	无
pH 值	7.3	7.6
悬浮物（mg/L）	4.0	6.0
总固体物（mg/L）	766	400
总硬度（10 mgCa/L）	10.37	8.46
暂时硬度（10 mgCa/L）	7.71	6.55
永久硬度（10 mgCaO/L）	2.66	1.91
总碱度（毫克当量/L）	2.75	2.34
碳酸盐碱度（毫克当量/L）	0.40	0.54
溶液氧（O_2 mg/L）	1.20	1.24
耗氧量（O_2 mg/L）	0.40	0.37
氨（NH_3 mg/L）	0.15	0.04
亚硝酸根（NO_2^- mg/L）	0.03	0.23
硫酸根（SO_4^{2-} mg/L）	31.32	9.61
氯离子（Cl^- mg/L）	28.0	2.00
钙离子（Ca^{2+} mg/L）	20.55	24.0
镁离子（Mg^{2+} mg/L）	16.02	15.6
总铁（Fe^{3+} mg/L）	0.12	0.11

用于白酒降低酒度的水，应符合生活饮用水标准，硬度大的水中含钙、镁矿物质多，为降度酒中白色浑浊沉淀的原因之一，需要软化处理。常用的方法有离子交换，电渗析，活性炭、砂滤、硅藻土过滤等。

三、地理环境

几乎所有的原始发酵酒类的产生，都具有一定的偶然性。存在于空气或环境中的霉菌、酵母等微生物自然混入糖类食物中，通过对食物成分的利用和改造，以及转化糖类为二氧化碳和乙醇而产生芳香的酒类物质。

由于微生物与其存在的自然环境有着一定的相关性，因此，在世界不同的地域，不同的民族在长期的历史进程中，受其地域的自然资源、气候土壤、民族饮食习惯的影响，形成了不同风格的酒类产品。如中国的黄酒和白酒、法国的葡萄酒和白兰地、英国的威士忌、德国的啤酒、俄国的伏特加、美洲的老姆酒、北欧的金酒等。

我国名酒之多，可称世界之冠，这是得天独厚的自然环境决定的。我国幅员辽阔，气候带、土壤、水资源各具特色，因此在这片古老的土地上名酒辈出，成为世界酒文化的发祥地之一（见表 1.15）。

表 1.15　天地造化酒与自然环境

酒名	五粮液	茅台	泸州老窖	汾酒
产地	四川宜宾	贵州仁怀	四川泸州	山西汾阳
气候带	亚热带湿润性季风	亚热带湿润性季风	亚热带湿润性季风	暖热带半湿润性季风
水源	岷江江心、安乐泉	赤水	长江与沱江	当地古井和深井
土壤	紫色土	赤土	紫色土	黄土

（一）酒的类别与原材料产地分布的关系

从世界六大蒸馏酒来看，除中国白酒之外，其他五种蒸馏酒分别是白兰地、威士忌、老姆酒、伏特加和金酒。

1. 各类蒸馏酒的酿制原料及制法

中国白酒主要以高粱等粮谷类为原料，经过曲类糖化、固态发酵和一次蒸馏而成；白兰地以葡萄汁为原料，经过液态发酵和二次蒸馏而成；威士忌以大麦为主要原料，经过麦芽糖化、液态发酵和二次蒸馏而成；老姆酒以甘蔗蜜液为原料，经过液态发酵和二次蒸馏而成；伏特加则是以玉米、薯类等粮谷类为原料，经过酶解糖化、液态发酵以及精馏成近乎酒精的饮料；金酒则是以大麦等谷物为主要原料，经液态发酵酿制，蒸馏液再经杜松子串蒸而成。

2. 各类蒸馏酒的主要原料及产地

从使用原料的情况来看，高粱主产于中国等东亚国家，加上中国酒酿制中窖池微生物的作用，形成了中国高粱酒特有的浓郁香味风格；葡萄在法国等欧洲国家普遍种植，葡萄酒成为重要的酒精饮料，而葡萄的丰产又促进了以葡萄为原料的白兰地酒的发展；大麦盛产于欧洲，啤酒可能是最早的谷物酒，大英帝国称雄世界的足迹促进了以大麦为原料的威士忌在英语国家的普及传播；加勒比海地区是世界甘蔗的主要种植区域，是世界蔗糖的主产区，丰富的糖蜜原料使老姆酒的形成和发展成为必然；同样，淀粉的主要来源玉米、薯类等高产农作物是俄国等东欧国家的重要农产品，不仅促进了以淀粉为原料的酒精发酵工业的发展，同样也形成了追求纯净风格的伏特加酒的普及；杜松子主产于北欧，是一种重要的调酒香料，大航海及鸡尾酒的盛行，促进了起源于荷兰的这种酒在西方世界的盛行。

可以认为，世界六大蒸馏酒的发展或多或少都与其主要原料在特定区域的大量种植及使用情况存在较大的关联，既是偶然，也是必然。

此外，游牧民族如蒙古人习惯饮用马奶酒，西藏人习惯饮用青稞酒，无不说明原材料在酒的产生及类别形成上发挥了重要的作用。

（二）酒的类别与微生物类群形成及分布的关系

1. 小曲蒸馏酒的主要酿造微生物

历史上，由于中国酿酒技术在东亚国家的传播及影响，中国与日本酿酒技术一脉相承，在世界六大蒸馏酒类型中，日本烧酒可以视为中国蒸馏酒大类中的一个分支。比较两国的蒸馏酒，可以发现，中国南方米香型小曲酒与日本米烧酒风格比较相近，酿酒工艺也较为类似。

由于中国的大陆地理环境适合多种酿酒微生物，特别是根霉的生长繁殖，因此，中国南方米香型小曲酒以根霉为主要优势菌制曲酿酒，形成了中国米香型小曲酒同时糖化同时发酵的工艺特点以及产品香味浓郁的特有风格；而在日本的岛国地理环境条件下，根霉不能成为优势菌，作为优势菌的白曲霉又不适于与其他微生物共生制曲，因此，日本米烧酒以纯种白曲霉制曲酿酒，形成了日本米烧酒先糖化后发酵的工艺特点以及产品香味淡丽的风格特点。

2．大曲蒸馏酒的主要酿造微生物

中国大曲酒中，浓香型白酒的生产以泥窖窖池为基础，酱香型白酒的生产采用底部窖泥的石窖窖池，发酵过程是栖息在窖池糟醅、窖泥中的庞大微生物区系，在物料固、液、气三相界面的复杂的物质能量代谢过程。

发酵过程中产生的黄水充当着窖泥与酒醅物质交换的载体，由于发酵起落、开窖蒸酒及封窖发酵等因素，形成的窖内压力变化使酒醅中的养分和曲药微生物、环境微生物及其代谢产物不断通过黄水进入泥中，而窖泥中的特种微生物种群及其代谢产物又不断地进入酒醅中，不但窖泥自身实现了新陈代谢，同时也完成了泥窖窖池与酒醅的物质能量交换。

窖泥微生物经过长期的驯化和变异发展，适者生存，窖泥中栖息的微生物种类得到不断丰富，慢慢形成了以己酸菌、丁酸菌为主的窖泥微生态菌群体系，其生命活动代谢所产生的复合窖香香气也越发浓郁，从而构成了浓香型白酒窖香浓郁的基础。

酒醅中的微生物菌群主要来源于大曲、窖泥以及生产环境。窖池在连续投入生产的过程中，每一个轮次，窖池中就产生一次曲药微生物、环境微生物与窖泥微生物的相互迁徙，以及微生物菌群在酒醅中的演化交替，并趋于稳定。而发酵酒醅中微生物平衡体系的形成，制约着窖池内物质能量代谢的走向，决定了白酒不同的风味特征。

例如，同样是大曲酒的茅台酒和泸州老窖，由于制曲工艺和生产现场空气、水土、原材料及气候条件的差异，种类众多的微生物类群经过自然的驯化过程达到平衡和稳定，最终造就了茅台酒的酱香型大曲酒发酵以及泸州老窖的浓香型大曲酒发酵的特定微生态环境，通过窖池发酵过程固、液、气三相多元多层次的生物化学反应和物理变化，形成了发酵产品茅台酒和泸州老窖大曲酒的各自独有风格。

而同样是浓香型大曲酒的五粮液和全兴大曲，其酿造过程中的酒醅微生物菌群构成也不尽相同（见表1.16）。主要优势微生物菌群的差异，通过代谢过程中各种生化反应的进行，形成物质能量代谢差异的逐级效应放大，形成了不同白酒产品之间香味成分构成及含量的差异，避免了风格特点上同质化现象的形成。

表1.16　不同酒厂酒醅中主要优势微生物菌群（可培养鉴定结果）

类群 \ 产地	泸州老窖酒厂	全兴酒厂
细菌	醋杆菌属（Acetobacter）、链球菌属（Streptococcus）、乳球菌属（Lactococcus）、乳杆菌属（Lactobacillus）、芽孢乳杆菌属（Sporolactobacillus）、芽孢杆菌属（Bacillus）	肠杆菌属（Enterobacter）、醋杆菌属（Acetobacter）、乳杆菌属（Lactobacillus）、芽孢杆菌属（Bacillus）、芽孢乳杆菌属（Sporolactobacillus）
放线菌	链霉菌属（Streptomyces）	链霉菌属（Streptomyces）
酵母菌	汉逊氏酵母属（Hansenula）、酒香酵母属（Brettanomyces Knfferathet Vanlaer）、固囊酵母属（Citeromyces）、卵孢酵母属（Oosportidium）、德克酵母属（Dekkera）、管囊酵母属（Pachyosten）	德巴利酵母属（Debaryomyces）、汉逊氏酵母属（Hansenula）、毕赤氏酵母属（Pichia）、假丝酵母属（Candida）、红酵母属（Rhodotorula）
霉菌	毛霉属（Mucor）、青霉属（Penicillium）、串珠霉属（Monilia）、曲霉属（Aspergillu）、犁头霉属（Absidia）	曲霉属（Aspergillus）、青霉属（Penicillium）、毛霉属（Mucor）、犁头霉属（Absidia）

(三) 酒的类别与气候条件、生态区系差异的关系

1. 不同地域条件与酒的质量风格

同样是浓香型大曲酒的生产，中国南方与北方的白酒产品质量差异较大。在浓香型大曲酒生产的代表性地域四川，以及在习惯酿制薯干烧酒同时也转型生产浓香型大曲酒的北方，尽管采用同样的酿制工艺，由于地理位置及气候条件的差异，发酵窖池的微生态环境相差甚大，酒质相差也很大。

在中国南方，处于盆地地区的四川省，四季温差小，阴雨天气多，空气潮湿，并有建窖用的优质黄黏土等得天独厚的自然条件；长期酿酒生产形成的老窖泥营养丰富，功能菌多，可用以不断地培养新窖泥，使酿酒微生物在自然驯化中得到纯化和形成优势菌种。在中国北方，气候干燥，冬季严寒，夏季酷热，昼夜温差大，缺乏适宜建窖的黏土；窖泥保水性和营养性均较差，窖泥培养又主要采用纯种扩大培养，无法形成四川地区这样的窖泥微生物环境，因而四川的浓香型大曲酒基酒的质量风格特征难以在北方地区再现。

以浓香型酒的典型代表泸州老窖为例。泸州位于东经 105.27°、北纬 28.53°，处于中国名酒金三角核心，是中国浓香型白酒原产地和发源地。经联合国专家考证认定："在地球同纬度上，只有沿长江两岸的泸州，最适合酿造优质醇正的蒸馏酒。""国窖·1573"因其在历史文化、气候、原料、窖池以及酿造工艺等方面的独特性，符合《原产地标记管理规定》，成为原产地域保护产品。

而同样在中国南方，如在川贵两省交界的赤水河一带，茅台酒厂上下 50 公里均能生产优质的酱香型白酒，离开这一区域，则优质酒的质量风格难以再现。同在这一区域内，贵州能产茅台酒，四川则产郎酒；然而利用同一生产工艺，甚至借用茅台酒醅，茅台人在四川郎酒厂却生产不出茅台酒，在贵州遵义也只能生产出遵酒。可以认为，正是特定区域的生态环境制约了特定窖池的微生态环境，决定了酿酒环境的理化和微生物特性差异，从而导致了不同酒体风格的形成。

2. 好的生态环境可以生产好酒

四川白酒在全国占有十分重要的地位，关键在于充分重视和利用了有利的环境生态系统。以浓香型白酒的典型代表泸州老窖为例，其秘籍之一就是充分重视了泸州老窖的酿酒环境生态系统建设。

在酿酒生态系统中，处于最外层的是大生态圈，是位于中国腹心地域的四川盆地，该生态圈属亚热带生物气候区，降水量大，平均气温较低，境内动物、植物、矿产资源丰富，孕育了泸州老窖、五粮液、郎酒等众多国家名酒，是第一个生态圈；中层是亚生态圈，指位于四川南部泸州市，地处云、贵、川、渝三省一市结合部的长江与沱江交汇处，境内雨量充沛、物产丰富，有着广袤的亚热带原始森林，扬名海内外的"泸州老窖"、"郎酒"均产自泸州，其自古就有酿造美酒的传统，这是作用于泸州老窖的第二个生态圈；内层是核心生态圈：①最古老的酿酒窖池：始建于公元 1573 年的泸州老窖国宝窖池群，该窖池群连续使用430 余年，窖池中生香微生物受长期驯化，能使酒体更加浓香醇厚。1996 年国务院（国发1996）47 号文件批准该酿酒窖池群为全国重点文物保护单位，1997 年被授予"国宝"称号。②含有益微生物最多的窖池：该窖池群中蕴藏 600 余种有益微生物，是泸州老窖主体香成分的决定性因素。在微生物中，嫌气芽孢杆菌是老窖窖泥中的优势微生物群落；在酿酒环境中，空气、水、窖皮泥以及残留物均是细菌数量最多，占主要地位，酵母菌数量亦不少。这是作用于泸州老窖的第三个生态圈。

正是从外到内层次良好的生态系统，为长盛不衰的泸州老窖优质曲酒提供了优越的酿造环境。泸州老窖酒是依靠独有的生态环境进行自然发酵，以当地糯红高粱为酿酒原料，软质小麦为主体原料制曲，依靠全国规模最大的泸州老窖制曲生态园，以老泥窖为发酵容器，续糟发酵，这些特有的生态环境使泸州老窖酒具有独特的质量风格。

四、酒曲及发酵剂

纵观世界各国用谷物原料酿酒的历史，可发现有两大类别：一类是以谷物发芽的方式，利用谷物发芽时产生的酶将原料本身糖化成糖分，再用酵母菌将糖分转变成酒精；另一类是用发霉的谷物，制成酒曲，用酒曲中所含的酶制剂将谷物原料糖化发酵成酒。从有文字记载以来，中国的酒绝大多数是用酒曲酿造的，中国的酒曲法酿酒不仅形成了中国酿酒技术的核心内容和有别于其他酒类的工艺特征，而且对于周边国家，如日本、越南和泰国等的酿酒技术发展也产生了极大的影响。

（一）酒曲的起源

1. 酒曲的产生和谷物酿酒技术的形成是同时的

根据对古籍资料的研究和推测，可以认为：最初，古人发现保管不当而发霉发芽的谷粒，被浸泡于水中，即能发酵成酒，这些发霉发芽的谷粒，就成为天然酒曲；人们无数次接触到天然酒曲，观察并总结了它产生的多方面的条件，经反复尝试，终于制出了人工酒曲，这就是古籍上记载的"曲蘖"。

2. 酒曲的产生促进了我国谷物酿酒技术的发展

早在殷商时代，我国已成熟地用曲菌酿酒。可见，酒曲的产生，应该在殷商时代以前。《尚书》记载，商王武丁曰："若作酒醴，尔惟曲蘖。"几千年来，制曲和用曲酿酒的"复式发酵法"一直是我国具有民族风格的谷物酿酒技艺的源泉。

尤其值得一提的是，我国在以谷物为原料制成酒曲时，还创造了一种利用固态培养物保存微生物的好办法，即当酒曲贮存在低温、干燥的场所时，曲中的微生物处于休眠状态，并在长时间的贮放过程中起到纯养或驯养的作用。这样，制曲和用曲的过程，实际上就是对微生物的接种、选择、培养和运用的实践。

（二）酒曲的发展

1. 商周时期

殷商时代人们即开始制曲和用曲酿酒。当时的曲蘖实际上是松散的发霉发芽的谷粒，又叫散曲。到周王朝时期，酒曲有了长足的发展，酒曲的种类大量增加。在当时，最有名和应用最广的是一种叫黄曲霉的霉菌，但令人惊奇的是，这种黄曲霉菌系并不是现在人们所发现的能引起人畜肝脏癌变的菌系。

2. 西汉时期

制曲技术有了更大的发展，曲的种类更多，有大麦、小麦制的曲，也有曲的表面长霉和不长霉之别。在存在散曲的同时，出现了饼曲，即"麦才"、"麦穴"等。

由散曲到成块曲的发展，不仅仅是形式的变化。由于饼曲内外接触空气不一样，内外的霉菌种类也不同。由散曲到饼曲的发展，是酒曲发展的一个重要里程碑。

3. 西晋南北朝时期

到晋代，人们在酒曲中加入草药。由于许多草药都含有有利于微生物生长的维生素，因此制出的酒曲更好，酿出的酒也别有风味。

在南北朝成书的《齐民要术》一书中，提到了 9 种酿酒曲的制作方法和 39 种酒的酿造方法。

9 种酒曲中，8 种以小麦为原料，其中 4 种加药材；既有形体小的饼曲，也有形体大的块曲。这 9 种曲可分 3 类：神曲、笨曲、白醪曲。神曲类似于近代的小曲，不但形体小，且用曲量也少，起着菌种曲的作用；笨曲类似于近代的大曲，形体大，用量也大；白醪曲则介于二者之间。

此外还有一种独特的"红曲"，它既有很强的糖化力，又有酒精发酵力，不仅可以酿酒，还可用于食用色素，真是"窥造化之巧者也"，成为我国制曲史上的一大成就，开世界采用微生物发酵法制造食用色素之先河。

4. 宋朝时期

此时，制曲技术更进一步发展，并基本上与现代采用的传统技术大致相同。《北山酒经》中全面记载了制曲、酿酒的过程，介绍了 13 种曲的制法，在制曲原料和方法上均有了很大发展，特别是书中关于菌种选种、育种的记叙，更是延续使用至今。

（三）酒曲的本质

用含淀粉的谷物酿制酒液，要经过两个阶段：一是水解淀粉使之分解成葡萄糖等的糖化阶段，二是利用酵母菌将葡萄糖等转化成酒精的酒化阶段。在实际酿酒中，人们往往看不到这两个不同阶段，而将两者合二为一的秘密就在酒曲之中。

1. 酒曲是利用微生物制备的粗酶制剂

酒曲是用谷物制成的发酵剂、糖化剂或糖化发酵剂，含有大量微生物，其中有能起糖化作用的黄曲霉菌、黑曲霉菌，也有既能起糖化作用又能起酒化作用的根霉菌、红曲霉菌等，而且一般都含有能进行酒化作用的酵母菌。由于酒曲的出现，使糖化和酒化两个阶段结合起来，使淀粉一边糖化，一边酒化，连续交叉进行，而不是按先糖化再酒化的两个步骤来酿造。

尽管中国人民与曲蘖打了几千年的交道，知道酿酒一定要加入酒曲，但一直不知道曲蘖的本质所在，直到现代科学的发展，才解开了其中的奥秘。酿酒加曲，不仅是因为酒曲上生长有大量的微生物，还因为其上有微生物所分泌的酶（淀粉酶、糖化酶和蛋白酶等）。酶具有生物催化作用，可以加速将谷物中的淀粉、蛋白质等转变成糖、氨基酸。糖分在酵母菌的代谢作用下，通过酶反应分解成乙醇，即酒精。古代的蘖也含有许多这样的酶，具有糖化作用，可以将蘖本身中的淀粉转变成糖分，再在酵母菌的作用下转变成乙醇。同时，酒曲本身含有的淀粉和蛋白质等，也是酿酒的原料。

2. 酒曲是保存酿酒微生物的好办法

酒曲酿酒是中国酿酒技术长盛不衰的精华所在。酒曲中所生长的微生物主要是霉菌，而对霉菌的利用则是中国人的一大发明创造。日本著名的微生物学家坂口谨一郎教授认为这可与中国古代的四大发明相媲美。随着时代的发展，我国古代人民所创立的制曲酿酒方法将日益显示其重要的作用。

（四）酒曲的种类

原始的酒曲是发霉或发芽的谷物，人们加以改良，就制成了适于酿酒的酒曲。由于所采用的原料及制作方法的不同，以及生产地区的自然条件的差异，酒曲的品种丰富多彩。大致在宋代，中国酒曲的种类和制造技术已基本上定型，后世在此基础上也有一些改进。

1. 酒曲的分类体系
(1) 根据制曲原料分类

制曲原料主要有小麦和稻米，分别称为麦曲和米曲。用稻米制的曲，种类也很多，如用米粉制成的小曲，用蒸熟的米饭制成的红曲或乌衣红曲（红曲霉）、米曲（米曲霉）等。

(2) 根据原料是否熟化处理分类

可分为生麦曲和熟麦曲。

(3) 根据曲中的添加物分类

可分为很多种类，如加入中草药的称为药曲，加入豆类原料的称为豆曲（豌豆、绿豆等）。

(4) 根据曲的形体分类

可分为大曲（草包曲、砖曲、挂曲），小曲（饼曲）和散曲等。

(5) 根据酒曲中微生物来源分类

可分为传统酒曲（微生物的天然接种）和纯种酒曲（如米曲霉接种的米曲、根霉菌接种的根霉曲、黑曲霉接种的酒曲等）。

2. 酒曲的分类及用途

我国用曲酿酒历史悠久，酒曲种类数不胜数，现代一般将酒曲分为五大类（见表1.17），分别用于不同酒的酿造。

表1.17 中国酒曲的分类

类 别	品 种
大 曲	传统大曲 强化大曲（半纯种） 纯种大曲
小 曲	按接种法，分为传统小曲和纯种小曲 按用途，分为黄酒小曲、白酒小曲和甜酒药 按原料，分为麸皮小曲、米粉曲和液体曲
红 曲	主要分为乌衣红曲和红曲，红曲又分为传统红曲和纯种红曲
麦 曲	传统麦曲（草包曲、砖曲、挂曲、爆曲） 纯种麦曲（通风曲、地面曲、盒子曲）
麸 曲	地面曲、盒子曲、帘子曲、通风曲、液体曲

(1) 麦曲

主要用于黄酒的酿造。

(2) 小曲

主要用于黄酒和小曲白酒的酿造。

(3) 红曲

主要用于红曲酒的酿造（红曲酒为黄酒的一个品种）。

(4) 大曲

主要用于蒸馏酒的酿造。

(5) 麸曲

这是现代发展起来的，用纯种霉菌接种、以麸皮为原料的培养物，可用于代替部分大曲或小曲。

（五）酒曲的技术特点

1. 大曲

大曲既是糖化剂，又是发酵剂，酿酒时用曲量很大，一般占酿酒投粮量的25％左右，但茅台酒用曲量为原料的100％。

（1）制作原料

主要有小麦、大麦、豌豆、黄豆等。

（2）所含成分

富含各类微生物，主要有毛霉、根霉、念珠霉、犁头霉、曲霉、酵母菌等不同类群，来源于原料、空气、曲室等环境。培养前期霉菌、酵母繁殖旺盛，后期细菌特别是高温菌类大量繁殖。酶类主要有淀粉液化酶、糖化酶、脂肪酶、蛋白酶等。另外含有大量的淀粉和香味成分前体。

（3）制作方式

根据培养温度的不同，有超高温曲、高温曲、中温曲等的不同。利用生料和水制成砖型，每块重约2～3斤，室内堆积，自然发酵培养1个月左右，再贮藏三四个月使用。

2. 小曲

小曲既是糖化剂，又是发酵剂，酿酒时用曲量比大曲小得多，一般只占酿酒投粮量的1％～2％。

（1）制作原料

主要是米粉、糠、麦粉、中药材等，又称药曲或酒药。

（2）所含成分

微生物为纯种根霉菌、酵母的接种培养物，或来源于优质小曲粉传种，其所含微生物主要是根霉、毛霉、黄曲霉、酵母菌等。酶类主要有淀粉液化酶、糖化酶，也有一些脂肪酶、蛋白酶等。另外含有大量的淀粉和一些香味成分前体。

（3）制作方式

熟料以及生料和水制成球形或饼型，28℃～31℃发酵培养4～5日左右。

3. 红曲

红曲既是糖化剂，又是发酵剂，酿酒时用曲量比大曲小，一般占酿酒投粮量的10％～15％。

（1）制作原料

蒸熟的大米。

（2）所含成分

微生物为纯种红曲霉菌（或乌衣红曲、黄衣红曲），酵母的接种培养物，或来源于优质红曲粉传种。酶类主要有淀粉液化酶、糖化酶，也有一些脂肪酶、蛋白酶等。另外含有大量的淀粉和一些香味成分前体。

（3）制作方式

熟料和水、醋拌入菌种，35℃～42℃堆积、翻拌、润湿发酵培养7日左右。

4. 麦曲

麦曲既是糖化剂，又是发酵剂，酿酒时用曲量比大曲小得多，一般只占酿酒投粮量的8％～10％。

(1) 制作原料

麦粉、中药材等。

(2) 所含成分

微生物为天然接种培养,或来源于优质麦曲粉传种,主要为根霉和酵母。酶类主要有淀粉液化酶、糖化酶,也有一些脂肪酶、蛋白酶等。另外含有大量的淀粉和一些香味成分前体。

(3) 制作方式

熟料以及生料麦粉和水、中草药汁成型,28℃~31℃自然发酵培养4~5日左右。

5. 麸曲

麸曲是由人工培育的菌种,主要是曲霉制成的糖化剂,菌种单纯,酿酒时用曲量较大,一般占酿酒投粮量的30%或以上,且需加酵母配合以发酵。

(1) 制作原料

糠、麸皮等。

(2) 所含成分

微生物为纯种黑曲霉菌、酵母(发酵型酵母或发酵型酵母和增香型酵母)分别接种培养后的混合物,也可能添加己酸菌培养物。酶类主要有淀粉液化酶、糖化酶,也有一些脂肪酶、蛋白酶等。此外还含有大量的淀粉和一些香味成分前体。

(3) 制作方式

熟料和水拌入菌种,35℃~42℃发酵培养2日左右,其生产周期短,又叫快曲。

复习思考题

1. 请说明酒、中国酒以及酒文化的概念。
2. 中国酒起源的主要佐证方法有哪些?
3. 请说明中国酒曲的本质及主要种类。
4. 关于我国蒸馏酒起源有哪几种学说?
5. 中国酒文化有哪些主要表现形式?
6. 我国酿酒工业发展的"四个转变"是什么?
7. 请说明中国酒文化的主要研究内容。
8. 中国酒的主要生产要素是什么?

主要参考文献

[1] 朱宝镛,章克昌. 中国酒经 [M]. 上海:上海文化出版社,2000.
[2] 吴福林. 中华风味酒 [M]. 南京:江苏科学技术出版社,2001.
[3] 万善长. 中华酒经 [M]. 广州:南方日报出版社,2001.
[4] 李华. 中国酒文化 [M]. 贵阳:贵州科技出版社,2001.
[5] 何满子. 中国酒文化(图文本)[M]. 上海:上海古籍出版社,2001.
[6] 章甫,池远. 中国酒文化史话 [M]. 合肥:黄山书社出版社,1997.
[7] 向春阶,张耀南,陈金芳. 雅俗文化书系——酒文化 [M]. 北京:中国经济出版社,1995.
[8] 杜金鹏,岳洪彬,张帆. 醉乡酒海——古代文物与酒文化 [M]. 成都:四川教育出版社,1998.
[9] 何明,吴明泽. 中国少数民族酒文化 [M]. 昆明:云南人民出版社,1999.
[10] 罗启荣,何文丹. 中国酒文化大观 [M]. 南宁:广西民族出版社,2002.

[11] 杨柳. 中国历代赋酒诗词鉴赏 [M]. 成都：成都时代出版社，2003.

[12] 郭来虎. 中国第一窖 [M]. 北京：中国工人出版社，1999.

[13] 罗必良，李家顺，李家明. 走向生态化经营 [M]. 香港：中国数字化出版社，2001.

[14] 陈益钊. 中国白酒的嗅觉味觉科学及实践 [M]. 成都：四川大学出版社，1996.

[15] 张文学，向文良，乔宗伟，等. 浓香型白酒糟醅原核微生物区系的分类研究 [J]. 酿酒科技，2005（7）：22—25.

[16] 乔宗伟，张文学，张丽莺，等. 浓香型白酒发酵过程中酒醅的微生物区系分析 [J]. 酿酒，2005（1）：18—22.

[17] 张文学，乔宗伟，向文良，等. 中国浓香型白酒窖池微生态研究进展 [J]. 酿酒，2004（2）：31—35.

第二章 中国白酒

第一节 中国白酒的一般知识

在酿酒历史的演变过程中,中国白酒的经营管理模式发生了巨大的变化,主要经历了传统经验型酿酒、工业规模型酿酒、生态谐调型酿酒 3 种模式(见表 2.1),最终实现了酿酒经营管理模式由生产经营型到质量经营型再到生态经营型的转变(见表 2.2)。其中,沱牌集团·舍得酒业敢为人先,在酿酒界率先从实践和理论上进行了探索,创建了首家生态酿酒工业园,实现了酿酒模式和经营模式的先导性转变,带动了我国部分大型酿酒企业先后进行了有益尝试,促进了我国酿酒业界的整体性飞跃。

表 2.1 中国白酒酿酒模式的比较

酿酒模式	定义	特点	侧重点
传统经验型酿酒	利用传统工艺技术,以家庭、作坊为单位的手工为主,机械为辅的生产经营、管理的小规模生产方式	劳动强度大,资源耗用高,环境污染大,不可控因素多,质量安全风险大,产量小	生产工艺和产品质量的符合性控制和管理,更关注结果——诉求"产品达标"
工业规模型酿酒(GAP+GMP)	将规范化种植(GAP)、良好作业规范(GMP)与传统酿酒的原辅料种植、酿酒操作工艺规范有机结合,规范化、科学化、精细化地组织生产,是以机械操作为主、手工为辅,且特别注重酿造过程质量,提高产品卫生安全性的自主性生产方式	在吸收了传统酿酒精华的基础上,使感性认识上升到了理性认识,在规范化、科学化、精细化上下工夫,操作更加细化,克服了传统酿酒过于依赖个别技师经验以及简单规模化生产导致工艺粗放、产品风格变形的缺陷	强化、细化了厂区环境、厂房和设施、设备与器具、人员管理与培训、物料控制与管理、加工过程控制、质量管理、卫生管理、安全管理、成品贮存和运输、文件和记录以及投诉处理和产品召回等方面的基本要求,特别注重制造过程中产品质量与卫生安全的自主性管理——诉求"良心品质"
生态谐调型酿酒	保护与建设适宜酿酒微生物生长、繁殖的生态环境,以安全、优质、高产、低耗为目标,最终实现资源的最大利用和循环使用	生态酿酒是利用生态学技术,使酿酒产业完成了从依赖自然环境到理性建设与保护环境的升华,利用产前、产中、产后所涉及的资源,进行闭路循环生产,形成低投入、低耗用、高产出、无污染的良性循环生产链,更深层次地使酿酒产业与生态环境持续、协调、健康发展,为酿酒业的发展拓展了新的产业链	在(GAP+GMP)酿酒的基础上,以多重生态圈为依托,立足于产业链的资源循环利用,从产前开始延伸,采取"公司+农户",生产绿色原料;产中通过建立系内"生产者—消费者—还原者"工业生态链,生产生态型白酒,实现生产的低消耗、低(无)污染,工业发展与生态环境协调发展的良性循环;产后延伸到消费领域、企业文化及其品牌培育,倡导生态营销和生态消费,向消费者传播生态理念,达到人与自然和谐相融的目的——诉求"人文关怀"

表 2.2 中国白酒经营模式的比较

经营模式	定义	特点	侧重点
生产经营	将资金投入企业，对产品按照供、产、销的方式进行的经营活动，即通过生产要素的合理配置，取得利润最大化的经营管理方式	由作坊向产业化过渡	以产品为导向的经营
质量经营	在市场经济条件下，企业在经营管理活动中以顾客为中心，以创造相关方（顾客、员工、投资方、供方和社会）价值为目标，追求卓越的经营绩效模式	将传统质量管理提升到一个新的阶段，属于广义质量范畴，由产业化向品牌化发展	以市场为导向的经营
生态经营	按照生态经济学原理，将生态理念融入产前、产中、产后的各经营环节，建立起系统内"生产者—消费者—还原者"的产业生态链，实现经济发展与环境资源相互协调，企业与社会的可持续和谐发展	由品牌化向生态化演进	以生态文明为导向的经营

一、中国白酒的基本概念

（一）蒸馏酒与中国白酒

1. 蒸馏酒的定义

按最新的国家标准，饮料酒分为发酵酒、蒸馏酒和配制酒。

蒸馏酒是指以谷物、薯类、葡萄及其他水果为原料，经发酵、蒸馏酿制而成的高酒精度（含酒精 18%～40%）的酒，包括中国白酒、白兰地、威士忌、伏特加（俄得克）、老姆酒、杜松子酒（金酒）、奶酒（蒸馏型）及其他蒸馏酒（除前面以外的蒸馏酒）。

2. 中国白酒的定义

中国白酒是指以粮谷为主要原料，用大曲、小曲或麸曲及酒母等为糖化发酵剂，经蒸煮、糖化、发酵、蒸馏、陈酿、勾兑而制成的饮料酒，包括大曲酒、小曲酒、麸曲酒等传统发酵法生产的白酒以及各类新工艺白酒。

由于中国白酒在工艺上比其他几大蒸馏酒（白兰地、威士忌、伏特加、金酒、老姆酒）及各国的蒸馏酒都要复杂，而且酿酒原料多种多样，酿造方法也各有特色，酒的香气特征各有千秋，故中国白酒的种类很多，分类方法也多种多样。

3. 中国白酒的别称

历史上，中国白酒亦被称为烧酒、高粱酒、白干酒等。称为白酒，是因为其酒无色；称为高粱酒，是因为其主要原料为高粱；称为白干酒，是因为不掺水；称为烧酒，是因为制酒过程要将被发酵的原料入甑加热蒸馏而出。

新中国成立后，用"白酒"这一名称代替了以前所使用的"烧酒"或"高粱酒"等名称。

（二）中国白酒的酿制蒸馏原理

在中国白酒的酿制过程中，存在于发酵糟醅中的微生物区系异常复杂，包括霉菌、酵母菌、细菌及放线菌等各类微生物类群，这些微生物类群有些可以单独分离培养，有些需要与其他微生物共生。其中霉菌类微生物主要发挥产酶代谢及淀粉类大分子物质降解的作用，酵母类微生物主要充当利用糖类物质发酵产酒及酯化生香的角色，而细菌类微生物的作用主要是发酵过程产酸和形成各类香味物质前体。通过糟醅固、液、气三相界面的复杂生物化学反应和能量代谢，发酵糟醅中的大分子物质被微生物所产生的各类酶类催化降解，微生物在获得自身生长、繁殖所需要的营养成分的同时，也代谢形成了白酒中各类香味物质成分。

酒精是发酵糟醅中的酵母菌类利用糖类物质发酵代谢的主要产物，由于酵母菌在高浓度酒精下不能继续发酵，因而在液态发酵条件下，所得到的酒醪或酒液的酒精浓度一般不会超过 20% vol；而在固态发酵条件下，包埋在固态酒醅空穴中的酒精气体以及溶解在原材料吸附水中的酒精成分相对于酒醅而言，浓度则更低，一般酒精含量在 5%~8% vol 左右，需要集中回收（见图 2.1、图 2.2）。

图 2.1 标准的白酒发酵厂房及窖池

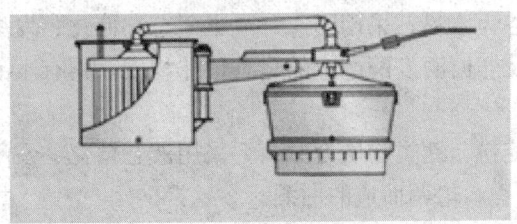

图 2.2 白酒蒸馏原理图

固态发酵方式的生产效率较低，一般产酒率（以 57% vol 乙醇计）在 45% 左右，未被利用的糖类物质，通过再次发酵的方式，在下一轮次的发酵中再次投入使用（浓香型白酒称之为续糟发酵）。采用蒸馏器，可以利用酒液及酒醅中不同物质挥发性不同的特点，将易挥发的乙醇蒸馏出来，蒸馏出来的酒气中乙醇含量较高，酒气经冷凝、收集，就成为浓度约为 68% vol 左右的蒸馏酒。

二、中国白酒的分类方法

在最新国家标准中，中国白酒主要按糖化发酵剂、生产工艺、香型分类。但根据习惯，也采用其他的一些分类方式。

（一）根据糖化发酵剂分类

根据糖化发酵剂分类是中国白酒的最常用分类方法之一，在行业管理、研究机构、生产厂家以及各种场合使用，包括大曲酒、小曲酒、麸曲酒以及使用其他酿酒糖化发酵制剂的不同酒类。

1. 大曲酒

大曲酒是以大曲为糖化发酵剂酿制而成的白酒。

大曲的原料主要是小麦、大麦，加上一定数量的豌豆。大曲又分为中温曲、高温曲和超高温曲。一般是固态发酵，大曲酒所酿制的白酒质量较好，多数名优酒均以大曲酿成。

2. 小曲酒

小曲酒是以小曲为糖化发酵剂酿制而成的白酒。

小曲主要是以稻米为原料制成的，多采用半固态发酵，南方的白酒多是小曲酒。

3. 麸曲酒

麸曲酒是以麸曲为糖化剂，加酒母发酵酿制而成的白酒。

麸曲酒是新中国成立后在烟台操作法的基础上发展起来的，分别以纯培养的曲霉菌及纯培养的酒母作为糖化发酵剂，发酵时间较短，由于生产成本较低，为多数酒厂所采用，此种类型的酒产量最大。北方的白酒多是麸曲酒，以大众为消费对象。

4. 混合曲酒

混合曲酒是以大曲、小曲或麸曲等为糖化发酵剂酿制而成的白酒，或以糖化酶为糖化剂，加酿酒酵母等发酵酿制而成的白酒。

（二）根据生产工艺分类

根据生产工艺分类是中国白酒的主要分类方法之一，一般用于行业管理、研究机构以及生产厂家，包括固态法白酒、液态法白酒和固液结合法白酒三大类别。

1. 固态法白酒

固态法白酒是以粮谷为原料，采用固态（或半固态）糖化、发酵、蒸馏，经陈酿、勾兑而成，未添加食用酒精及非白酒发酵产生的呈香呈味物质，具有本品固有风格特征的白酒。

2. 液态法白酒

液态法白酒是以含淀粉、糖类物质为原料，采用液态糖化、发酵、蒸馏所得的基酒（或食用酒精），可调香或串香，勾调而成的白酒。

3. 固液结合法白酒

固液结合法白酒是以固态法白酒、液态法白酒、食品添加剂勾调而成的白酒。

（三）根据产品香型分类

根据产品香型分类是中国白酒的最常用分类方法之一，按酒的主体香气成分的特征及风格分类，在国家级评酒中，往往按这种方法对白酒进行归类。

1. 浓香型白酒

浓香型白酒是以粮谷为原料，经传统固态法发酵、蒸馏、陈酿、勾兑而成，未添加食用酒精及非白酒发酵产生的呈香呈味物质，具有以己酸乙酯为主体复合香的白酒。

其传统工艺总结为"千年老窖，万年香糟，熟糠拌料，长期发酵"，基本特点为"以多粮或高粱为原料，优质小麦或大麦、小麦、豌豆混合配料培制中高温曲，泥窖固态发酵，采用续糟配料，混蒸混烧，量质摘酒，分级贮存，精心勾兑……"。

香味特征：由于各厂家所处地理环境及生产工艺的不同，其各自产品的香味特征也不同。以四川五粮液、四川泸州老窖为代表的产品，具有香气浓郁、绵甜甘爽的特点；以四川舍得酒、四川沱牌曲酒为代表的产品，具有幽雅圆润、绵甜悠长的特点；以江苏洋河大曲酒为代表的产品，具有绵甜净爽的特点。

在名优酒中，浓香型白酒的产量最大。

2. 酱香型白酒

酱香型白酒是以粮谷为原料，经传统固态法发酵、蒸馏、陈酿、勾兑而成，未添加食用酒精及非白酒发酵产生的呈香呈味物质，具有酱香型风格的白酒。

工艺特点：高温堆积，高温发酵，高温制曲，高温流酒，长期发酵，长期贮存。

香味特征：酱香突出，幽雅细腻，酒体醇厚，回味悠长，空杯留香持久。以贵州茅台酒、四川郎酒、湖南武陵酒等老牌名酒为代表，现在市场上的时尚酱香新秀——吞之乎（四川舍得酒业有限公司出品）也独具特色，具有酱香型白酒典型风格。

3. 米香型白酒

米香型白酒是以大米等为原料，经传统固态法发酵、蒸馏、陈酿、勾兑而成，未添加食用酒精及非白酒发酵产生的呈香呈味物质，具有以乳酸乙酯、β-苯乙醇为主体复合香的白酒。

工艺特点：以大米为原料，小曲为糖化发酵剂，前期为固态培菌、糖化，后期为液态发酵，经蒸馏釜蒸馏。

香味特征：蜜香清雅，入口柔绵，落口爽冽，回味怡畅。以广西桂林三花酒为代表。

4. 清香型白酒

清香型白酒是以粮谷为原料，经传统固态法发酵、蒸馏、陈酿、勾兑而成，未添加食用酒精及非白酒发酵产生的呈香呈味物质，具有以乙酸乙酯为主体复合香的白酒。

工艺特点：以高粱为酿酒原料，大麦和豌豆制成的低温大曲（清茬曲、后火曲、红心曲并用），采用清蒸清米查、地缸固态发酵、清蒸二次清工艺；采用润料堆积、低温发酵、高度摘酒、适期贮存的特殊工艺。

香味特征：清香醇正，醇甜柔和，自然谐调，余味净爽，酒体突出清、爽、绵、甜、净的风格特征。以山西汾酒为代表。

5. 凤香型白酒

凤香型白酒是以粮谷为原料，经传统固态法发酵、蒸馏、陈酿、勾兑而成，未添加食用酒精及非白酒发酵产生的呈香呈味物质，具有以乙酸乙酯和己酸乙酯为主体复合香的白酒。

工艺特点：以高粱为酿酒原料，大麦、豌豆培制的中偏高温大曲（58℃~60℃），混蒸混烧续米查老五甑制酒工艺，入窖温度稍高，发酵期短（12~14 天，现已调整为 28~30 天），泥窖池发酵（一年一度换新泥），采用酒海贮存。

香味特征：醇香秀雅，醇厚丰满，甘润挺爽，诸味谐调，尾净悠长。以陕西西凤酒为代表。

6. 豉香型白酒

豉香型白酒以大米为原料，经蒸煮，用大酒饼作为主要糖化发酵剂，采用边糖化边发酵的工艺，釜式蒸馏，陈肉酝浸勾兑而成，未添加食用酒精及非白酒发酵产生的呈香呈味物质，具有豉香特点的白酒。

工艺特点：使用俗称大酒饼的小曲；发酵周期为 15~20 天；用米酒浸泡肥猪肉形成典型香；蒸馏后的混合酒度为 30% vol 左右，是我国原酒酒度最低的白酒。

香味特征：玉洁冰清，豉香独特，醇和甘滑，余味爽净。以广东石湾玉冰烧酒为代表。

7. 芝麻香型白酒

芝麻香型白酒是以高粱、小麦（麸皮）等为原料，经传统固态法发酵、蒸馏、陈酿、勾兑而成，未添加食用酒精及非白酒发酵产生的呈香呈味物质，具有芝麻香型风格的白酒。

工艺特点：混蒸混烧，高温曲、中温曲、强化菌曲混合使用，高温堆积，砖池为容器偏高温发酵，缓汽蒸馏，量质摘酒，分级入库，长期贮存，精心勾调。

香味特征：芝麻香突出，幽雅醇厚，甘爽谐调，尾净，具有芝麻香特有风格。以山东景芝白干和江苏梅兰春为代表。

8. 特香型白酒

特香型白酒是以大米为主要原料，经传统固态法发酵、蒸馏、陈酿、勾兑而成，未添加食用酒精及非白酒发酵产生的呈香呈味物质，具有特香型风格的白酒。

工艺特点：整料大米不经粉碎浸泡，直接与酒醅混蒸，使大米的固有香气带入酒中；采用面粉、麸皮加酒糟作为大曲原料；以红褚条石砌成，水泥勾缝，仅窖底及封窖用泥作为发酵窖池。

香味特征：酒香芬芳，酒味醇正，酒体柔和，诸位谐调，香味悠长。以江西樟树"四特酒"为代表。

9. 浓酱兼香型白酒

浓酱兼香型白酒是以粮谷为原料，经传统固态法发酵、蒸馏、陈酿、勾兑而成，未添加食用酒精及非白酒发酵产生的呈香呈味物质，具有浓酱兼香风格的白酒。

（1）酱中带浓

工艺特点：采用高温闷料、高比例用曲、高温堆积、三次投料、九轮发酵、香泥封窖等工艺酿制。

香味特征：芳香，幽雅，舒适，细腻丰满，酱浓谐调，余味爽净，悠长。以湖北白云边酒为代表。

（2）浓中带酱

工艺特点：工艺分两步法生产，采用酱香、浓香分型发酵产酒，半成品酒各定标准，分型贮存、勾调（按比例）成兼香型白酒。

香味特征：浓香带酱香，诸味协调，口味细腻，余味爽净。以黑龙江玉泉酒为代表。

10. 老白干香型白酒

老白干香型白酒是以粮谷为原料，经传统固态法发酵、蒸馏、陈酿、勾兑而成，未添加食用酒精及非白酒发酵产生的呈香呈味物质，具有以乳酸乙酯、乙酸乙酯为主体复合香的白酒。

工艺特点：精选小麦踩制清茬曲为糖化发酵剂，以新鲜的稻皮清蒸后作填充料，采取清烧，混蒸老五甑工艺，低温入池，地缸发酵，酒头回沙，缓慢蒸馏，分段摘酒，分级入库，精心勾兑而成。

香味特征：醇香清雅，甘润挺拔，丰满柔顺，回味悠长，风格典型。以河北衡水老白干酒为代表。

11. 药香型白酒

药香型白酒是以优质高粱为主要原料，以大曲（麦曲）和小曲（米曲）为糖化发酵剂，配以中药材，采用独特的串香法酿造工艺，精心酿制而成。其发酵池偏碱性，窖泥采用特殊材料（用当地的白泥和石灰、洋桃藤浸泡汁涂抹窖壁）做成。产品兼有大曲酒浓香和小曲酒药香的风格。

工艺特点：采用大小曲并用，大曲原料为大麦，加中药 40 味，小曲原料为大米，加中药 95 味，采用小曲酒酿制法取得小曲酒，再用该小曲酒串蒸香醅而得。

香味特征：药香舒适，香气典雅，酸甜味适中，香味谐调，尾净味长。以贵州遵义"董酒"为代表。

12. 馥郁香型白酒

馥郁香型白酒是以高粱、大米、糯米、玉米、小麦五粮为原料，以小曲和大曲为糖化发酵剂，采用泥窖固态发酵工艺而成，发酵时间 30~60 天。酱、浓、清特点兼而有之。原酒己酸乙酯与乙酸乙酯含量突出，乙酸、己酸等有机酸含量高；高级醇含量适中，但异戊醇含量最多。

工艺特点：整粒原料、大小曲并用（小曲培菌糖化，大曲配糟发酵）、泥窖发酵、清蒸清烧。

香味特征：清亮透明，芳香秀雅、绵柔甘洌、醇厚细腻、后味怡畅、香味馥郁、酒体净爽。以湖南吉首"酒鬼酒"为代表。

13. 其他香型白酒

除上述香型以外的白酒。

综上所述，十二大香型的白酒中，浓、酱、清、米香型是基本香型，它们独立地存在于各种白酒香型之中（见图 2.3）。也就是说，其他八种香型是在这四种基本香型的基础上，以一种、两种或两种以上的香型，在不同工艺的糅合下，形成了自身的独特工艺，衍生出来的香型。如浓—酱——兼香型，浓—清——凤型，浓—清—酱——特型（及馥郁型），浓—酱—米——药香型，以酱香为基础——芝麻香型，以米香为基础——豉香型，以清香为基础——老白干香型，以及其他尚未完全成型香型的白酒。

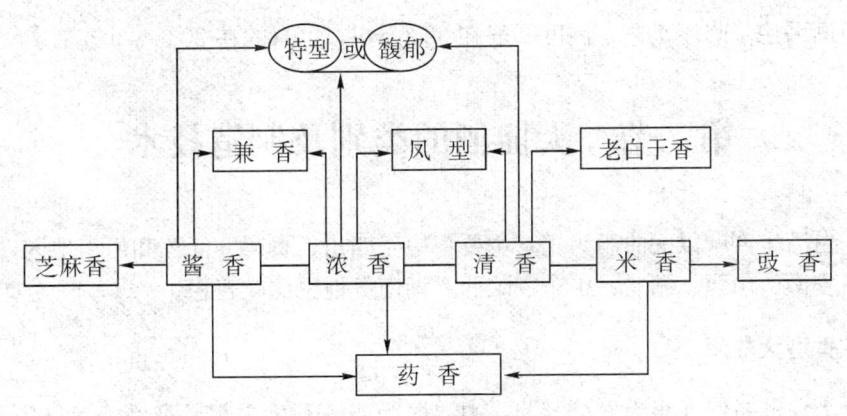

图 2.3 十二种香型白酒相互关系

(四) 根据生产原料分类

1. 粮食白酒

粮食白酒是以粮谷原料酿制的白酒。常用的原料有高粱、玉米、大米、小麦、糯米、青稞等。酿制时可用单粮酿酒，如纯高粱酒、玉米酒、米酒、青稞酒等；可用多粮酿酒，如舍得酒、沱牌曲酒等。

2. 代用原料白酒

代用原料白酒是以非粮谷含淀粉或糖的原料酿制的白酒，如红薯酒、白薯酒、粉渣酒、豆腐渣酒、高粱糠酒、米糠酒等。

(五) 根据酒质分类

根据酒质的分类是中国白酒的常用分类方法之一，主要用于行业管理及商贸，包括国家名酒，部、省名优酒以及一般白酒等。

1. 国家名酒

国家名酒也称为国家金质酒,是国家评定的质量最高的酒。白酒的国家级评比,共进行过 5 次。茅台酒、汾酒、泸州老窖、五粮液、沱牌曲酒等都是国家名酒。

2. 国家优质酒

国家优质酒也称为国家银质酒,国家级优质酒的评比与国家名酒的评比同时进行。

3. 部、省名优酒

部、省名优酒是由各部、省评比的名优酒,如商业部、轻工部、农业部以及各省的各类名优酒。

4. 一般白酒

一般白酒占酒产量的大多数,价格低廉,为百姓所接受。有的质量也不错,如众多小厂生产的固态法小曲酒、麸曲酒等,一般白酒多是用固液结合法生产的。

(六)根据酒度高低分类

一般用于行业管理、商贸及生产厂家,包括高度白酒、低度白酒等。

1. 高度白酒

高度白酒是我国传统生产方法所生产的白酒,酒度在 41% vol 以上,多在 55% vol 以上,一般不超过 68% vol。

2. 低度白酒

低度白酒采用了降度工艺,酒度一般在 38% vol,也有的在 20% vol 左右。

第二节 大曲酒的类别及制造技术

目前,白酒生产(以大曲酒为主)主要集中于四川、贵州、江苏和河南地区,以四川最为盛行,在安徽、山西、湖北、山东、陕西、湖南等地也比较普遍。

一、浓香型大曲酒

浓香型大曲酒是以泥窖为发酵容器,中温曲为产酒和生香剂,高粱等粮谷为酿酒原料,续糟配料、开放式操作生产、多菌密闭共酵、常压固态甑桶蒸馏、陈酿勾兑等工艺酿制,以己酸乙酯为主体香味物质的白酒。

泸州老窖特曲酒以"醇香浓郁,饮后尤香,酒洌甘爽,回味悠长"的典型酒体风格享誉古今,在 1979 年第三届全国评酒会上,被确定为中国浓香型大曲酒的典型代表,故称"泸型酒"。浓香型大曲酒生产技术的快速发展始于 20 世纪 50 年代。50 多年来,白酒界许多专家、学者和工程技术人员创造了众多科技成果,大大提高了浓香型大曲酒生产的技术水平,推动了中国白酒的发展。

(一)制曲工艺

1. 制曲工艺的历史演变

大曲是大曲酒酿造的产酒和生香剂,先辈们长期酿酒实践总结出"曲定酒型"、"曲乃酒之骨"、"酿好酒、必用好曲"等经典名句,稍稍可领略到大曲在大曲酒酿造中的重要作用。

(1) 第一阶段：1324 年，"甘醇曲"的发明

公元 1324 年，制曲之父郭怀玉在泸州发明了"甘醇曲"，并通过技艺的改良，制成了大曲，距今已有 680 余年的历史。

据清《阅微壶杂记》载："元泰定年间，泸州始有脱颖而出者，郭氏怀玉也。十四岁学艺，四十八岁制成酿酒曲药，曰：'甘醇曲'……"故郭怀玉也被誉为制曲之父，是泸州老窖"久香"牌天下第一曲的创始人。

(2) 第二阶段：1425 年，泸州大曲酒酿造工艺的雏形建立

清《阅微壶杂记》又载："明代仁宗洪熙元年（1425 年），由酿酒大师施敬章改进了曲药中含燥、辣和苦涩成分，研制成功了泥窖酿制的泸州大曲酒。"

陈铸《泸县志》载："初麦面一石，高粱面一斗浇水和匀，模制成砖，置于隙地上，以物覆之，数日发酵，再翻之覆如故，听其霉变，是为曲母……"

这一阶段的制曲是单个作坊各自制曲，生产规模小，制曲环境微生物与制曲地域自然微生物菌群菌系趋于一致。由于不存在环境大曲微生物优势菌群菌系，因而制曲微生物发酵凭借靠天吃饭——等待气温暖和，酵母菌、霉菌等生长繁殖活跃的条件下制曲，并添加 10% 左右的曲母制坯以启动发酵。同时也由于单个的小作坊式生产，不可能储备太多的工人，所以巧妙地选择了夏季气温高，对酿酒生产不利而停产的空隙制曲，谓之"伏曲"。每年夏天踩制的大曲，用于一年的酿酒生产使用，大曲储存时间长达一年之久，在储存过程中，因曲虫的蚕食和时间的推移，大曲微生物菌体逐渐衰亡，大曲酶活力不断下降，曲耗较高且曲质下降。

制曲工艺流程：

小麦、高粱→磨面→润粮→踩制成型→堆放→培菌发酵→曲母

这一阶段制曲的特点：

a. 以石磨为制曲原料（小麦、高粱）的粉碎设备。
b. 利用酿酒热季停产期间的空隙制曲，谓之"伏曲"，供一年四季酿酒使用。
c. 制曲场地为酿酒的晾堂坝。
d. 拌料设备为铁锅。
e. 制坯方式为木模人工踩制曲坯。
f. 糠壳为支撑曲坯的疏松透气物，稻草为曲坯的覆盖保湿材料。
g. 木桶担水进行培菌期补水。

(3) 第三阶段：制曲从酿酒整体生产中剥离出来，成立单独的制曲班组

新中国成立后至 1980 年以前，单个小作坊逐渐走上了联营、公私合营赎买的道路。同时，为了满足生产的需要，制曲生产也逐渐从酿酒生产班组里剥离出来，成为单独的制曲班组。这一阶段的制曲特征表现为：规模相对较大，并因酿酒规模的扩大而扩大，制曲生产也实现了相对均衡，以采用不同的工艺条件控制来应对季节、气温、环境的变化组织生产。

制曲工艺流程：

小麦、高粱→磨碎→加水拌料→人工踩曲成型→入室培菌发酵→发酵管理→成曲

这一阶段制曲的特点：

a. 每一个生产区域（酿酒车间）建立一个相应的制曲生产班组。
b. 以石磨为制曲原料（小麦、高粱）的粉碎设备。
c. 利用气温暖和季节（一般是 4 月~10 月）制曲，供全年酿酒使用。
d. 制曲场地为专门的制曲生产房。

e. 拌料设备为铁锅。
f. 制坯方式为木模人工踩制曲坯。
g. 糠壳为支撑曲坯的疏松透气物，稻草为曲坯的覆盖保湿材料。
h. 木桶担水进行培菌期补水。

(4) 第四阶段：1980年，由归属于酿酒车间的制曲班组搬迁到一起，成立单独的制曲车间，机械对碾磨磨碎制曲原料，绞笼机械拌料，成型机压制曲坯

随着发展的需求和生产技术的进步，制曲生产逐渐地以独立工序剥离出来，成立了专门的制曲车间。这一阶段的制曲特征表现为：规模随酿酒规模的扩大而扩大，并实现了相对均衡，用工艺条件控制来适应季节、气温、环境的变化。因而制曲环境大曲微生物菌群菌系得以相对富集，优势菌群逐渐得以体现，母曲添加量也因此而相对减少，甚至取消母曲的添加，大曲贮存期以保证3个月而均衡使用，大曲微生物及酶的活性得以有效保持并相对稳定，酿酒生产中大曲使用量也因此降低至25%（以投粮计）以内。

制曲工艺流程：

小麦、高粱→润麦→机械磨碎→机械拌料→压制成型→入室培菌发酵→发酵管理→成曲

这一阶段制曲的特点：

a. 机械对碾磨磨碎制曲原料（小麦、高粱）。
b. 利用气温暖和季节（一般是4月~10月）制曲，供全年酿酒使用。
c. 制曲场地为专门的制曲生产房。
d. 绞笼机械拌料。
e. 成型机压制成为平板曲坯。
f. 糠壳为支撑曲坯的疏松透气物，稻草为曲坯的覆盖保湿材料。
g. 木桶担水进行培菌期补水。
h. 实现了从手工制曲发展到机械化制曲。
i. 一个酿酒企业的制曲集中，单独成立制曲车间。

(5) 第五阶段：1989年，微机控制曲坯发酵的湿度和温度

现代科学技术逐渐应用于制曲生产，通过对制曲发酵过程微生物菌群菌系消长情况的动态监控、发酵品温、湿度的动态监控等条件研究，成功地将微机控制技术应用于制曲这一传统发酵产业，对稳定曲品品质、遏制杂菌滋生起到了较好的推动作用。机械化制坯流水线的成功研制，极大地减轻了制曲生产的劳动强度，有效地提高了制曲生产能力。

工艺流程：

小麦→润麦→机械磨碎→机械拌料→压制成型→入室培菌发酵→微机控制发酵→成曲

这一阶段制曲的特点：

a. 机械对碾磨磨碎制曲原料（小麦）。
b. 实现了四季制曲。
c. 制曲场地为专门的制曲生产房。
d. 绞笼机械拌料。
e. 成型机压制成为平板曲坯。
f. 自动的水管网喷水增湿和电加热升温、排气降温。
g. 曲坯以竹板架子为依托，显著增大了制曲生产能力，草帘子为曲坯的覆盖保湿材料。

(6) 第六阶段：1996年，楼盘式、专业化、规模化、生态园制曲

泸州老窖先后开发出了系列曲药品种,进而从曲药品种角度推动了浓香型大曲酒酿酒技术的进步。通过对大曲发酵机理的剖析,进一步优化了制曲工艺,改善了工作条件,保证了制曲现场的整洁有序。曲药质量的大幅度提升和四季稳定生产,有效地将酿酒大曲的用量降低至20%(以投粮计)以内。

工艺流程:

小麦→润麦→粉碎→加水拌料→制坯→安曲
                                              ↓
曲块粉碎←入库贮藏←转化发酵←翻曲←培菌发酵

这一阶段制曲的特点:
a. 机械对碌磨磨碎制曲原料(小麦)。
b. 实现了四季制曲。
c. 制曲场地为专门的生态园、楼盘式制曲生产房。
d. 绞笼机械拌料。
e. 成型机压制成曲坯。
f. 曲坯入室后即关闭门窗,利用门窗细小的空隙自然实现气体和热量的平缓交换。
g. 采用发明的喷水车对培菌发酵房安曲的过程进行补水。
h. 实现了制曲环境的高中低立体交叉的绿化和极大整洁。
i. 创建"微氧环境曲药发酵"技术,先后开发有酯化曲、酱香曲、翻沙(底糟)专用曲、1573国窖大曲等大曲新品。
j. 在名酒企业中首家将大曲作为商品对外销售,实现了大曲这种"地域资源型"产品的行业内共享。

2. 制曲基本特点

中温曲生产的基本特点包括:以小麦(有的配料大麦、豌豆、高粱等)为制曲原料,高温润料,生料磨碎,加水(有的配料母曲粉)拌料,人工踩制或者机械压制成块状曲坯,稻壳或者竹板作为支撑透气物,稻草或者编织布作为保湿覆盖物安曲培菌,翻曲逐层堆积转化生香,入库储存备用,粉碎投入酿酒生产。

3. 制曲工艺类型

(1) 按照制曲原料划分
① 小麦曲:以小麦为唯一的淀粉质原料生产的大曲。
② 多粮曲:以小麦和大麦按照一定比例配料共同作为淀粉质原料生产的大曲;以小麦、大麦和豌豆按照一定比例配料共同作为淀粉质原料生产的大曲。

(2) 按照曲坯成型方式划分
① 人工曲:依靠木制曲模,将拌和好的曲料加入曲模,利用人脚反复踩制成型而生产的大曲。人工踩制曲坯属于大曲的传统曲坯成型方式,制坯效率较低。
② 机制曲:依靠机械模具,将拌和好的曲料传送到模具中,利用机器压制成型(又分为一次压制成型和多次压制成型)而生产的大曲。机械制坯是在传统人工踩制曲坯基础上的技术创新,大幅度地提高了制坯效率。

(3) 按照曲坯成型形状划分
① 平板曲:成型曲坯为典型的长方体而生产的大曲。

② 包包曲：成型曲坯在长方体的一个宽面呈现凸起的包状而生产的大曲。

(4) 按照翻曲的次数划分

① 多翻曲：曲坯发酵过程中，每间隔一定时间就翻一次曲坯而生产的大曲。该工艺属于传统翻曲工艺，随着翻曲次数的增加，曲坯堆码层数依次增加，没有严格的培菌发酵和转化发酵过程界限，生产效率较低。

② 单翻曲：曲坯整个发酵过程中只翻一次曲坯而生产的大曲。该工艺是在传统多翻曲工艺基础上的技术创新，培菌发酵和转化发酵过程以翻曲为严格的界限，生产效率显著提高。

4. 制曲工艺流程

浓香型大曲酒的制曲工艺流程如图2.4所示。

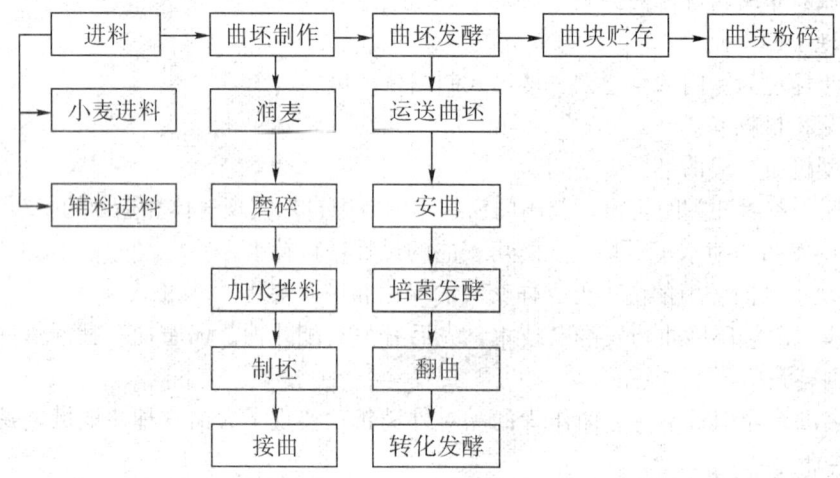

图 2.4 浓香型大曲酒的制曲工艺流程

(1) 除杂

在将小麦输送至润麦点之前，利用震动除杂机除去小麦中的软、硬杂质，防止杂质在生产过程中缠绕或者碰撞而损坏机械设备，为曲坯成型奠定良好的物料基础。

开启震动除杂机并检查和确认震动除杂机运行情况正常后，将检验合格的小麦人工或机械输送投入除杂机，除杂后的小麦同步通过斗式刮扳机和链式刮扳机输送至润麦点。小麦除杂输送过程，随时与润麦工序保持联系，以满足生产需求量进行合理输送。小麦除杂输送工作结束后，收集分离出来的杂质，并通知原料保管对杂质进行计量，工用器具归位放置，清洁除杂工作现场。

(2) 润麦

通过适量高温水喷洒麦粒，使麦皮回潮而保持麦心仍然干燥，以保证麦粒进入磨辊机磨碎后，麦粉呈现烂心不烂皮的状态，即麦皮因回潮而挤压成块状，麦心因干燥而磨碎成粉状。

在小麦输送至润麦点之前，首先准备润麦水以保证水温达到80℃以上，在润麦点及时根据小麦流入量和小麦含水状况，以麦粒表面吸水收汗、内心带硬、口咬不粘牙、尚有干脆响声为润麦的感官判定标准，调节润麦水流量，以保证润麦后小麦水分为12%~14%，1人掌握润麦水喷出水管，2~3人手持铁锨翻拌已经喷水的小麦，并将翻拌后的小麦掀向一边堆积。根据生产需要，润麦时间可以为4 h~24 h，每天润麦数量正负不超过计划使用量的

3%。润麦工作结束后,关闭润麦用水阀门并切断加热润麦水电源,工用器具归位放置,清洁润麦工作现场。

(3) 磨碎

磨辊机投料之前,首先检查和确认对辊磨运行正常后,用塞尺调整磨辊间距,以保证麦粉粉碎度为未通过20孔筛的占35%~55%,且不出现"跑子"现象。开启磨辊机,待对辊磨正常运转后,取开输麦筒隔板,使麦粒流入对辊磨进行磨碎操作,随时保持与拌料工序联系,以麦皮呈梅花瓣状、麦心呈细粉状且无整粒小麦为感官判定标准,通过调整标尺,以保证麦粉磨碎质量。磨碎工作结束后,切断磨碎设备电源,清理干净磨碎设备,工用器具归位放置,清洁磨碎工作现场。

(4) 拌料

麦粉拌料之前,以气温较低时采用25℃~40℃热水,气温较高时采用冷水为拌料用水温度标准,调节好拌料水的温度。开启螺旋搅拌器,待麦粉流入螺旋搅拌器后,根据麦粉流入量开启拌料水流量,以麦粉吃水均匀、麦料无灰包疙瘩、麦料手捏成团不粘手为拌料后曲料感官判定标准,随时用专用勺子在螺旋搅拌器内取出曲料或者用手抓捏延时输送器上的曲料观察质量,调节拌料水流量,以保证拌料后曲料水分达到36%~40%,拌料过程严防直接用手伸入螺旋搅拌器内拿取曲料。拌料工作结束后,切断拌料设备电源,清理干净拌料设备,工用器具归位放置,清洁拌料工作现场。

(5) 制坯

压制曲坯之前,调节曲坯成型时间为4 s~5 s,并检查和确认制坯机械运转正常。开启制坯机,待正常运转后,曲料流入制坯机曲模并将其压制成为长(34±1) cm,宽(21±1) cm,厚[(6.5~8.5)±1] cm 的曲坯,以曲坯四角整齐、表面光滑、松紧一致、无缺边掉角、看起来很滋润很有弹性为曲坯成型感官判定标准,不符合标准的曲坯及时返回延时输送器,分散并拌入新鲜曲料重制。出现压头粘连曲料时,关闭制坯机电源,采用专用顶杆顶住压头,用专用刮板把粘连在压头上的曲料刮掉,取出顶杆后,重新启动制坯机进行制坯操作。随时清扫制坯机附近撒落的曲料,并返回延时输送器拌入新鲜麦料重制。发现曲坯水分不正常时,及时通知拌料工序进行调整。制坯工作结束后,切断制坯设备电源,清理干净制坯设备,工用器具归位放置,清洁制坯工作现场。

(6) 接运曲坯

曲坯成型后从曲模中推出,临时留置于曲坯放置板上,曲坯推至第二排位置时,按照平板曲35块/车、包包曲30块/车的标准,采用双手握住曲坯两侧,一次一块地将曲坯转移至手推平板车上并横着棱放,一块紧贴着一块放置,棱着放置满后,再在曲坯上面平铺一层曲坯,并在曲坯表面搭上一层编织布,转运曲坯至安曲房。成型的曲坯在手推平板车上晾置不超过30 min,转运和安曲过程损坏的曲坯,及时返回制坯现场作回沙处理,接曲过程严防接第一排曲坯。接运曲坯工作结束后,清理干净接运曲坯设备,工用器具归位放置,清洁接运曲坯工作现场。

(7) 安曲

安曲操作之前,打扫干净培菌发酵房,视季节、气温状况准备好本屋所需的竹板和编织布。曲坯运至安曲房后,为保证手推平板车能够将曲坯运至安曲最近点,安放一块竹板,即按照冷热区分,平板曲间隙以2 cm~3 cm 为宜,包包曲按顺序或包对包安放一层的标准,曲坯横着棱放安完一块竹板,并盖上所需编织布,如此由里及外地倒退着安放曲坯,安曲满屋后，向墙壁、编织布、地面等喷洒补水，以保持曲坯培菌环境湿润，关闭门窗，在曲室门前记录板上记录安曲块数、安曲时间等。运曲和安曲过程损坏的曲坯或者不合格的曲坯，及时返回制坯现场作回沙处理。安曲工作结束后，工用器具归位放置，清洁安曲工作现场。

（8）培菌管理

制坯、运曲、安曲过程以及安曲后曲坯自然网罗环境中的微生物菌群菌系接种，纷繁复杂的微生物菌群菌系在曲坯内此消彼长地自然发酵，自然升温，最高品温达55℃以上，曲坯热量和水分不断地散失，培菌时间（12±3）天，过程检查曲坯发酵质量并记录温度变化情况，一般曲坯培菌发酵期品温呈现前缓、中挺、后缓落的变化态势，待曲坯菌丝基本长满断面时进入翻曲工序，为保证曲坯处于一种微氧环境状态且品温不至于时高时低，检查曲房后应及时关闭曲房门。

（9）翻曲

翻曲操作前，首先打开曲坯菌丝基本长满断面的曲房门窗，并揭开曲坯上覆盖的编织布透气降温2 h以上，同时打扫干净转化发酵房，根据气温状况准备所需竹板、曲杆、草垫等器材，从培菌发酵房由外到里地将曲坯捡到手推平板车上，转运至转化发酵房，为保证手推平板车能够推至操作最近点，横向安放一排竹板后，两人从手推平板车上将曲坯捡下放置于竹板上，曲坯硬度大的放置于下层，曲坯硬度小的放置于上层，每排每层曲坯采用曲杆间隔，堆码7~10层高度，根据气温状况加盖草垫，关闭门窗。翻曲工作结束后，打扫干净现场卫生。

（10）转化管理

翻曲后，即便此时曲坯水分含量已经降低至20%左右，但转化房曲坯数量的绝对增加，曲坯仍然再次表现出积热，曲坯水分进一步蒸发散失，此时采取开启转化房门窗方式排潮气，随着转化房潮气减弱，门窗开启程度降低，直至曲坯品温度再降低至室温，转化发酵结束。

（11）入库贮藏

曲块入库前，首先打扫干净成品曲库房，并准备竹板、草垫等器材。曲坯转化发酵结束后，曲坯水分水量低于15%，此时采用翻曲方式将成熟曲块转入成品曲库房，地面垫竹板，曲块置于竹板上，曲块紧贴着曲块堆码至20层左右，墙壁四周间隔草垫，堆顶加盖草垫，保持成品曲库房通风干燥。严防曲块堆码过程及成品曲库房管理过程中曲块垮塌造成事故，门口堆放应呈现一定的梯级倾斜。

（12）出库粉碎

首先开启粉碎机，检查运转情况以保证粉碎机正常运转，采用手推斗车将库房储存的已经定等的成品曲块转运至粉碎机进料口，一块一块地将曲块喂入进料口粉碎为曲粉，曲粉粉碎度以未通过20孔筛占70%左右为感官标准，用包装袋置于曲粉出料口的台秤上，脚踩打开粉碎系统出料口阀门，将曲粉放入包装袋，以每袋误差不超过0.25 kg计量后封装口袋。由于曲块粉碎为曲粉后容易吸收环境潮气回潮变质，因此曲粉要随用随粉碎，曲粉装包后滞留不得超过5天时间。曲块粉碎工作结束后，应归位放置器具，并打扫干净成品库房和粉碎房。

（二）酿酒生产工艺

1. 酿酒工艺的历史演变

泸州老窖大曲酒的起源可以追溯到秦汉，而大曲酒的工艺的形成和发展则开始于元代。

(1) 第一阶段：泸州老窖大曲酒酿酒工艺的起源（1324 年）

据清《阅微壶杂记》记载："……曰：'甘醇曲'，用以酿出之酒，浓香甘洌，优于回味、辅以技艺上之改进，大曲而成焉。"这是泸州老窖大曲酒的起源时期。

(2) 第二阶段：泸州老窖大曲酒酿酒工艺雏形的建立（1425 年）

在明洪熙年间，酿酒大师施敬章改进了曲药中含燥、辣和苦涩成分，研制成功了用泥窖酿制大曲酒的技艺，开创了"固态发酵，泥窖生香，甑桶蒸馏"的独特工艺，这是浓香型大曲酒的雏形时期。

陈铸《泸县志》载："……是为曲母。始用高粱四石磨面，每石和曲母一石，加枯糟六石，浇水和匀，收制地窖（窖在屋内，先以黏土泥和烧酒，筑成长方形，深六尺，宽六尺，长丈许），上覆以泥，俟一月后酝酿成熟，取出以小作法蒸馏之，三日能毕一窖，即市中所售大曲也。"

这一阶段酿酒的特点：

a. 牛力石磨磨碎高粱。

b. 续糟配料、泥窖发酵。

c. 发酵周期 30 天左右。

d. 小作法蒸馏。

(3) 第三阶段：泸州老窖大曲酒酿造工艺的成熟阶段（公元 1573—1936 年）

明万历十三年，舒氏在泸州营沟头龙泉井附近建造泥窖 10 个（其中 6 个于清初合并为 4 个），正式成为泸州第一家生产泸州老窖大曲酒的作坊，取名"舒聚源"。创始人舒承宗，是泸州大曲酒工艺发展史上继郭怀玉、施敬章之后的第三代泸州老窖酿酒技艺传承人，他继承舒氏酒业，直接从事生产经营和酿造工艺研究，总结了"配糟入窖、固态发酵、泥窖生香、陈酿老熟"的一整套老窖大曲酒酿造工艺技术，使浓香型大曲酒的酿造进入"大成"阶段，为以后全国浓香型大曲酒酿造工艺的形成和发展奠定了坚实的基础，从而推动泸州酒业进入了空前兴旺发达的时期。

这一阶段酿酒的特点：

a. 牛力石磨磨碎高粱，其细度一般是以通过 20 目筛孔的粮粉 50% 为佳。

b. 续糟发酵，润粮、拌粮，蒸粮蒸酒，粮糟比一般为 1∶3.6。

c. 用生糠壳作为疏松剂，粮糠比约为 100∶12.5。

d. 铁质天锅蒸酒，断花摘酒，大火蒸粮。

e. 龙泉井水酿酒。

f. 打低温量水、阶梯量水，水温要求 55℃以上。

g. 摊晾撒曲，装平窖封窖，掌握入窖温度、配糠比例、底糟用量，装两甑踩窖一次。

h. 发酵周期为 40 天左右。

i. 滴窖，先蒸丢糟，再蒸粮糟，疏松上甑，上汽匀平，火力均匀。

j. 产品不分等级及酒度，丢糟酒亦掺入市售酒中。

k. 陶坛贮藏，贮藏 3 个月以上。

(4) 第四阶段：泸州老窖大曲酒生产工艺传统操作法的波动阶段（1937—1955 年）

这一阶段酿酒的特点：

a. 加大了窖容，每窖窖容由 7 甑~8 甑改为 15 甑~20 甑。

b. 缩短了发酵期。

c. 增加窖帽,将原来窖内装粮糟75%,窖外装粮糟25%的比例改为窖内装40%,窖外装60%的粮糟。

d. 基本上无储存期,现酿现卖。

e. 滴窖时间减少,并将黄水酒加入基础酒中。

(5) 第五阶段:泸州老窖大曲酒生产工艺传统操作法的总结、继承、发扬及创新阶段(1955年至今)

从1955年后,对传统操作法进行了恢复,采取了很多有效的措施,这是我国白酒行业真正获得巨大变化和发展的时期。特别是改革开放以来,在不断挖掘和总结传统工艺的基础上,运用现代科学技术和分析手段,剖析了影响白酒风格特征差异性的物质基础及其机理,创新了一系列新的操作工艺。

这一阶段酿酒的特点:

a. 清蒸糠壳,一般要求蒸40分钟以上,至有谷香气方出甑。

b. 分层起糟,分层堆糟。

c. 上甑"轻、松、匀、薄、平、探、缓"。

d. 量质摘酒,除头去尾,缓火蒸馏,中温流酒,大气蒸粮追尾。

e. 量水温度85℃以上。

f. 摊晾、下曲、减糠减曲。

g. 养窖,入窖要求"热平地温,冷十八",逐甑沿边踩窖,分季踩窖。

h. 封窖用泥封或塑料布封。

i. 分质储存。

j. 延长发酵期。

k. 人工培窖技术扩建窖池。

l. 双轮底发酵。

m. 翻沙、夹沙发酵。

n. 回酒蒸馏提香,回酒发酵。

o. 窖外发酵生香。

2. 酿酒工艺的特点

浓香型大曲酒酿酒的工艺特点,是以高粱为主要原料,用小麦制成中温大曲为产酒、生香剂,采用续糟配料,泥窖固态发酵,混蒸混烧,甑桶固态蒸馏,除头去尾,量质摘酒,原度储存,精心勾兑。

泸州老窖的酿酒前辈们在长期的生产实践中,总结和归纳出了浓香型大曲酒酿酒工艺的操作要点,即匀、透、适、稳、准、细、净、低。

匀:拌糟、上甑、打量水、拌曲、糟醅入窖温度要均匀一致。

透:润粮要透,蒸粮糊化要透。

适:糠、水、温、酸、淀、曲等入窖条件,都要适宜微生物正常生长繁殖和发酵。

稳:窖池配料,转排配料要稳。

准:挖糟、配料、打量水、看温度、拌曲等计量要准。

细:各环节的操作要细。

净:生产场地、工用器具等要求清洁卫生。

低:糠、水、温以低限为好。

3. 生产工艺基本类型

浓香型大曲酒在发酵过程中，各地方由于自然因素发生了许多变化，各酒厂根据自身的条件对浓香型大曲酒酿酒工艺进行了调整，可划分为原窖法、跑窖法、老五甑法 3 种入窖方法。

(1) 原窖法工艺

原窖法工艺又称原窖分层堆糟法。

此工艺的操作方法为：本窖发酵糟除底糟、面糟外，各层糟醅混合使用，加原辅料、蒸馏取酒、蒸煮糊化、打量水、摊晾拌曲后仍然放回到原来的窖池内密封发酵。发酵完毕后，将出窖糟逐层起运至堆糟坝按层堆放，上层糟（黄水线以上）取完后进行滴窖操作，滴窖完成后再取出下层糟。具体堆糟方法是：面糟、底糟单独堆放，上、下层糟按取出顺序逐层往上堆放。

原窖法工艺的优缺点：

a. 粮糟的入窖条件基本一致，甑与甑之间产酒质量比较稳定。

b. 粮、糠、水等配料，甑与甑间的量比关系保持相对稳定，有规律性，易于掌握，入窖糟的酸度、淀粉浓度、水分基本一致。

c. 微生物长期生活在一个基本相同的环境里，有利于微生物的驯化和发酵。

d. 开窖后可以对出窖糟和黄水的情况进行充分的鉴定和分析，有利于总结经验与制定改进措施。

e. 操作上劳动强度大，出窖糟酒精易挥发损失，不利于分层蒸馏。

(2) 跑窖法工艺

跑窖法工艺又称跑窖分层蒸馏法工艺。

此工艺的操作方法为：在生产时先有一个空着的窖池，然后把另一个窖内已经发酵完后的糟醅取出，通过加原辅料、蒸馏取酒、糊化、打量水、摊晾拌曲后装入预先准备好的空窖池中，而不再将原来的发酵糟装回原窖。全部发酵蒸馏完毕后，这个窖池就成一个空窖，而原来的空窖则装满了入窖糟，再密封发酵。跑窖法工艺没有堆糟坝，窖内发酵糟逐甑取出分层蒸馏。

跑窖法工艺的优缺点：

a. 上轮上层糟醅成为下轮的下层糟醅，上轮下层糟醅成为下轮的上层糟醅，有利于调整糟醅的水分和酸度，有利于有机酸的充分利用，从而提高酒质。

b. 操作上劳动强度较小，运一甑蒸一甑，糟醅中香味成分挥发损失小。

c. 便于采取分层蒸馏、分级并坛等提高酒质的措施。

d. 班组窖池大小（甑口数）要求一致。

e. 甑与甑之间糟醅的酸度和水分差异较大，给操作、配料带来了一定的困难。

(3) 老五甑法工艺

老五甑法工艺以苏、鲁、皖、豫一带酿酒为代表。

此工艺的操作方法为：在正常情况下，窖内有四甑糟醅，出窖后加入新的原辅料分成五甑糟醅进行蒸馏。五甑糟醅中有四甑糟醅继续入窖发酵，其中一甑糟醅不加新原料，称为回糟；另一甑糟醅是上轮的回糟经发酵、蒸馏后所得，不再入窖发酵，称为丢糟。

老五甑法工艺的优缺点：

a. 窖池小，甑口少，糟醅与窖泥接触面积大，有利于培养糟醅风格，提高酒质。

b. 甑桶大，投粮量多，产量大，劳动生产率高。

c. 原料粉碎较粗，辅料糠壳用量小。

d. 不用打黄水坑进行滴窖。

e. 一天起一个窖，一班人蒸馏完成，有利于班组考核，如果生产上出现了差错也容易查找原因。

f. 出窖糟含水量大（一般在62%左右），配料拌和后，含水量为53%左右，不利于己酸乙酯等醇溶性呈香呈味物质的提取，而乳酸乙酯等水溶性呈香呈味物质易于馏出，对酒质有一定的影响。

上述工艺的采用，应根据各自不同的条件，灵活使用，不拘于形式。

4. 酿酒工艺流程

浓香型大曲酒的酿酒工艺流程如图2.5所示。

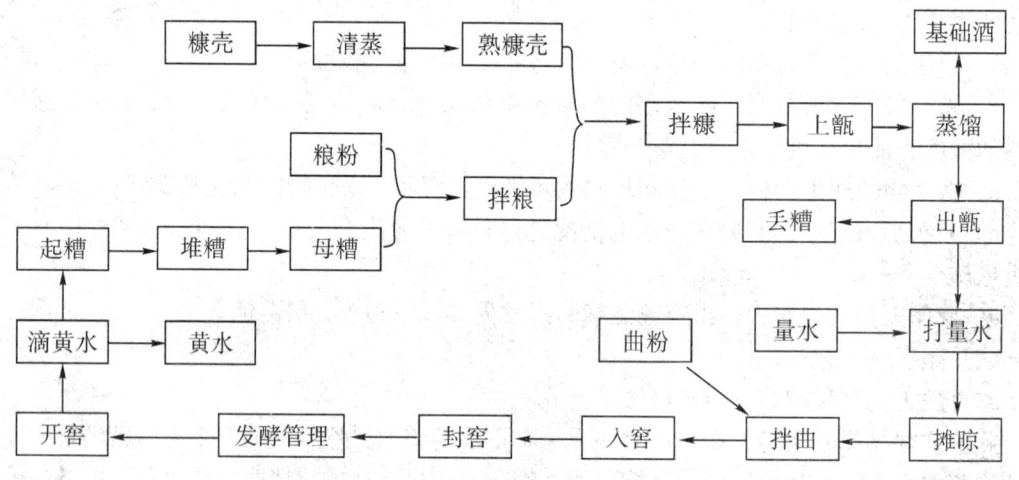

图2.5 浓香型大曲酒的酿酒工艺流程

(1) 开窖（以原窖法为例）

① 开窖前的准备工作。

将堆糟坝的残糟清扫干净，对于长了霉的地方，应用85℃以上热水冲洗，泥坑、窖坎及过道均应清洁、卫生，酿酒所需工用器具设备完好，并清洗干净。

② 剥窖皮。

对于塑料布封的窖，将封窖的塑料布周围的泥巴剥开，倒入泥坑，揭去塑料布，扫去灰渣，叠好再用；如果是泥封窖，则先将盖窖的糠壳扫干净（现在盖窖多用塑料布代替糠壳），用镰刀将窖皮泥划为若干方块、剥开，并将泥块上黏着的丢糟抹掉，然后将窖皮泥运到泥坑中。

③ 起丢糟。

用铁叉或木锨将丢糟取到甑边或晾堂单独堆放，堆圆踩紧拍光。霉烂的丢糟要丢弃，不得混入正常糟醅中。

④ 取上层糟醅。

根据估计的红糟甑口，将窖帽糟（上层糟醅）起到堆糟坝一角，踩紧拍光，撒上一层糠壳，以后留作蒸红糟用，其余糟醅也起到堆糟坝。当起到现出黄水时，停止起窖（起窖即起糟），糟醅起到堆糟坝，按先后顺序一层一层地堆放，即分层堆糟。要尽可能地将糟醅堆高

(不低于1.4 m)、刮平、踩紧、拍光，撒上一层糠壳以减少酒分的挥发。

⑤ 滴窖。

起糟到见到黄水后，立即挖黄水坑，一般每个窖的黄水坑的位置都是固定的，黄水坑的大小则应根据窖池的大小、是否有行车等具体情况而定。黄水流出后，要勤舀黄水，坑内黄水不得超过一桶，每窖至少舀5次，如遇节假日，也要安排人舀黄水，滴窖时间不得少于10小时。黄水的酸度比糟醅高一倍以上，并含有一些影响风味的物质，滴窖能降酸，有利于下排配料，促进酒优质高产。

⑥ 起糟醅。

滴窖结束后，立即取下层糟醅，要注意分层堆糟，一般是将下层糟醅堆到上层糟醅之上，如窖内有双轮底糟，应把双轮底糟单独堆放或堆放在下层糟醅之上，踩紧拍光，撒上一层糠壳。分层堆糟，使每甑糟醅的酸度、水分、淀粉浓度一致，有利于配料稳定。

⑦ 开窖鉴定会。

开窖鉴定会为泸州老窖首创，已经成为一个优良传统。开窖鉴定会时间一般在滴窖时举行。班组长召集小组工人，在生产现场，首先请管窖人汇报该窖封窖后的情况，大家再针对糟醅、黄水进行感官鉴定，结合化验数据，分析上排糖化发酵情况，黄水、糟醅的优劣、产酒率、质量如何等，再探讨本排如何配料，采用什么技术措施等。最后，根据分析情况确定本排配料和技术措施等方案。这种既有民主，又有集中的开窖鉴定会，不但有利于群策群力来搞好生产，而且有利于员工技术水平的提高，增强员工之间的团结。

(2) 配料

一般是根据甑容、粮糟比决定配料。以泸州老窖为例，粮食与糟醅的比例约为1:4~5(视季节稍有变化)，糠壳为高粱粉重量的18%~25%，量水为高粱粉重量的60%~100%，曲药为高粱粉重量的18%~22%。应视季节不同适当调整配料，配料必须稳、准。

(3) 上甑

上甑操作包括润粮、拌糟、上甑、蒸酒、蒸面糟、蒸红糟、蒸粮。

① 润粮、拌糟。

在上甑前50 min~60 min，用耙梳在堆糟坝挖出一甑所需糟醅，刮平，倒上高粱粉，随即拌和两次，要求拌散、拌匀，消灭灰包、夹层。糟醅拌和完毕，倒上已经过秤称量的糠壳，留够撒甑箅的糠壳后，用剩下的糠壳把粮糟盖好，离上甑前10 min~15 min进行拌糠，拌两次，要求把高粱粉、糟醅、糠壳全部拌均匀，拌糟时，要求低翻快拌，拌匀后理好堆圆。

拌和红糟应在上甑前10 min~20 min进行，根据糟醅干湿程度，确定用糠量，一般为20%左右，以上甑不塌汽、流酒时不夹花吊尾为宜。

不管是粮糟，还是红糟，第二次拌糟的时间都不宜过早，若过早，会降低糠壳的骨力，减少糠壳在上甑糟中的疏松作用，同时也会增加乙醇及其香味成分的挥发。

② 上甑。

上甑工在上甑前应检查底锅水是否清洁，是否有渗漏，然后调整火力，并将甑子、甑箅冲洗打扫干净。在甑箅上均匀撒上一层糠壳，先端2~3撮糟醅到甑内，将甑箅装满后，将酒尾倒入底锅中，堵塞好水眼，继续上甑。

上甑操作时挖入端撮内的糟醅要疏松泡气，尽量避免糟醅落在地上。必须做到轻撒匀铺、探汽上甑、操作轻快、撒料轻，保证糟醅疏松、穿汽均匀，这样可增大蒸馏界面，同时不使蒸汽发生"短路"现象，上甑时还应保持甑内糟醅边高中低（约差 2 cm~4 cm），这主要是为了克服蒸汽的纵向扩散和甑边效应带来的副作用。整个甑内来汽均匀，严禁在上甑时重倒乱倒，时轻时重。装满甑子后用手将甑内糟醅扒平，平盖甑桶甑中心略比甑边低 4 cm~5 cm，即所谓窝心 1.5 寸。待酒蒸汽还有 1 cm~2 cm 深，快穿汽时，轻轻把甑盖盖好，安上过汽筒，用水掺满水碗，安放好摘酒桶，搭好接酒布，盖盘后 3 min~5 min 必须流酒。整个上甑时间应控制在 40 min~45 min。

③ 蒸酒。

固态法大曲酒的蒸馏蒸煮分为清蒸和混蒸两种方法。泸州老窖采用的是混蒸操作法。所谓混蒸操作法，就是将糟醅和粮食原料及糠壳混合在一起（以下简称"粮糟"）蒸酒蒸粮同时进行，故又叫续糟混蒸混烧操作法。

浓香型大曲酒的蒸馏过程，前期主要表现为对酒的蒸馏，简称"蒸酒"；而后期则主要表现为对粮食原料的蒸煮糊化，简称"蒸粮"。所采用的蒸馏设备是我国古代劳动人民所独创的甑桶，甑桶是一种结构简单的蒸馏设备，适宜手工操作。

接酒时首先除去酒头 0.5 kg~1 kg。流酒时火力应该均匀缓慢，保持中温流酒，即流酒温度必须控制在 25℃~35℃，流酒速度为 3 kg/min~4 kg/min。在流酒过程中还要根据具体情况，特别是在蒸质量糟时，更要注意进行量质摘酒或分段摘酒，这样酒质往往可以提高一个等级和取得部分精华酒。最后，在酒花断了后停止摘酒。所得酒的酒度必须在 63%vol 以上。

④ 蒸面糟。

蒸面糟可以回升黄水，回升黄水要像平时掺底锅水那样，掺到水眼固定的位置，切不可回升得太多。在黄水沸腾之前，先倒 2~3 撮面糟均匀铺满甑箅，待黄水沸腾后，再陆续装入，这时要特别注意火力，严禁用大火，以免黄水沸腾后渗透到甑箅上面而严重影响出酒率。面糟装甑要求和粮糟装甑一样，马虎不得，待酒尾流尽后，即可出甑。回升黄水的丢糟生产的酒一般作回酒发酵用酒，出甑后的丢糟可作为生产饲料的原料或作为生产有机肥的原料。

⑤ 蒸红糟。

由于每次配料都要添加高粱粉、大曲、糠壳等新料，所以每窖要增长 25%~30% 的甑口（正常粮糟的增长率为：旺季 30%，淡季 25%）。增长的甑口全部作为红糟处理，红糟出甑后，不打量水盖在粮糟之上进行发酵，即为面糟。

⑥ 蒸粮。

摘酒后，缓火蒸酒阶段结束，进入大火蒸粮阶段。断花摘酒后安好接酒尾的接酒桶，随即加大火力，进行大火蒸粮，使粮食充分糊化，蒸粮时间从流酒结束到出甑为 40 min~50 min。粮食糊化标准：内无生心、外不粘连、蒸透而不起疙瘩。到出甑时，水桶内的量水温度必须是 85℃以上，才能用作量水。

蒸粮糊化是酿酒工艺的重要环节，要求蒸熟蒸透，否则糖化发酵无法正常进行。要使粮食糊化好，必须同时做好以下的操作：原料粉碎符合工艺标准；糟醅的酸度、水分适宜；粮粉经过润粮且拌糟均匀；上甑均匀；蒸粮时间有保证，一般为 40 min~50 min。其中，蒸粮时间要特别注意，因为蒸粮时间过短，淀粉还未糊化；过长则蒸粮过度，会使一些粉末粮食原料焦化而生成焦糖（焦糖不能被发酵），且淀粉在甑内溶化、流失、入窖糟现糙，从而严重影响出酒率。

蒸粮阶段主要是使粮食糊化作用加剧，并将粮粉带入的不良气味、杂质排除，将糟醅及粮食原料中的微生物灭活，给下排正常发酵创造有利的条件，被杀死的菌体又是下一排酵母菌等有益微生物的营养物质和香味成分的前体物质。

由上可以看出，上甑操作实质上是完成对酒的分离浓缩、香味成分的提取和组合的过程，其重要性是不言而喻的。上甑操作要点主要是轻撒匀铺、探汽上甑、缓火蒸馏、中温流酒、量质摘酒、除头去尾。上甑前的拌糟均匀是保证蒸馏效率的重要环节之一。

(4) 晾堂操作

晾堂操作包括打量水、摊晾加曲、入窖、封窖。

① 打量水。

粮糟出甑后立即堆拢、收齐、拉平，然后开始打量水，量水一定要泼洒均匀，不能单泼在一个地方，四周和中心均应泼到，当打到量水总数的60%～70%时，用耙梳挖翻一次，挖翻后把剩下的量水全部打完。全部量水打完后，再用耙梳、铁锨等工具进行翻拌一次，使粮糟吃水均匀并起悬，翻拌完毕后，即可上摊晾设备降温。

打量水的目的是使粮糟达到必要的含水量，以利于糖化发酵正常进行。正常出甑粮糟含水量50%左右，打量水后，入窖粮糟的含水量可达52%～56%。量水一定要清洁，并且水温达到85℃以上，这样就能减少水中的杂菌及消灭出甑糟的杂菌。同时粮糟中的淀粉能快速吸收大量水分，增加溶胀水分。如果水温太低，量水将大部分附在淀粉表面，不能吸收进入淀粉颗粒内部，这就是通常所说的入窖糟醅"水沽沽，不收汗"的现象，入窖后这部分水分会很快地沉于窖底，糟醅升温过猛，生酸较快。所以，打量水前务必先测量水温度是否有85℃以上，如果水温不足85℃，则应继续蒸馏，使量水温度达到85℃以上方可出甑。同时注意在蒸馏过程中应控制冷却水的用量，防止量水温度过低，也可使用单独的量水加热装置保证水温。

② 摊晾加曲。

a. 使用晾糟机摊晾加曲。

打完量水后，翻拌完毕，开启电风扇，先听风扇运转是否正常。若运转正常，再开动电动机，然后一人翻拌，一人上糟。上糟要把篾折撒满铺齐，撒散无疙瘩，厚薄一致。厚薄程度应根据不同季节以及粮糟类别，一般厚2 cm～4 cm。当粮糟输送到曲斗时，立即打开加曲齿轮加曲。加曲要求均匀，糟过完晾糟机的同时曲药要下完，特别是冬季和夏季气温不同，上糟厚薄也有所不同，因而也应随之调整加曲齿轮，控制加曲速度，严禁加曲前少后多或前多后无。粮糟加曲一般占投粮的20%左右，红糟加曲为每甑7.5 kg～10 kg。摊晾过程中翻拌操作的人还要负责控制加曲速度，另一个人负责接运入窖糟入窖。控制入窖温度，要求各斗、各车之间入窖糟温差不超过1℃。

b. 手工操作摊晾加曲。

泸州老窖的工人把打量水后的粮糟摊晾加曲的操作过程称为"做晾堂"，也有的地方叫"摊晾"。传统的操作是将粮糟用木锨拉到晾堂撒散、撒平，厚度约3 cm，然后打一次冷铲，即铲成锨板宽的埂子，铲后又破埂，随即用排气扇吹冷，用木齿耙及时反复拉4～5次。"做晾堂"的主要目的是使出甑后的粮糟迅速降温至规定的入窖温度，并排放酸气。晾堂操作要快，粮糟不可在晾堂上摊晾过久，以免杂菌感染和淀粉老化。加曲温度应根据季节地温变化灵活控制，冬季加曲温度比入窖温（18℃～22℃）高3℃～6℃；热季加曲温度则要求低于地温1℃～3℃或平地温，同时应注意早晚的气温、地温差异。加曲时要求撒曲均匀，撒曲完毕后再翻拌均匀，立即将粮糟入窖。红糟入窖温度比粮糟入窖温度高5℃～8℃。

③ 入窖。

当入窖糟的品温达到入窖要求时，立即将入窖糟转运入窖内。冬季时，进窖的第一甑粮糟应比规定的入窖温度高2℃～3℃。每甑入窖糟入窖后，应挖平沿边踩窖，中间适当踩窖，量准温度，做好原始记录。每个窖的最后一甑粮糟入窖后，要随即清理、挖平、踩紧、拍光、放好隔簸。

④ 封窖。

红糟入窖后，要逐甑清理、挖平、踩紧、拍光，最后一甑红糟入窖后立即用塑料布盖好或封上窖皮泥，窖皮泥厚度为10 cm～15 cm，然后用泥掌刮平抹光。封窖要严密，不能有漏洞。封窖的目的在于杜绝空气与杂菌进入窖内，抑制好气性细菌的繁殖，使酵母菌在窖内进行正常的酒精发酵。

（三）浓香型大曲酒的代表性产品

以泸州老窖为典型代表，产地四川省泸州市（见图2.6）。

1. 原料

制曲原料为软质小麦，酿酒原料为泸州特产糯红高粱，酿酒辅料为糠壳。

2. 制法概要

以高粱为主要原料，用小麦制成中温大曲为产酒、生香剂，采用续糟配料，泥窖固态发酵，混蒸混烧，甑桶固态蒸馏，除头去尾，量质摘酒，原度储存两三年以上，精心勾兑，再经勾兑包装出厂。

3. 产品特点

色泽：无色、透明、无悬浮物、无沉淀。香气：窖香、糟香幽雅，具有浓郁的以己酸乙酯为主体的复合香气。口味：醇香浓郁、饮后尤香、清洌甘爽、回味悠长。泸州老窖为单粮浓香型白酒的典型代表（见图2.7）。

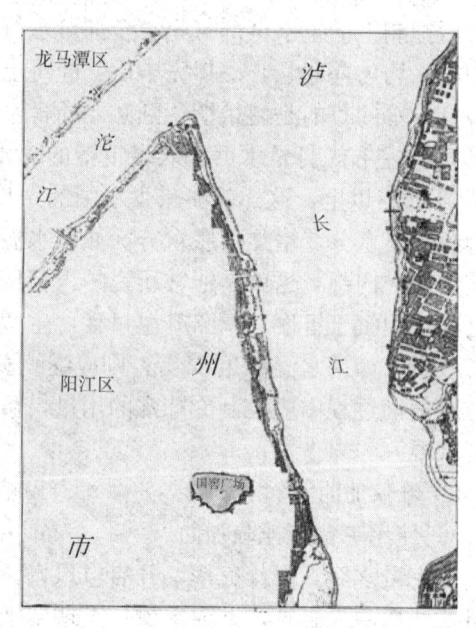

图2.6　具有400多年历史的"中国第一窖"

图2.7　泸州老窖酒

4. 文化渊源

酒城——泸州（古称江阳）位于四川盆地南缘与云贵高原的过渡地带，长江、沱江环抱城池，自古以来就是蜀南的政治、经济、军事、文化中心，川、滇、黔、渝四省市和长江上游的交通枢纽，素有"川南重镇"之称，手工业特别发达。泸州地处东经 $105°08'41''\sim 106°28'$，北纬 $27°39'\sim29°20'$，东西宽 121.64 km，南北长 181.84 km，幅员 12 243 km^2，北部为亚热带季风性湿润气候，南部山区气候有中亚热带、北亚热带、南温带和北温带气候之分，具有山区立体气候特点，年平均气温 17.1℃～18.5℃，年平均降雨量 748.4 mm～1 184.2 mm，日照 1 200 h～1 400 h，无霜期 300 d～358 d。泸州山清水秀，四季分明，气候温和，雨量充沛，空气湿润，物产丰饶，土壤分布以紫色土壤和山地黄色土壤为主，盛产水稻、小麦和高粱等粮食作物，由水质、土壤、气候、空气、生态链以及人类活动构成的地域环境中微生物菌群非常丰富，对于开放式操作网罗环境微生物发酵的酿造业，具有显著的"地域资源"优势。闻名遐迩、醉人心脾的泸州老窖大曲酒，就是在这块古老的土地上应运而生的。

泸州的酿酒史，与源远流长的巴蜀酒文化密切相关。《华阳国志·蜀志》记载："秦豳同咏，故有夏声也。其山林泽渔，园囿瓜果，百谷蕃庑，四节代熟。桑、漆、麻、纻靡不有焉。"农业经济的发展，为酿酒业的产生与进步提供了必要的前提。可以说泸州用谷物酿酒的历史，应当与巴蜀文化同样古老。古人云："清醯之美，始于耒耜"，古巴蜀盛行"萨满文化"，巫师以酒精性饮料使自己处于麻醉状态，以便与天神交接。巴蜀酒文化的早熟与繁荣于此中可见一斑。

据史料记载，泸州在夏、商为"梁州之域"，至周则属"巴子之地"。巴蜀出产的"巴乡清酒"，曾是向周王朝交纳的贡品。泸州江阳人尹吉甫在《诗经·大雅》中曾云："显父浅之，清酒百壶"。而北魏地理学家、散文家郦道元在所撰地理名著《水经注》卷 33《江水（一）》中记述江阳县时有云："有巴人村，村人善酿，故俗称巴乡清，郡出名酒。"可见，巴乡清酒，无论从地域上探究还是从现存诗文考据，均与"巴子之地"的泸州有着莫大的联系。

春秋时期，泸州地属巴国，《华阳国志》记载：巴人"质直好义，土风敦厚，有先民之流。故其诗曰：川崖唯平，其稼多黍。旨酒嘉谷，可以养父。野唯阜丘，彼稷多有。嘉谷旨酒，可以养母。"粮食既丰，酒自多有。泸州是我国酿酒历史最悠久的地区之一。据出土的大量汉代酒文物考证，秦汉时期，就有"以酒成礼"、"以酒祭祀"、"以酒宴乐"等风俗习惯。《华阳国志》还记载，秦昭襄王与巴人刻石为盟，说："秦犯夷，输黄龙一双；夷犯秦，输清酒一钟。"而清酒则正是用谷物酿造的黄酒。成酒以后，"哺其糟而啜其醨"，连酒糟一起吃掉，叫做浊酒，也就是四川人所说的醪糟。压榨，滤去酒糟，只留酒汁，就是清酒。巴人用清酒作为外交信物，奉养父母。在此，酒的社会功能已是充分展现。伴随着农业文明的繁荣，在大西南的长江与沱江交汇处，酿酒文明也衍生不息。《华阳国志》又载："有竹王者，兴于遯水。……王与从人尝止大石上，命作羹，从者曰：无水。王以杖击石，水出，今〔竹〕王水是也。"

典籍载有西汉时产米酒，唐代有不少酿酒作坊，北宋时酿酒业有较大发展。

对泸州博物馆陈列室的出土文物进行考证，展出的一具本市出土的陶质饮酒角杯，经国家文物部门考证鉴定，属两千多年前秦汉之际器物，专供饮宴宾客之用。这表明远在金戈铁马的秦汉时期，泸州的酿酒历史和酒文化已经薪火相传。

在泸州出土的汉代画像石棺的左侧，刻有"巫术祈祷图"。该图细致地绘刻了两个峨冠博带、丰神如玉的巫师，高擎酒杯相向而立，庄重地进行某种神秘祝神仪式的场面。这幅"巫术祈祷图"准确地反映了当时泸州酒已从满足人们物质需要的层次深入到精神领域的宗教仪式之中，并已"酒以成礼"。

　　汉武帝天汉三年（公元前100年），开始了由国家管理和经营酒的买卖。当时，酿酒的制曲技术已经从散曲发展到饼装曲，由此可见泸州酒业在不断地追求技术进步。

　　伴随着南北朝以来泸州以南地区民族大融合带来的文化碰撞，少数民族的黄酒酿造技术和当地汉族的传统酿酒技术相互交流，泸州的酿酒业迅速地成熟并兴盛起来。盛世唐朝，是中国封建社会政治、经济和文化发展的鼎盛时期。起源于秦汉的泸州酒业，在这个时期也有了进一步的发展。唐代诗人郑谷曾赋："我拜师门更南去，荔枝春熟向渝泸。"从《北梦琐言》记载可知，唐昭宗景福二年（公元892年），大书法家柳公权的侄儿柳玭到泸州做官。他刚刚进州境，就有当地豪酋拦路拜迎，敬献美酒。这些豪酋，拥有上万户的依附农民，以酿酒作坊的生产方式，推动着泸州酿酒生产的发展。《十国春秋》记载，前蜀大将王宗阮做官泸州，在城外云峰古刹里祭天赛神，盛张供礼，酒、肉不计其数，以致祭祀完毕后无力收拾。这些事实说明，泸州酿酒的生产和消费，在唐代已经相当发达。

　　在泸州老窖国窖1573广场1573国宝窖池群附近出土了大量唐五代时期的陶器酒具，其中有二十余件较独特的小型饮酒器，说明已经出现了高浓度酒，人们才会以小酒器盛装，以小杯吮饮，而不会像米酒那样用大碗豪饮。这充分说明了在我国唐五代时期，酿酒技术已进入了一个新的阶段，蒸馏酒开始登上历史的舞台。

　　宋代，中国经济重心南移，长江流域的繁荣此时超过了历史上的黄河流域，泸州酒业也随之进入了一个大发展时期。在宋代，泸州地区盛产糯红高粱、小麦等酿酒谷物，酿酒的原料十分丰富。北宋诗人黄庭坚曾因贬谪，来泸州住了半年。他看到泸州农业经济比周围地区发达，遍地栽种的高粱都用来酿酒，不由深情吟唱道"江安食不足，江阳酒有余"。在《山谷全书》里，他还进一步赞誉说，泸州到处是酿酒作坊，官府和士人，乃至村户百姓，家家都在酿酒。

　　据《宋史·食货志》记载，宋太宗太平兴国八年（公元983年）以来，四川境内的泸州已出现"小酒"与"大酒"。"自春至秋，酤成即鬻（yu），谓之小酒。腊酿蒸鬻，候夏而出，谓之大酒。"大酒系烧酒。从酿造工艺上看，小酒，是指"自春至秋，酤成即鬻"的一种"米酒"。这种酒是以"酒米"（糯米）为原料，且只在气温较高，微生物（酵母菌等）容易繁殖的"自春自秋"之际酿造，当年酿制，无需（也不便）储存，便可出售饮用。大酒，是一种蒸馏酒。据《宋史》记载，大酒是用谷物做原料，是经过腊月下料，采取蒸馏工艺，从糊化后的谷物酒糟中烤出的酒。而且，经过"酿"、"蒸"出来的新酒还要存储半年，自然酵化老熟，方可出售，即史称"候夏而出"。这种大酒，在原料选用、工艺操作、发酵方式、储存陈酿等方面都较小酒复杂，且酒精浓度高。

　　泸州"大酒"的出现，意义十分重大。长期以来，在中国酒史研究中，由于受李时珍"烧酒、非古法也，自元时始创"说法的影响，人们多以为中国白酒的出现，是元代以后的事情。而《宋史》有关宋代泸州"大酒"的记载则说明，宋代的泸州已开始了蒸粮酿酒，为中国酒史研究展现了新的篇章。

　　宋代泸州酒业的兴盛，仅从酒税的征收，即可窥一斑而知全豹。宋人编成的《文献通考》说，宋神宗熙宁十年（公元1077年）以前，每年征收商税税额在十万贯以上的郡、州，全国 26 个，泸州就是其中之一。当时，泸州所设 6 个收税的机关中，有一个是专征酒税的"酒务"，每年征收一万贯左右，占地方商税总收入的百分之十。而且，在宋代，泸州不是禁酒地区，百姓可以自由酿酒买卖，所以，酒税的征收长期没有定额，逃税漏税也为数不少。考虑到这种情况，可以想象宋代泸州酒业的规模，肯定已大大超出文献的记载。

宋代泸州酒业的兴旺发达和大酒的出现，为泸州带来了新的生机。元代，蒸馏酒酿造技术在宋金以来的基础上进一步发展，已经日趋完善。元朝中叶，通过对蒸馏酒酿酒原料、工艺操作、曲药制作、蒸馏方法的综合改造，由原来的"大酒"（烧酒）发展到由"甘醇曲"酿造的第一代大曲酒。

明初，泸州酒业已经是"江阳酒熟花如锦"。酿酒前辈施敬章进一步改善了曲药中的燥辣苦涩成分，成功创建了"泥窖酿制"法，大曲酒的酿制进入了由泥窖生香发酵的"第二代"。"配糟入窖、固态发酵、泥窖生香、陈酿老熟"的一整套大曲酒生产工艺技术，使浓香型大曲酒的酿造进入"大成"阶段，泸州大曲酒生产工艺更趋完善，推动了泸州酒业进入了一个空前兴旺发达的时期。明代大诗人杨慎，字用修，对泸州一往情深，他曾写过这样的诗句：花骢小市频频过，落日凝光缓缓归。这里诗人说他的表弟韩适甫，虽然官任泸州卫指挥使，却不上衙门理事，成天骑着高头大马去小市（地名）喝酒。每当夕阳西下，才渡过沱江，从江边的凝光门缓缓归家。

小市地处泸州城北，隔沱江与城相望，背倚五峰山，面对沱江水，风景秀美，市面繁华，在明代便以酒好出名。直到今天，还有许多原生、原址、原貌留存使用的酿酒作坊和储酒山洞分散在这里。据记载，明代的泸州小市，半山里有一座小园林，园中荔枝丰茂，当夏令时节、果实成熟之际，枝头红绿相映，林间凉风习习。杨慎常常在此邀集诗友，"玉壶美酒开华宴，团扇熏风坐午凉。"开怀畅饮泸州大曲酒，唱出"江阳酒熟花如锦，别后何人共醉狂"，吐露自己醉卧泸州的心情。

建于明朝万历年间（公元 1573—1619 年）的窖池是我国唯一保存完整、建造时间最早、生产持续时间最长的老窖池群。1996 年 12 月，"泸州大曲老窖池群（1573 国宝窖池群）"被中华人民共和国国务院确定为国家级重点文物保护单位，首开了酒类行业国家级重点文物保护的先河。

清代，泸州酒业的发展也达到了空前的鼎盛时期，先后出现了"天成生"、"洪兴和"、"顺昌祥"、"秫香春"、"永兴诚"、"鼎丰恒"、"大兴和"、"生发荣"等酿酒作坊。《泸县志》卷三《食货志·酒》记载："泸酒，以高粱酿制者曰'白烧'，以高粱为原料，小麦制曲酿造的曰'大曲'。清末白烧糟户六百余家，出品运销永宁及黔边各地。……大曲糟户数十家，窖老者尤清洌，以温永盛、天成生、爱仁堂为有名。运销川东北一带及省外……"

光绪三年（公元 1877 年），四川总督丁宝桢整饬四川盐政，在泸州设立食盐官运局，统一管理销运全川和黔、湖广等处的盐务。时人周询《蜀海丛谈》的记载，"泸州署曰'川南第一州'，其实合全蜀直隶厅州论之，其繁富亦当首屈一指也"。泸州"三百年老窖"大曲酒的生产，就在这样坚实的经济基础上稳步发展起来。光绪五年（公元 1879 年），泸州可考证的酒窖，年产量数百吨。到辛亥革命前夕，泸州城里已经遍布酒窖，曲酒酿造作坊可考证的就有温永盛、天成生、协泰祥、春和荣、永兴诚、洪兴和、义泰和、爱仁堂、大兴和等十家，年产量有近千吨。

民国改元以后，随着生产力和交通业的进一步发展，泸州老窖大曲酒遍销长江南北，南洋等海外客商闻名而至，争相采购。当时泸州城里的曲酒作坊和酒窖数量年年递增，作坊主之间竞争非常激烈,一个个在工艺和质量上精益求精,不断提高曲酒的品质。这些作坊还纷纷在重庆设立行庄或者委托代理商,销售自己的产品。1916 年,朱德随蔡锷起兵,由云南入川讨袁,驻防泸州,在泸州留下了许多著名的诗章。1916 年除夕,朱德曾在诗中写道:"护国军兴事变迁,烽烟交警振阛阓;酒城幸保身无恙,检点机韬又一年。"在这里,朱德已将泸州命名为中国的"酒城"了。

泸州老窖源远流长,是中国浓香型白酒的发源地,以众多独特优势在中国酒业独树一帜。拥有我国建造最早(始建于公元 1573 年)、连续使用时间最长、保护最完整的 1573 国宝窖池群,1996 年经国务院批准为行业首家全国重点文物保护单位,2006 年被国家文物局列入"世界文化遗产预备名录"。"泸州老窖酒传统酿制技艺"作为川酒和我国浓香型白酒的唯一代表,于 2006 年 5 月入选首批"国家级非物质文化遗产名录",成为行业唯一拥有"双国宝"的企业。泸州老窖特曲是中国最古老的四大名酒之一,1915 年获巴拿马太平洋万国博览会金奖,1952 年中国首届评酒会上被国家确定为浓香型白酒的典型代表,是唯一蝉联五届获得"中国名酒"的浓香型白酒。其"泸州牌"注册商标是中国首届十大驰名商标,"国窖牌"商标在 2006 年获得白酒类唯一的国家"驰名商标"。

公司资源丰富,拥有老窖池 10 084 口,其中百年以上老窖池 1 619 口,储酒能力 8 万吨,包装生产能力 15 万吨。拥有 2 名"中国酿酒大师",6 名国家级白酒评委,数百名酿酒技师,实力雄厚的管理人才队伍、科技人才队伍和营销人才队伍形成了"泸州老窖人才乐园"。公司组建了"酿酒生物技术及应用·四川省重点实验室"和"四川省白酒生物工程技术研究中心",形成了完善的技术创新体系。

图 2.8　全国重点文物保护单位"中国第一窖"

2007 年 6 月,泸州老窖 1 619 口百年以上窖池群及酿酒作坊被颁布列为四川省重点文物保护单位,成为永载史册的"国宝窖池",名副其实的"中国第一窖"(见图 2.8)。这些都奠定了泸州老窖"浓香正宗"、"酒中泰斗"的地位。

二、酱香型大曲酒

以贵州茅台酒为代表。

(一)基本生产工艺

1. 工艺特点

酱香型大曲酒的风味质量要求酱香突出,优雅细腻,酒体醇厚,空杯留香持久。贵州省及四川省出产的众多中国名优酒都属于这类。

酱香型大曲酒以高粱为主要原料,采用高温培养的大曲,大曲用纯小麦培养而成。发酵采用高温堆积糖化,条石窖作发酵容器。酿造工艺极为复杂,其特点是:多轮次(每次一个月，9次共一年）高温发酵，高温流酒。按酱香、醇甜、窖底香3种典型体分别长期储存、勾兑而成。

2. 工艺流程

酱香型大曲酒生产工艺在不同厂家有一定差异（如发酵轮次等），但其基本工艺流程（见图2.9）大致相同。

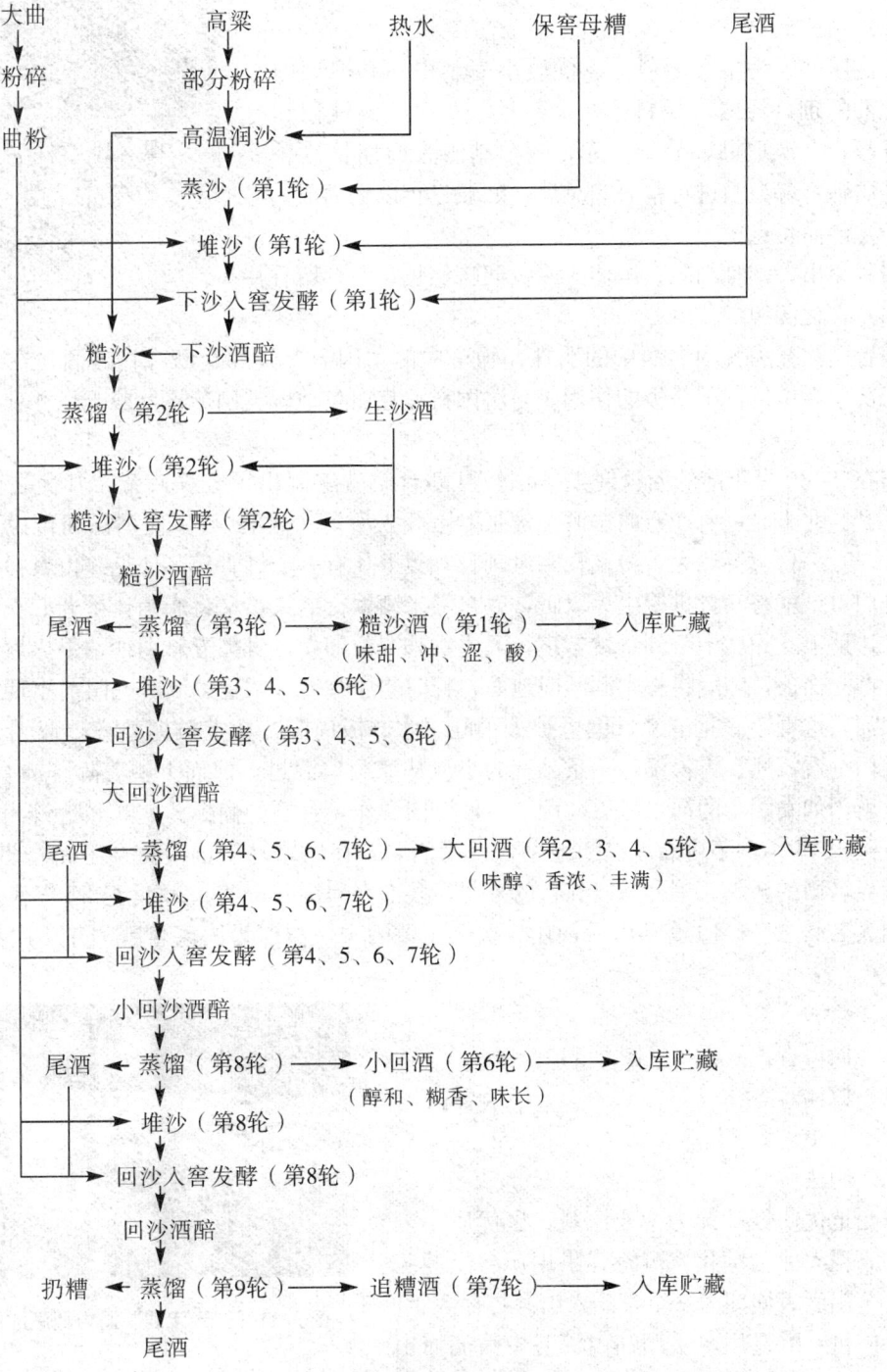

图2.9 酱香型大曲酒的工艺流程

(二)酱香型大曲酒的代表性产品

1. 茅台酒

产地贵州省仁怀市(见图2.10)。

(1) 原料

高粱、小麦等。

(2) 制法概要

以优质高粱为主要原料,以优质小麦制得的高温大曲为糖化发酵剂,经两次投料,九次蒸煮,八次高温堆积和下窖发酵,七次取酒,分型入库,一个制酒大周期长达一年。经酒师将各型酒进行精心勾兑后,贮藏三年以上而成。

图2.10 茅台酒

(3) 产品特点

酱香突出,幽雅细腻,酒体醇厚,回味悠长,空杯留香持久。

(4) 文化渊源

茅台酒被誉为我国名酒中的明珠,国宴中的"国酒"和外交酒、礼品酒,在我国的政治、经济生活中发挥了积极的作用。与法国科涅克白兰地、英国苏格兰威士忌并列为世界三大名酒。

早在2 100多年前的西汉时期,仁怀县茅台镇就酿制出了令汉武帝"甘美之"的名酒"枸酱酒"。北宋时,所产双曲法酒,被张能臣载入所著《名酒录》。而据民间传说,相传有一年除夕,茅台镇突然大雪纷飞,寒风刺骨。镇上住有一李姓青年,他见一位衣衫褴褛的老妇僵卧门口,就将其背进屋生火取暖,以自酿米酒款待老人,又将床铺让给老妇安寝,自己躺在炉边地上,朦胧中听到奇妙琴声,天边飘来一位仙女,身披五彩羽纱,手捧熠熠闪光的酒杯,站立面前,随后将杯中酒倾向地面,顿时空中弥漫了浓郁的酒香,眼前出现了一道闪烁的银河。这青年一觉醒来,屋里炉火很旺,水、饭尚温,床上被褥整齐,似无人睡过一般,推门一看,风、雪俱停,一条晶莹的小河从家门口淌过,河面上飘着阵阵酒香。此后,当地人就用仙女赐予的河水酿酒,用"飞仙"图案作茅台酒的商标。

直到1915年,茅台酒才以产地茅台镇为酒名,在巴拿马万国博览会上跻身世界酒坛,夺得世界名酒的金牌。茅台酒以独特的工艺,多次夺得国际金奖;20世纪20年代,被评为中国四大名酒之一;1949年以后,在5次全国评酒中,被评为国家名酒,并4次夺得冠军宝座。

2. 郎酒

产地四川省古蔺县(见图2.11)。

(1) 原料

高粱、小麦等。

(2) 制法概要

以当地优质红高粱为主要原料,以优质小麦制得的高温大曲为糖化发酵剂,采用茅台酿酒工艺,一个出酒大周期为9个月。入山洞封存3年,始分装问世。酿造用水采用高山深谷中喷流而出

图2.11 "天宝洞"洞内藏酒的风光

的"郎泉",水质清澈如玉,甘甜如露,富含多种微量元素、矿物质。

(3) 产品特点

郎酒既具茅台的优点，也有自己的特点。呈微黄色，清澈透明，酱香突出，酒体丰满，空杯留香长，以"酱香浓郁、醇厚净爽、幽雅细腻、回甜味长"的独特风格著称。

(4) 文化渊源

古蔺县古属夜郎国，是古僚人的聚居地。先秦时代，以农耕为主的僚民族已有酿酒和饮酒嗜好，如从"夜郎旁小邑"出土的陶制酒器就证明了这一点。清代，"川盐入黔"使赤水河畔二郎滩逐渐繁荣起来。乾隆十年（1745 年）已有大小糟房二十余家。光绪三十年（1904 年），四川荣昌人邓惠川携家在二郎滩建"絮志酒厂"，酿制曲酒、高粱酒及配制玫瑰、杨梅等酒品出售。1924 年，絮志酒厂采用回沙工艺，酿成回沙郎酒出售，并将厂名更名为惠川糟坊，成为当地最大的酒坊。1933 年，邑人雷绍清集资创办集义糟坊，酿出质量更佳的回沙郎酒，并将酒名定为郎酒，声誉四传。1957 年，周恩来总理到四川视察后，同年在二郎滩建成国营郎酒厂，集聚惠川糟坊和集义糟坊的技师，按传统工艺恢复生产郎酒。郎酒酿造工艺与茅台酒大同小异，取酒后按质分贮于天然溶洞的"天宝洞"和"地宝洞"中，三年后再勾兑出厂。人称"山泉酿酒，深洞贮藏；泉甘酒洌，洞出奇香"。

3. 吞之乎酒

产地四川省射洪县（见图 2.12）。

(1) 原料

高粱、小麦等。

(2) 制法概要

以优质高粱为主要原料，以优质小麦制得的高温大曲为糖化发酵剂，一次投料，延长发酵时间，丰富酱香物质成分，使用陈香酱曲，使酒体陈香幽雅，回甜爽净，减弱或消除传统酱香酒中的焦煳味；延长发酵期，生产特殊调味酒；量身订制陶坛，加速陈酿；磁芯陶棒新技术，加速酒体老熟；仿太阳光技术，加速美拉德反应；应用溶洞小分子团水，强化酒体质量，安全、健康。

图 2.12　沱牌吞之乎酒

(3) 产品特点

酱香突出，幽雅细腻，醇厚圆润，味长净爽，空杯留香持久，舒适健康。

(4) 文化渊源

吞之乎酒由四川沱牌公司生产。公司遵循"传统工艺与现代技术相结合"、"传统设备与现代先进设备相结合"、"理论指导与实践总结相结合"的"三结合"路线，对酱酒工艺传统优势大胆创新。经过多年的潜心总结与探索，成功开发出具有"幽雅细腻、醇甜爽净、舒适健康"时尚风格的"吞之乎"系列酱香酒。"吞之乎"系列酱香酒的开发顺应了时代发展，以生态酿酒引导健康、时尚的消费趋势，为公司开发酱酒市场奠定了坚实的基石，同时为酱香型白酒工艺传承与创新做出了有益的探索。

三、清香型大曲酒

(一) 基本生产工艺

1. 工艺特点

清香型大曲酒，以山西汾酒为代表。以高粱为主要原料，采用中温培养的大曲，大曲用优质小麦、豌豆培养而成。酿酒工艺特点是清蒸清渣、地缸发酵、清蒸二次渣（大渣、二渣发酵各 21~28 天），中心环节是消除使酒体产生邪杂味的所有因素。根据质量，按大渣酒、二渣酒分别贮藏、勾兑成产品。

2. 工艺流程

清香型大曲酒的生产工艺在不同白酒厂家差异不是很大，其基本工艺流程如图 2.13 所示。

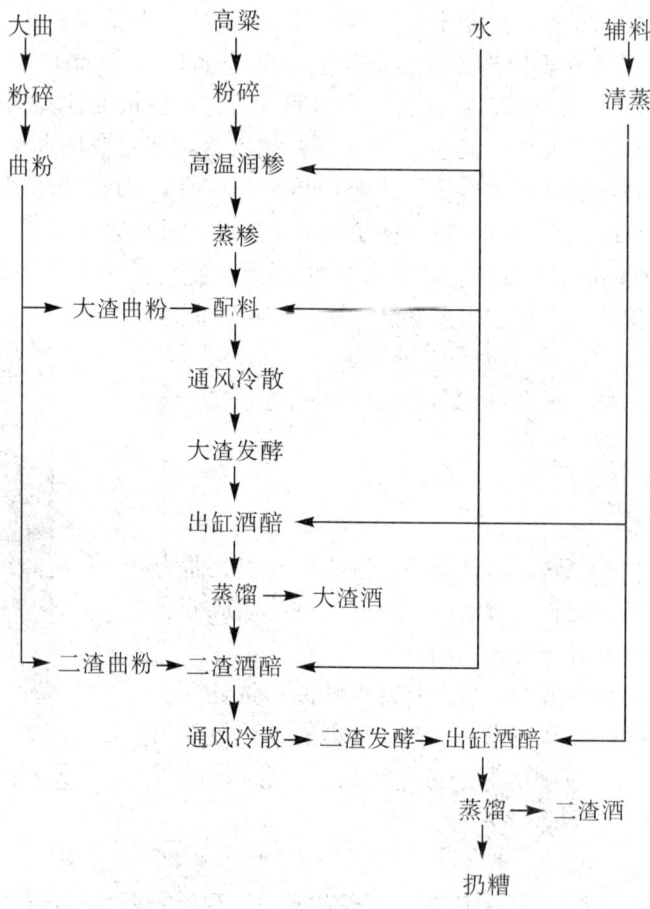

图 2.13　清香型大曲酒的工艺流程

（二）清香型大曲酒的代表性产品

1. 汾酒

产地山西省汾阳县（见图 2.14）。

（1）原料

高粱等。

（2）制法概要

以当地优质高粱为主要原料，采用清蒸二次清的独特酿酒工艺，将蒸透的原料加中温培养的大曲放入埋在地里的坛中，经发酵后再取出蒸馏，得酒后糟醅再加曲发酵。两次蒸馏得酒，经勾兑配合后，存放 2 年~3 年出厂。酿造用水采用质地优良的古井水，水质清洌，水纯味丰。

（3）产品特点

酒液晶莹透明，口味绵甜、爽净，回味悠长。

(4) 文化渊源

20世纪20年代，汾酒就被评为中国四大名酒之一，杏花村的酿酒史可以追溯到1 500年以前。《北齐书》卷十一就有"帝在晋阳，手敕之曰：吾饮汾清二杯，劝汝于邺酌两杯"的记载；北周诗人庾信曾写过"三春竹叶酒，一曲鹍鸡弦"的诗句，这是记载最早的竹叶青酒；唐诗人杜牧诗云："清明时节雨纷纷，路上行人欲断魂。借问酒家何处有？牧童遥指杏花村。"宋朱翼中《北山酒经》云："唐时汾州有乾酿酒。"宋窦苹《酒谱》、宋张能臣《酒名记》、元宋伯仁《酒小史》等均有关于汾酒的记述。唐时，杏花村有72家酒作坊，清代中叶增至二百二十余家。

图 2.14　牧童遥指杏花村

1875年汾阳王姓乡绅，在杏花村创立了"宝泉益"酒坊，以产"老白汾"酒而闻名于世。1915年易名为"义泉泳"。"老白汾"在巴拿马万国博览会获甲等金质大奖章，自此，老白汾酒驰誉中外，名震四海。1919年，"晋裕汾酒公司"草创，1936年汾酒在国际两度折桂，1948年汾阳解放在国内6次夺魁。1949年6月成立"国营杏花村汾酒厂"。1993年，国营杏花村汾酒厂发展为以酒类生产经营为主，集科、工、贸、商、服务五位一体，进出口、内外销同时并举，多元化综合经营的国营大型企业。同年，山西杏花村汾酒（集团）公司成立，成为国内最大的名白酒生产基地之一。

2. 特制黄鹤楼酒

产地湖北武汉市（见图2.15）。

(1) 原料

高粱、糯米、小麦、豌豆等。

(2) 制法概要

选用优质高粱为原料，以大麦、豌豆踩制的清茬曲、红心曲、后火曲为糖化发酵剂，一次投料，地缸分离发酵，石板封缸，经过二次清蒸，并经量质摘酒，用瓦缸、水泥池分级贮存半年以上，精心勾兑而成。

(3) 产品特点

特制黄鹤楼酒清澈透明，清香典型醇正，入口醇厚绵甜，香味协调，后味爽净，饮之怡人提神。

(4) 文化渊源

武汉由武昌、汉口、汉阳三镇组成，武昌古称江夏，汉口古称夏口，属鄂州，汉阳古属汉阳郡，酿酒历史悠久。

汉代酿酒及饮酒风习较为兴盛，三国鼎立时，吴国孙权在武昌钓台"酒醉水淋群臣"的典故就发生在这里。南北朝时，以黄鹤楼

图 2.15　黄鹤楼酒

酒品闻名，并有"仙人乘鹤"传说。如南朝梁人萧子显撰《南齐书》有："夏口城据黄鹄矶，世传仙人子安乘黄鹤过此上也。"相传吴黄武年间，建黄鹤楼。原江夏辛氏开酒肆，有仙道费子安常来饮酒，数载不付酒钱，后取橘皮在壁间画一鹤，"客来饮，但令拍手歌之，鹤必下舞"，经十几年，辛氏即于飞升处建楼，名黄鹤楼。唐朝，武汉三镇酒品吸引很多文人骚客，留下很多赞酒诗句。如罗隐《忆夏口》："汉阳渡口兰为舟，汉阳城下多酒楼。当年不得尽一醉，别梦有时还重游。"崔颢《黄鹤楼》使武汉酒品更加驰名九州。宋代熙宁年间鄂州酒税达"五万贯以上"。《汉阳县志》载"李祈，字萧远，临汉阳酒税"。宋代真德秀、苏轼、孔武仲、晁无咎、稽宗孟，明代杨子善，清代沈宜、雷楚材、程东等文人名士均赋有赞誉武汉酒品之诗文。清代末期，仅汉口就有百余酒坊。《汉口小志》载有，叶调元《汉口竹枝词》说："一般字号一般坛，价值稍低货不湛。买酒从今须仔细，绍兴大半是湖南。汉皋热酒百余坊，解渴人来靠柜旁。"当时酿有众多酒品。《湖北通志》载："武昌酒，旧时最著。当时酒名有冰橘烧、桂花烧、佛手露、竹叶青、状元红、女贞、百益、煤溜诸种，皆武汉所窨造。又有双米、陈老皆以秫米为之，双米即夹酒；其五加皮、玫瑰、木瓜、青梅、碧绿等名则仍汾酒、南酒、米酒所浸时亦尚之。"

"汉汾酒"在清朝已问世，并受到人们的喜爱。汉汾酒的得名，是由于此酒为北方迁到汉口来的糟坊，取汉江之水，按照山西杏花村汾酒工艺酿造而成。"近通行者惟汾酒、南酒。汾酒以高粱为质，仿山西制法，用大曲酿之。南酒亦以高粱或大麦为料，其酿则专用小曲。故酒皆清辣，而汾酒味较醇厚，价亦倍昂。"又《武昌府志》载："夏口人刘某……康熙元年，以高粱为料，作药酿酒，时人亦称汉汾酒。"以"天成糟坊"最负盛名。1915年北京国货展览会上罗恒仁酒坊所产高粱酒获三等奖，1929年德泰源酒坊的"汉汾酒"在工商部中华国货展览会上获一等奖。1933年，康成造酒厂和"协康汾酒厂"被列入《近代中国实业通志》，为全国名酒厂。1952年在老天成等几家糟坊基础上建成武汉酒厂，沿用传统工艺继续生产汉汾酒，1962年在汉汾酒基础上投产特制汉汾酒。1984年以黄鹤楼古迹，改为现名。1992年易名为黄鹤楼酒厂。

四、兼香型大曲酒

（一）基本生产工艺

1. 工艺特点

此类大曲酒，有的已自成一派，如凤香型大曲酒的典型代表西凤酒，兼有清香和浓香风格；有的尚未成熟而风格独特，浓酱兼香型大曲酒的代表湖北白云边酒、黑龙江玉泉大曲，兼有浓香和酱香风格；特香型大曲酒的典型代表江西四特酒，兼有清、浓、酱三香特点。另外，药香型大曲酒的典型代表董酒，兼有大曲酒和小曲酒风格。

2. 工艺流程

此类大曲酒由于类型较多，不同类型之间工艺各不相同。

（二）兼香型大曲酒的代表性产品

1. 西凤酒

产地陕西省凤翔镇（见图2.16）。

图 2.16　凤翔古酒

(1) 原料

高粱、大麦、豌豆等。

(2) 制法概要

酿酒工艺独特,以当地优质高粱为主要原料,以大麦、豌豆制曲和采用接近浓香型大曲的高温培养工艺,采用浓香型大曲酒续糟配料泥窖发酵工艺,但每年去掉窖内壁、底老窖皮泥,更换新窖泥发酵,以控制成品酒己酸乙酯含量,发酵期短,11天～14天左右,特制酒海容器贮藏1年后勾兑出厂。基本工艺流程如图2.17所示。

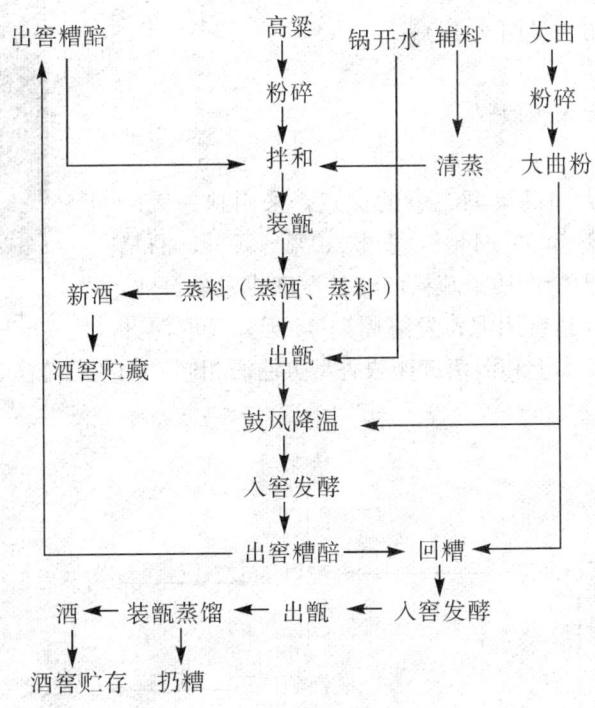

图2.17 凤香型白酒的工艺流程

(3) 产品特点

兼有清香和浓香风格,风格独特,"酸、甜、苦、辣、香"五味俱全,且诸味谐调,酒液清澈透明,醇香秀雅,甘润挺爽,有水果香,回味舒畅,尾净悠长,色香味兼佳。主体香成分为以乙酸乙酯为代表的低级酯和以异戊醇为代表的高级醇。

(4) 文化渊源

西凤酒产于陕西省凤翔镇,20世纪20年代,就被评为中国四大名酒之一。西凤酒历史悠久,始于殷商,盛于唐宋,至今已有3000多年历史,是中国凤香型白酒的典型代表。凤翔古称雍,为周秦发祥之地,有历代酒乡之称。《史记·秦本纪》上记述的秦穆公赐酒为盗马"野人"解毒,《酒谱》记载的秦晋韩原大战秦穆公获胜后投酒于河以劳师的典故,都发生在这里。可见,当时的雍地不但有酿酒业,而且出现了古老的佳酿。这里自古以来盛产美酒,唯以柳林镇所酿造的酒为上乘。至今,民间仍流传着"东湖柳、西凤酒"的佳话。唐贞观年间,西凤酒就有"开坛香十里,隔壁醉三家"的荣誉。到明代,凤翔境内"烧坊遍地,满城飘香",酿酒业大振,地境路人常"知味停车,闻香下马",以品尝西凤酒为乐事。清末,西凤酒走向海外,屡获大奖,盛名大震。至今,已4次荣获中国名酒称号,8次夺得国际金奖。现已形成高、中、低酒度和高、中、低档次的品种系列。

西凤酒厂是在周恩来总理的亲切关怀下,于 1956 年创建的中国四大老牌名酒之一的大型企业。近年,在原凤香型酒的基础上,开发了具有凤兼浓香型、凤浓酱香型、浓香型特点的系列西凤酒,开创了三味一体美酒先例,品味绝妙,使古老的历史名酒开出了新花。西凤家族"人丁兴旺",企业迈上了良性发展的快车道。2005 年,西凤酒荣获"中国十大最具增长潜力白酒品牌第一名"的称号,被国家工商行政管理总局评选并依法认定为"中国驰名商标"。

2. 四特酒

产地江西省樟树市(见图 2.18)。

(1) 原料

以当地整粒肥硕大米为原料。

(2) 制法概要

择取小曲甜酒和大曲高粱酒二者的优点,采用独一无二的大曲原料配比(面粉 35%~40%,麦麸 40%~50%,酒糟 15%~20%);采用江西特产质地疏松的红条石砌成发酵窖池,水泥勾缝,仅在窖底及封窖用泥;发酵周期 45 天,汲取深井泉水。其他工艺操作基本上和混蒸续糟浓香型大曲酒相同,如久贮陈酿、精心勾兑等。基本工艺流程如图 2.19 所示。

图 2.18 四特酒

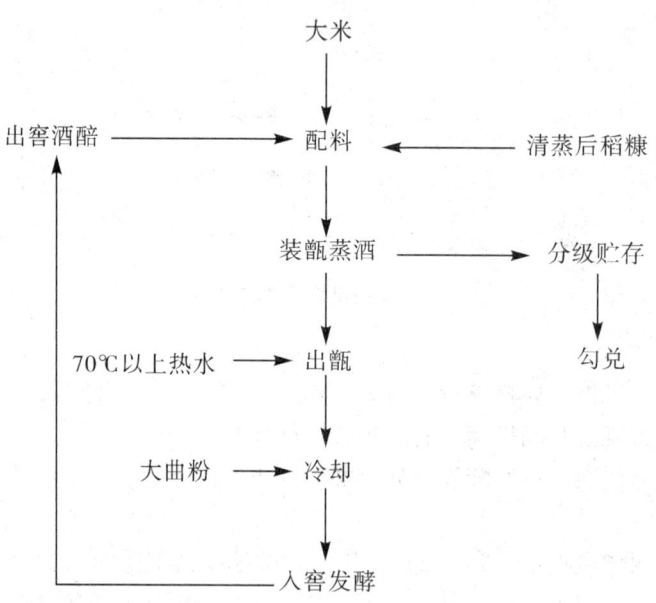

图 2.19 特香型白酒的工艺流程

(3) 产品特点

其风味特征为酒色清亮,酒香芬芳,酒味醇正,酒体柔和,清、浓、酱三香具备,但又不偏向任何一型。香气成分中乳酸乙酯含量最多,达 200 mg/mL,正丙醇含量高达 100 mg/mL~250 mg/mL。

(4) 文化渊源

江西四特酒有限责任公司坐落在中华酒文化的发祥地之一——江西省樟树市。这里依山傍水，山川秀丽，有着得天独厚的酿酒条件。著名的阁皂山被唐高宗御赐敕封为"天下第三十三福地"，而水质清澈、奔腾不息的赣江则孕育了以"稻文化"为核心的神秘的赣鄱文明。

早在5 000年前，这里的新石器文明就有了酿酒的历史。樟树市内筑卫城遗址（新石器时代）出土的大量陶皿、酒器，以及吴城遗址（殷商时代）精美的青铜器，至今还默默地印证着这里远古时期酒文明的辉煌。据传在清代光绪年间，樟树满洲街一家名叫"娄源隆"的酒店，在继承本地传统小曲酿造蒸馏白酒工艺的基础上，取众家之长，经多年实践，酿造出了酒色清亮、香醇可口的优质白酒，勾兑出售后，大受欢迎。为了防止假冒，娄源酒店在装酒的酒缸和酒坛上贴上4个"特"字，作为标志，以便与其他酒店的酒相区别，表示特别优质，"四特"名称由此产生。同时，由于该酒具有"亮似钻石透如晶，芬芳扑鼻迷逗人，柔和醇甘无杂味，滋身清神类灵芝"的四大特色，"四特酒"由此而得名。

据清江县《县志》记载，四特酒已有1 700余年的酿造历史。早在明、清时代，四特酒已畅销湖南、湖北、广东、广西、浙江、福建等地。历史上不知有多少文人墨客在赣中大地上饮酒赋诗，留下传世之作。四特和文人墨客结下了不解之缘，其中最为著名的就是白居易任江州司马时邀请刘十九的请柬"绿蚁新醅酒，红泥小火炉。晚来天欲雪，能饮一杯无"，以及宋朝陆游的直接赞誉"名酒来清江，嫩色如新鹅"。1959年，周恩来总理在庐山品尝四特酒后，赞誉它"清香醇纯，回味无穷"；1972年，邓小平同志在樟树考察时，赞扬它"酒中佳品，味道独特"。四特酒于1963年、1980年、1983年连续被评为江西省名酒，两次荣获江西省优质产品称号。1984年，在轻工业部酒类质量大赛中荣获银杯奖。2001年6月2日，江泽民总书记在南昌品尝四特酒后，满意地赞之"名不虚传，上等好酒"。2004年，四特品牌还荣获"中国驰名商标"，产品畅销全国20多个省市自治区，并出口欧美、东南亚、韩国、澳大利亚等地区和国家，被誉为"中国名酒"、"人间极品，酒之香妃"。

3. 董酒

产地贵州省遵义市（见图2.20）。

（1）原料

高粱、大米、小麦等。

（2）制法概要

以优质高粱为主要原料，以大曲（麦曲）和小曲（米曲）为糖化发酵剂，配以中药材，采用独特的串香法酿造工艺，以小曲小窖制取酒醅，大曲大窖制取香醅，经一次串蒸，分段摘酒，分级储存2~3年，精心勾兑包装而成。酿造用水采用附近的水口寺地下泉水。

图2.20 百草香"董酒"

（3）产品特点

兼有大曲酒浓香和小曲酒药香的风格。其风味特点为浓郁芳香、柔绵醇和、微酸回甜、丰满协调。"酯香、醇香、药香"是构成董酒香型的几个重要方面。在中国名优白酒这个大家族中，董酒是唯一使用上百种中草药参与酿造，而没有成为药酒，却具备了综合保健功能的白酒，创造了酿造奇迹。

（4）文化渊源

董酒厂坐落在遵义市北郊距市区7.5公里的董公寺，往北40公里是著名天险娄山关。由于大娄山脉的调剂，董公寺一带局部小气候稳定，冬无严寒，夏无酷暑，田地肥沃，绿树成荫，清泉漫流，环境幽静，很适宜酿造类微生物生长繁殖，是一个酿酒历史悠久的地方，董酒因创始于此地而得名。

董公寺是一座小型佛教寺庙，初建于明朝万历年间。而董公寺一带的酿酒历史可追溯到魏晋南北朝时代，蒸馏酒至少可追溯到清光绪初年。至清末，这里的酿酒业已具有一定规模，小曲酒作坊处处可见，酿造技艺互通互融，以酿造世家程氏作坊所酿小曲酒最为出名。程氏后人程明坤（字翰章，1903—1963年）汇聚前人技艺汲人所长，结合当地水土、气候、原料等条件，酿造出别具一格的"董公寺窖酒"。经配方改进，最后形成制小曲的"百草单"，制大曲的"产香单"。中药在制曲过程中被微生物分解，合成形成的酸、酯、醇、酚等微量成分达100多种，不仅丰富了董酒的内涵，还使酒体具有综合性保健功能，对内科、外科、神经科、儿科、妇科、泌尿及心脑血管疾病有防治作用。20世纪20年代初即成为遵义名产。40年代初经人提议，将"董公寺窖酒"定名为"董酒"。

董酒典型风格的内涵，十分丰富，据有关文献报道，董酒含各种酸、酯、醇等微量成分达百余种，尚有数十种未被认识。经贵州省轻工科研所初步探明，董酒香味成分与其他名酒不一样，具有"三高一低"的特点，丁酸乙酯、高级醇总酸含量较高，分别是其他名酒的3~5倍，2~3倍，乳酸乙酯含量则是其他名酒的二分之一以下。由于董酒在工艺、风格、香气组成比三个方面的独特性，1959年即被评为贵州名酒，并从1963年起，4次被评为中国名酒，荣获金质奖，以后多次被评为部、省优质产品。现已远销东南亚、日本、加拿大、美国以及西欧等地区和国家。为了保护这一独具特色的民族遗产，1983年轻工部作出决定，将董酒的工艺、配方列为机密。1996年国家保密局又明文规定，董酒的工艺、配方为国家机密，严禁对外宣传。

随着白酒饮品开始向低度化和舒适口感方向发展，董酒在新产品开发中，向减轻"药味"和降低酒精浓度方向作出大胆尝试。新董酒既有老董酒之"香"与"醇"，又有新消费理念所需的"保健"与口感幽雅美妙的特点，被称为新世纪中国人的"生命之水"，前景十分看好。在不久的将来，董酒这颗高原明珠，将会更加璀璨。

第三节　小曲酒的类别及制造技术

一、小曲酒的基本概念

（一）小曲酒的定义及产品特点

1. 小曲酒的定义

小曲酒是我国主要的蒸馏酒种之一。此类白酒约占白酒总产量的六分之一，在我国南方、西南地区较为普遍。

小曲酒主要以高粱、玉米、大米等为酿酒原料，采用固态发酵工艺或半固态发酵工艺，以麸曲或米曲作为糖化发酵剂，经发酵、蒸馏、储存和调配而制得。

2. 小曲酒的产品特点

小曲白酒酒质柔和，质地纯净、清爽，目前已形成米香、药香、豉香、小曲清香等不同香型风格的小曲酒，已被国内外消费者普遍接受。如贵州董酒、桂林三花酒、全州湘山酒、厦门米酒、五华长乐烧酒、四川永乐、江津高粱酒等都是著名的小曲酒。

由于小曲酒酒质清香醇正，是生产传统的药酒、保健酒的优良酒基，也是生产其他香型白酒的主要酒源。

（二）小曲酒的分类及工艺特点

1. 小曲酒的分类

根据所采用的原料、曲药和生产工艺的不同，小曲酒大致可分三大类。

（1）小曲米酒

小曲米酒在广东、广西、湖南、福建、台湾等地盛行，是以大米为原料，采用小曲固态培菌糖化，半固态发酵，箱式固态培菌，配醅发酵，固态蒸馏的小曲白酒。

（2）高粱小曲酒

高粱小曲酒以四川为代表，主要是以高粱为原料，采用类似于大曲酒生产的固态发酵（但无窖泥）、固态蒸馏工艺而获得的小曲白酒，也可用玉米、小麦、青稞等其他非大米类原料酿酒，产量大，历史悠久，常称川法小曲酒。

（3）新工艺小曲酒

新工艺小曲酒是以小曲产酒，大曲生香，串香蒸馏，采用小曲、大曲混用工艺，有机地利用生香与产酒的优势而制成的小曲白酒。

2. 小曲酒的工艺特点

（1）原料来源广

小曲酒生产的适用原料品种范围广，如大米、高粱、玉米、稻谷、小麦、荞麦等都可以作为小曲酒生产的原料，并大多以整粒原料用于酿酒，有利于当地粮食资源的深度加工，以及农副产品加工、非粮食淀粉质原料等的综合利用。

（2）用曲量小

采用根霉为主的小曲作糖化发酵剂，用曲量少，酒化力强，发酵期不长，出酒率高，规模因地制宜，可大可小。目前已形成专业分工，分散生产，集中贮存、勾兑、销售的集团化企业。

（3）工艺控制严格

小曲酒的生产工艺采取"匀、透、适"的泡，闷蒸粮法，"低温、定温、定时"的嫩箱培菌法，"紧桶、快装、定时、定温"发酵法。

（三）小曲中的微生物及其小曲制作特点

1. 小曲中的微生物

小曲中的微生物主要是根霉和酵母，传统方法是做成米曲，并多包含数种中草药，中草药的主要作用是菌种区系形成和构成小曲酒特有风味，后来小曲制作逐渐向无药小曲和纯种麸曲转变。

2. 小曲制作特点

一般传统小曲以累代培养的曲母为种，且使用生米粉为原料，所以感染杂菌在所难免，根霉与酵母的比例也难以控制，往往在发酵过程中两者会失衡。

小曲中添加的中草药多数是有益的，其中最好的有十余种，但有的也有害，如黄连、木香等。同时，因为野生中草药资源有限，现在已多不用中草药制曲。

20世纪50年代中期，中科院分离得到高糖化力的米根霉AS3.851，适合于各种酿酒原料；后来又选出几株高酶活力菌株，并实现了在麸皮培养基上的扩大培养，大大提高了出酒率，这样纯种根霉曲得到了发展。

纯种根霉曲实质上是麸质原料的小曲,是将纯种根霉及酵母菌分别培养后,按一定比例调配而成,故可使酒的发酵过程能有序地进行。

二、代表性的小曲酒

小曲酒一般根据原材料或香型进行分类,如高粱酒、玉米酒、米酒等。比较有名的小曲酒有四川小曲酒(清香)、米香型小曲酒、豉香型小曲酒等。

(一)四川小曲酒

四川小曲酒是小曲酒中的杰出代表,具有独立的风格与特性,是白酒中的一枝奇葩。分布在四川、云南、贵州、湖北、湖南、广西、广东、福建、台湾等地,是我国的主要酒种。

1. 高粱小曲酒

(1)原料

当地产糯高粱。

(2)制法概要

整粒原料,经过浸泡、蒸煮、摊凉后,加曲量0.3%左右,入箱培菌20多小时;还原糖2.5%~3.5%,品温30℃~37℃,然后配以3~4倍"母糟",调节入池淀粉、酸度,并调匀入池温度,踩紧密封,发酵5~6天,固态甑桶蒸馏。

工艺要点是"定时、定温、培菌发酵",并要做好"稳、准、匀、透、适",即操作和配料要稳;糖化发酵条件控制要准;泡、闷、蒸粮时上下吸水要均匀,摊晾、入箱温度要均匀;泡粮、蒸粮要透心;温度、水分、时间、酸度的"四配合"要合适,从而使糖化与发酵的速度均衡。

(3)产品特点

从香味成分来看,川法小曲酒是由种类多、含量高的高级醇类和乙酸乙酯的香气成分,配合相当的乙醛和乙缩醛,除乙酸、乳酸外的适量丙酸、异丁酸、戊酸、异戊酸等较多种类的有机酸及微量庚醇、β-苯乙醇、苯乙酸乙酯等物质所组成,并有自身香味成分的组成关系。

从口感特征来看,川法小曲清香与大曲清香和麸曲清香的不同之处,在于有突出优雅的"糟香"气味,综合概述为:无色透明,醇香清雅,糟香突出,酒体柔和,回甜爽口,纯净怡然。

(4)文化渊源

四川小曲酒历史悠久,在20世纪初叶,就已经开始有一些相关的文献研究。1933年,南开大学的应用化学研究报告《高粱酒之制造》,指出淀粉利用率仅为52%,可见当时淀粉利用率之低。1935年,方心芳等人发表了《改革高粱酒酿造之初步试验》,揭开了小曲白酒改革的序幕,作为白酒技改的先驱,方心芳为此作出了重要贡献。

新中国的诞生,使固态小曲白酒不仅得到新生,而且得到长足的发展。以四川固态小曲酒(即川法小曲酒)为首,生产规模逐步扩大,质量有了明显提高,酿酒工艺及设备有了较大的改进。产量增加,劳动强度大为降低,淀粉利用率大为提高;"闷水"操作的推广,基本统一了操作工艺,把工艺流程归纳为糊化、培菌、发酵、蒸馏四大工序,技术取得了很大的进步。1952年,四川高粱酒每50 kg原料产65°白酒仅有18.9 kg,淀粉利用率为59.05%,效率十分低下。1953年,《李友澄小组操作法》首先总结了四川泸州部分酒厂"匀、透、适"的高产经验,并在四川及在西南地区、中南地区推广;1954年国家酒类专卖局批转向全国推广，形成了川法小曲酒产区。

四川小曲酒已成为我国现存的一大酒种，风格自成一派，其影响面广，深受西南、中南一带广大消费者所喜爱，具有较好的群众基础。由于长期被看做"土酒"、"低档酒"，对其认识和研究程度还有待进一步提高，特别是四川小曲酒的香型认定问题，需要引起有关部门及行业专家的重视。

2. 玉米小曲酒

（1）原料

当地产糯玉米。

（2）制法概要

整粒原料，经过浸泡蒸闷至无白芯后，沥水至次日复煮，摊凉；加曲量 0.4%～0.7%，入箱培菌 20 多小时；还原糖 5%～6%，总糖 10%～11%，酵母菌数 $(1.7～1.9)\times10^7$ 个/g 为宜，品温 33℃～36℃，然后配以 4～5 倍"母糟"；酸度 0.7，入池温度 23℃，踩紧密封，35℃以内发酵 6～8 天；固态甑桶蒸馏，注意分层装甑，装甑轻松均匀，探气装甑，不跑汽，不踏汽，缓火烤酒，截头去尾，长接尾酒，酒尾重蒸。

（3）产品特点

无色透明，无悬浮物和沉淀；具有玉米小曲酒特有的清香和糟香；醇和，浓厚，回甜。"清香"是以乙酸乙酯为主体酯类，"糟香"是全固态发酵、甑桶蒸馏特有的香气。

（4）文化渊源

玉米小曲酒的一些相关研究的记载始见于 20 世纪中叶。1944—1945 年间，檀耀辉对苞谷（玉米）酒进行了研究，找出了能提高糖化酶活力和对酵母菌生长有利的药物，如牙皂、独活、苏荷、云风等。1954 年，在推广李友澄小组经验和王本国小组"玉米蒸煮合并操作法"的启发下，创造了《闷水蒸粮操作法》，提高了出酒率，这是小曲酒生产工艺的重大改革，使出酒率及淀粉利用率得到了显著提高。1955 年，四川省商业厅在组织推广《烟台酿酒操作法》的同时，对玉米小曲白酒生产总结出了"高扬散热，低倒匀铺，高温吃曲"的操作经验。与此同时，四川省酒类专卖局经两年的课题研究，进行了防止夏季酸箱倒桶经验总结，使固态小曲白酒生产能够克服这一历史性难关。1957 年，四川省糖酒科研室的科技人员，对著名的邛崃米曲，从沿革、设备到原料，从操作到质量进行了评定，总结了四川邛崃米曲制造，为传统酒曲的发展打下了理论基础。

（二）小曲米酒

小曲米酒主要包括米香型小曲酒和豉香型小曲酒等两类主要香型，盛产于中南地区，广东、广西、湖南、福建、台湾等地，是我国的主要酒种。

1. 桂林三花酒

桂林三花酒，是小曲米香型的代表。在第二、三、四、五届全国评酒会上，蝉联优质酒称号（见图 2.21）。

米香型白酒盛产于中南地区，广东、广西、湖南一带，其生产工艺独特，与四川小曲酒工艺截然不同，可以看作"阿米诺"法酒精生产的前身和雏形。

（1）原料

大米、中草药等。

（2）制法概要

以当地优质大米为原料，以小曲（米曲）为糖化发酵剂，配以中草药，采用固态堆积培菌糖化后加水液态发酵的独特工艺酿制、釜式蒸馏而成。原酒在桂林冬暖夏凉的石山岩洞里存放 1~2 年，让它缓慢酯化后调配包装出厂。酿造用水取至风光迤逦的漓江水。

图 2.21　桂林三花酒

(3) 产品特点

其风味特点为"蜜香清雅，入口柔绵，落口爽冽，回味怡畅"。摇动酒瓶时，酒液面上泛起晶莹如珠的酒花。这种酒入坛堆花，入瓶要堆花，入杯也要堆花，故名"三花酒"。香气成分以乳酸乙酯、乙酸乙酯含量为高，以及较多的高级醇和 β－苯乙醇，度数为 55%～58% vol。

(4) 文化渊源

桂林三花酒产于广西桂林市，酿造历史悠久，早在唐宋时期，就已被当地民间认可，并誉为"桂林三宝"之一，被誉为酒之王。桂林三花酒在 1 000 多年前的宋朝就开始酿造，南宋诗人范成大在《桂海虞衡志》记载道："及来桂林，而饮瑞露，乃尽酒之妙，声震湖广。"他所说的"瑞露"就是三花酒。这酒的得名在清代，据说那时酿酒要蒸熬三次，所以初名称之三熬酒。后来因酒质好，装进瓶里，使劲摇动，静放后酒面出现大、中、小三种泡花，从上而下依次堆叠，于是人们便又改称"三熬堆花酒"。一般来说，酒花越细，堆花越久，酒的质量越好；反之，质量就差。这就是鉴别桂林三花酒质量的简便方法，也是桂林三花酒与众不同之处。三花酒现已实现机械化生产。

2. 广东玉冰烧

荣获国家优质酒（第五届）的珠江桥牌豉味玉冰烧为豉香型小曲酒的典型代表。豉香型白酒具有全液态发酵的独特生产工艺和原酒二元酸酯化工艺，产品风味独特（见图 2.22）。

(1) 原料

大米、中草药、肥猪肉等。

(2) 制法概要

以优质大米、大豆和白藓土泥制成小曲酒饼为糖化发酵剂，采用液态发酵（冬季 20 天、夏季 15 天），釜式蒸馏至酒度 32% vol，7~10 天澄清后，再经肥猪肉浸泡储存 3

图 2.22　佛山玉冰烧

个月而得，经过滤、勾兑后包装出厂。

(3) 产品特点

其风味特点为"玉洁冰清、豉香独特、醇和甘滑、余味爽净"。香气成分以壬二酸二乙酯、辛二酸二乙酯和 α-蒎烯为特征成分。

(4) 文化渊源

特醇米酒"珠江桥牌豉味玉冰烧"是广东佛山市石湾酒厂产品，豉味小曲酒是广东省有着悠久历史的地方传统产品。发源于珠江三角洲，1949年以前遍布各县。其生产工艺特殊，酒度低，风味独具一格，深受国内民众以及国外华侨人士的喜爱。原传统工艺采用手工操作，20 世纪 80 年代以后，逐渐实现机械化生产。

第四节 麸曲酒的类别及制造技术

一、麸曲酒的基本概念

(一) 麸曲酒的定义及技术特征

1. 麸曲酒的定义

麸曲酒是以薯类、粮谷或含淀粉野生植物等为原料，采用优良菌种在麸皮上扩大培养制成麸曲并配合酒母作为糖化发酵剂，经发酵、蒸馏、储存和调配而得的白酒产品。

2. 麸曲酒的酿制技术特征

麸曲酒的工艺要点是"麸曲酒母、合理配料、低温入池、定温蒸烧"。

麸曲酒酿酒发酵时麸曲用量较大，麸皮来源紧张，加之麸曲酒质量也逊于大曲酒，产品在市场上不占优势，一般为中低档白酒，但质量上乘者已进入国家优质酒的行业。

麸曲酒在产品香型特征上，可分为清香型、浓香型、酱香型和芝麻香型等几大类别。

(二) 麸曲酒的起源及麸曲制作特点

1. 麸曲酒的起源

麸曲酒是北方烧酒的典型代表。早在 20 世纪 40 年代，抚顺龙海泉烧锅使用日本烧酒菌种扩大培养，开始了采用麸曲制酒的历史，1949 年在东北全面推广，并于 1956 年在山东烟台酒厂得到系统总结，开始使用米曲霉，后也采用黑曲霉、白曲霉等。

烟台操作法作为麸曲酒的基本酿酒工艺准则，在全国得以普及。此后，经不断总结和交流，麸曲白酒技术得以迅速提高，在节约粮食、为国家积累资金方面，取得了突出成绩。

2. 麸曲制作特点

制麸曲时，应注意 5 个重要环节，即严格配料，控制蒸煮，掌握温度（室温、品温），保潮放潮（调剂通风），防止杂菌。除此之外，对曲霉特性应有所了解，并注意整个工艺过程中淀粉酶的消长情况。

因麸曲不宜贮存，故麸曲的制作应有计划，出曲后应尽快使用，否则易造成淀粉酶活性的下降和杂菌滋生。据测定，黄曲贮存 3 天，糖化力下降 20%；黑曲贮存 3 天，糖化力下降 30%。出曲水分越大，酶活力下降越大，杂菌感染越多，在贮存过程中酸度不断增加，并有烧曲的危险。

二、代表性的麸曲酒

麸曲酒由于生产容易,技术水平要求不高,受气候地理的影响因素较少,且在出酒率上占有一定优势,因而在我国北方地区应用较为普遍,主要用于普通白酒的生产。但通过微生物菌种的配合选用,以及在酿酒工艺上的不断改进,利用麸曲酒生产工艺,也能生产出质量优秀的特色麸曲白酒。

(一) 清香型麸曲酒

1. 六曲香酒

六曲香酒,是典型的清香型麸曲酒,因麸曲制作中使用了6种不同的曲霉菌而得名,是麸曲酒中有特色的优质酒品(见图2.23)。

(1) 原料

高粱、麸皮等。

(2) 制法概要

图 2.23 六曲香酒

以高粱为原料,以6种曲菌(米曲霉、根霉、毛霉、犁头霉、拟内包霉、红曲霉)制成麸曲,混入3种生香酵母、白地霉和酿酒酵母的培养液作为糖化发酵剂,采用清蒸混入清六甑操作法,封窖发酵8~10天蒸馏。按质取酒,分级入库,储存半年后勾兑成产品。

(3) 产品特点

其风味特征主要有来自六曲的曲香、来自酵母的酯香以及来自原料的糟香,无色透明,清香醇正,醇和绵柔,爽口回甜,饮后余香,清香风格明显。

(4) 文化渊源

六曲酒产于山西省祁县酒厂,为国家优质酒。其影响面广,深受山西及北方一带广大人民所喜爱。

2. 北京红星二锅头酒

现代的二锅头酒是指使用大曲或麸曲生产的清香型高度酒的代名词(见图2.24)。

从工艺上讲,二锅头酒是指白酒蒸馏过程中,掐头去尾,截取中间馏分的酒。从历史上讲,在白酒蒸馏使用天锅的时代,天锅内放的凉水,被蒸馏上来的酒气所加热,第一锅凉水冷却的酒头单独收集,以备重蒸,然后将天锅内的热水换成凉水,取第二锅凉水冷却的酒液,就叫二锅头。

图 2.24 北京红星二锅头酒

(1) 原料

高粱、麸皮等。

(2) 制法概要

以高粱为原料，液体糖化酶为糖化剂，酒精酵母加生香酵母为发酵剂，采用大回醅，清蒸混入，机械化蒸馏，短期发酵新工艺。现代工艺中采取了大曲、麸曲、糖化酶三者结合的工艺方法。

(3) 产品特点

具有以乙酸乙酯为主体的清香淡雅的香气，口味醇和，较甜，后味长，尾干净，清香风格明显。

(4) 文化渊源

北京红星股份有限公司是著名的中华老字号企业。红星商标是中国驰名商标，红星独有的"北京二锅头传统酿制技艺"是国家级非物质文化遗产。它始建于1949年5月，是中央税务局筹建的我国第一家国营酿酒厂，当时收编了北京城近郊的龙泉、永和成等12家老字号酒作坊，汇集了酿酒人才和技术，"红星"全面继承了北京二锅头传统酿酒工艺。北京二锅头传统酿制技艺可追溯到800年前的元代，成形于清康熙十九年（1680年），发扬光大于"红星"成立之后。为迎接新中国成立，首批红星二锅头酒在1949年9月投放市场，成为迎接新中国诞生的献礼酒。它醇厚甘洌、清香醇正，受到民众交口称赞，近60年畅销不衰。公司首创将"二锅头"这一工艺名称作为产品名称正式启用，这是新中国第一个以酿酒工艺命名的白酒。红星二锅头与共和国同行，与百姓的情感融为一体，成为京味文化的典型代表之一。

(二) 其他香型麸曲酒

1. 芝麻香曲酒

芝麻香曲酒采用白曲霉（日本烧酒曲霉）制成麸曲，混入多种生香酵母、酿酒酵母、嗜热芽孢杆菌的培养液，经高温糖化、高温发酵酿制而成。

(1) 原料

高粱、小麦或麸皮等。

(2) 制法概要

以高粱、小麦或麸皮为原料，以白曲霉麸曲和生香酵母、酿酒酵母、嗜热芽孢杆菌的培养液混合作为糖化发酵剂，采用清蒸混入操作法，堆积培菌糖化1~2天升温至50℃，入水泥窖（有底泥）封窖33℃高温发酵28天后，缓慢蒸馏。储存1年，香味成型后勾兑成产品。

(3) 产品特点

具有类似烘烤后的芝麻香，酒味醇厚，酒体爽净，酒中醇、醛、酸、酯比例协调，构成了独特风格。

(4) 文化渊源

芝麻香曲酒以产于山东省的景芝白干和江苏省的梅兰春为代表，虽尚未获国家优质酒称号，但在当地影响极大，深受广大人民所喜爱。

2. 浓香型小曲酒

以高粱为原料，粉碎成4、6、8瓣，采用白曲霉麸曲为糖化剂，多种生香酵母培养物为发酵剂，并应用己酸菌培养液，采用人工窖泥窖池和浓香型大曲酒混烧续糟操作法，一般发酵45天左右，蒸馏取酒，经储存勾兑成产品。

(1) 原料

当地产优质红高粱等。

(2) 制法概要

以红高粱为主料,稻壳为辅料,用麸曲加固态产酯酵母为糖化发酵剂,经老窖陈酿而成。其工艺特点是清蒸清烧,人工培养老窖,发酵期40天,每道生产工序都要求严格明确,故酒质优良稳定。

(3) 产品特点

燕潮酩酒无色透明,醇香浓,入口绵,回味甜,尾干净,为典型的麸曲浓香型酒。酒度为58%～60% vol。

(4) 文化渊源

燕潮酩牌燕潮酩是河北三河燕郊酒厂的产品,获得第三、四、五届国家优质酒称号,是河北地方名酒之一。因燕郊酒厂设在燕山脚下,潮白河之滨,故酒名"燕潮酩"。

3. 酱香型小曲酒

以高粱为原料,粉碎成4、6、8瓣,采用白曲霉为糖化菌种,以汉逊氏酵母、球拟酵母、1274产酯酵母等生香酵母以及由茅台酒大曲中分离得到的耐热芽孢杆菌,分别经纯培养扩大制成麸曲用于酿酒发酵。酿酒工艺常用清蒸混烧操作法,吸收酱香型大曲酒的高温堆积、回酒发酵、高温蒸馏、分质贮存、精心勾兑等工艺特点,使产品具有酱香风味。

(1) 原料

高粱等。

(2) 制法概要

以高粱为原料,用麸曲为糖化剂,添加生香酵母,发酵21天,经缓慢蒸馏、贮存、勾兑而成。

(3) 产品特点

酒液澄清透明,酱香突出,醇厚绵甜,入口柔和,回味悠长,酒度为55% vol,具有酱香型白酒典型风格,其色、香、味俱佳,富有自然感。

(4) 文化渊源

凌川牌凌川白酒是辽宁锦州市凌川酒厂的产品,获得第二、四、五届国家优质酒称号。凌川酒厂的前身益隆泉烧锅,建于清嘉庆六年(1801年),1948年益隆泉烧锅收归国有,改为利华烧锅,1955年定名为凌川白酒,1959年将酒厂命名为凌川酒厂,现已归属为道光廿五集团,位于辽宁省锦州市高新科技产业园区凌南西里13号。品牌为"道光廿五·凌川"。

第五节 新工艺白酒及其制造技术

一、新工艺白酒的基本概念

(一) 新工艺白酒的定义及质量指标特点

1. 新工艺白酒的定义

新工艺白酒是采用食用酒精为主要原料,配以各种食用香精、调味液或固态法基酒,按自行设计的酒体或某一名酒的气相色谱风味物质数学模型进行勾调制备而成。

2. 新工艺白酒的质量指标特点

新工艺白酒的感官指标是:无色透明,香味协调,自然,口味干净,具有特定风格。

新工艺白酒的理化指标特色是：卫生指标低，酸酯等指标也低，具备了卫生、安全的先决条件。

(二) 新工艺白酒产品的生产优势

1. 节约粮食

1吨95% vol 酒精可生产38% vol 的新工艺白酒2.93吨，平均吨酒耗粮为1.074吨，比同类普通固态法白酒降低耗粮22%。

2. 便于低度酒生产

新工艺白酒产品纯净，高级脂肪酸含量少，加水降度后很少混浊，有利于低度酒的生产。

3. 便于白酒品种的多样化

增香调味原料品种丰富，可生产出多香型、多类型的新工艺白酒。

4. 便于适应市场和转型

新工艺白酒的工艺、设备简单，投资少，见效快，劳动效率高，很适应市场经济多变的需求。

二、新工艺白酒的生产原料选用及处理

(一) 酒精

最新国标GB10343中强制性规定了酒精的质量标准。

1. 酒精的选用

不同原料生产、不同质量等级的酒精对新工艺白酒质量的影响很大。

以玉米为原料生产的特级、优级酒精好于普通酒精，适合中高档新型白酒的生产；普通酒精和经处理的糖蜜酒精可用于低档酒的生产。

2. 酒精的处理

所选用的酒精每批必须作甲醇、杂醇油含量的复查，应注意酒精的颜色和含铁量，对普通酒精、糖蜜酒精、颜色较深的酒精必须进行处理。

酒精处理的方法：加入1‰~2‰的粉末酒类专用活性炭搅拌均匀，静置数日，待澄清后过滤即可使用。其成本低，操作简单，口感好。

(二) 加浆水

水是中、低度白酒的主体，它直接影响到酒质的优劣，也是引起白酒货架期产生沉淀的主要原因之一。

新工艺白酒的加浆用水必须使用纯净水或对其进行软化处理。

解决方法：采用离子交换树脂进行处理的软水，成本低；或用纯净水制造加浆水。

(三) 食品添加剂

香精、香料要严格按照《食品添加剂使用卫生标准》的规定使用，要选用有效含量在95%以上，有质量保证的厂家的产品。

(四) 酒头、酒尾

固态发酵生产的酒头、酒尾是新型白酒最好的增香调味剂。

1. 酒头的收集及效用

选取发酵期较长的酒醅蒸出的酒头，每甑粮糟可截取0.5 kg~1.0 kg，收集后入库贮存

1年后备用。

酒头中含有大量的挥发酯以及低沸点的醇类、醛类，还含有较多的多元醇，随着贮存时间的延长，有些杂质挥发转化，乙醛与乙醇可缩合生成很有益的乙缩醛。

酒头可提高基础酒的前香，提高产品质量。

2. 酒尾的收集及效用

酒尾的收集方法：每甑截取15％vol酒精分的酒尾40 kg左右，入库贮存1年即可使用。

酒尾中含有大量的酸味物质以及高级脂肪酸和酯，如亚油酸乙酯、油酸乙酯和棕榈酸乙酯等，它们的分子量大，分子结构特殊，是酒中呈味极好的物质，适量利用能明显提高新工艺白酒的质量。

酒尾主要用来调整酒的酸度及后味，使酒的后味大大增长，酒体丰满。

三、新工艺白酒质量提高的技术方法

（一）传统白酒蒸馏技术的改良及有效运用

新工艺白酒生产可根据传统白酒特殊的蒸馏原理，将食用酒精和香料混合，倒入底锅中串蒸或采用薄层串蒸的方式除去生酒精的邪杂味和生香料味，使酒精和香料很好地"融合"在一起。合理的配方、适宜的蒸馏设备和技术，既能提高新工艺白酒质量，又能降低生产成本。

1. 串香法白酒的生产方式

（1）丢糟串蒸法

将食用酒精降度至65％~75％vol，放入底锅后同丢糟一起加热蒸馏而获得串蒸酒，丢糟和酒精比例在3：1左右（酒精按65％vol计）。

（2）发酵糟串香法

大曲发酵完成后的酒糟直接用酒精串蒸，粮食糟和酒精比例控制在2：1左右。

（3）香料串蒸法

利用酒用香料和食用酒精混合串蒸母糟，母糟与酒精比例控制在1：1左右。

2. 串香法白酒的工艺特点及技术起源

基本工艺特点是"液态除杂、固态增香"，产品兼有酒精的酒质纯净和曲酒的香味浓郁两方面的风格特点。

串香法起源于贵州产国家名酒董酒的传统工艺。20世纪50年代中期，北京酿酒厂仿董酒工艺用酒精透过香醅制得风味质量良好的普通白酒，后来随着酒精质量的提高、技术设备的改进，该法得到了发展，成为生产普遍白酒的主要方法（见图2.25）。

（二）新工艺白酒勾调技术的发展及工艺完善

1. 提高固液结合法勾调技术水平

固液结合法生产使用了一部分固态法白酒。但有的固态法白酒还存在一定的缺陷，与相应产品的执行标准之间存在着差异，要添加香精香料进行补差补缺。在进行这项工作时，要精确计算，严格计量。要掌握所使用的固态法酒的所有数据和口感特性，根据所设计产品的执行标准，结合色谱分析结果，计算出固液结合后的半成品与所设计产品中呈香呈味成分之间的差异，然后进行调整。

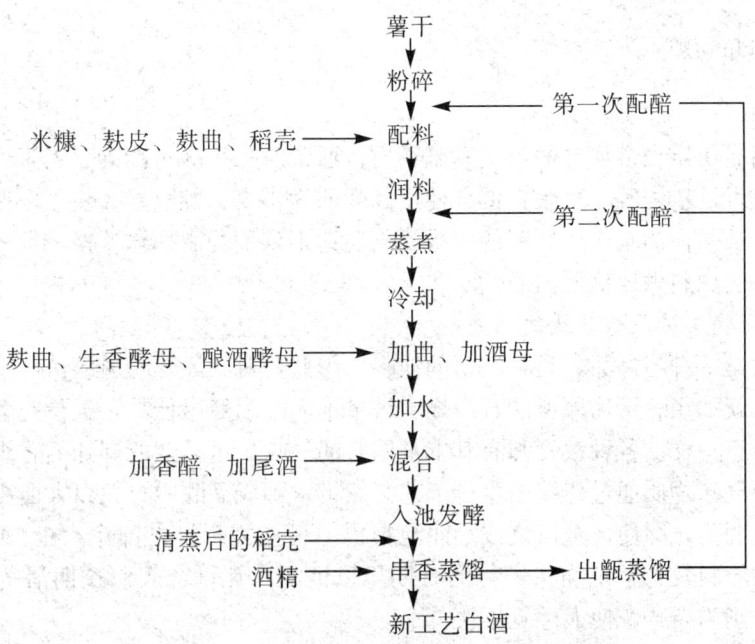

图 2.25 串香法白酒的生产工艺流程

2. 适当增加甜味

目前低度化的新工艺白酒调入部分甜味物质可增加酒体的丰满感，消费者也喜爱适当的甜味。

用于增加新工艺白酒的甜味物质主要有丙三醇、2，3-丁二醇等。经试验对比，使用丙三醇的甜味更为自然。

3. 扩大其他调味物质的应用

将植物香源提取技术与白酒的勾调技术结合，使酒香与淡雅的植物香融为一体。

4. 充分应用各种现代分析技术

深入基础研究，对传统名酒中的复杂成分进行定性和定量分析，使新工艺白酒的勾调技术和质量上一个新台阶。

5. 合理应用现代生物工程技术

利用酒厂的窖池、窖泥、糟醅、曲药、黄水、酒头、酒尾等，制备不同特点、不同风格的调味酒，解决新工艺白酒勾调中的"复杂成分"添加难的问题。

第六节 影响白酒风味质量形成的主要因素

白酒是我国特有的传统蒸馏酒种，随着科学技术的进步，我们既认识到了它和其他蒸馏酒种不同的风格及产生的缘由，又不断总结和发展了 11 种截然不同口味的香型酒。当品评这些丰富多彩的优质白酒时，人们自然而然地就会联想到其各自独特的生产工艺。

从总体来讲，不同的生产工艺决定了产品的不同风格，以传统生产方法为例，影响白酒风味质量的因素主要是酿酒所用的原辅材料、糖化发酵剂（即产酒为主的微生物）、酿酒设备以及生产工艺四大要素。

一、原料和辅料

(一) 原料

酿酒原料是决定白酒质量的第一基础物质。通常所采用的有高粱、大米,以及高粱、玉米、大米、糯米、小麦等多种粮食混合使用。大曲为小麦、豌豆、大麦,小曲为大米;麸曲用小麦麸皮。虽然白酒至今对原料的质量要求还达不到葡萄酒那样严格,但尚无用其他单一含淀粉或糖分的原料做成优质白酒。

1. 消费习惯影响风味物质的认同感

由于白酒是一种嗜好品,是含酒精的饮料,因此,对其风味物质的认同感可能与人们消费习惯有关。就如用薯干为原料的日本烧酎被日本人奉为健康佳品,虽带有薯干气味,但他们却并不以为意一样。各种粮食都有其本身固有的气味,这是众所周知的客观事实。

粮食中的气味物质通过传统的生产工艺必然带入到成品酒中,尤以大曲酒的老五甑混蒸混烧工艺更为明显,即使清蒸清烧或小曲泡粮也不可能完全将之排除。在20世纪60年代,采用薯干代用原料及野生植物橡子等的时期得以证实,凡符合人们长期消费习惯的称为粮香,除此而外则为杂味,使人感觉不快。

2. 粮食中风味物质的类别及检出

粮食的气味不言而喻是由众多挥发性化合物所构成的。

经测定,在甘薯的水蒸气蒸馏液中含有甲醛、丙醛、丁醛、香薯酮等羰基化合物,含有甘二烷、甘三烷等高级碳氢化合物以及桧烯类萜烯化合物,还有癸酸、月桂酸、十四酸、十六酸、十八酸、亚油酸和亚麻酸等高级脂肪酸。

在玉米中检出了甲醇、乙醇、乙醛、丙醛、丙酮、2-甲基丙醛、丁醛、丁酮、3-甲基丁醛、2-甲基丁醛、戊醛、己醛、庚醛等成分。不同品种的玉米其含量又有较显著的差别。

小麦的挥发性物质有醛、酮、醇、酯等30多种,大麦也有65种挥发性物质被检测出。在稻谷及大米中分别检测出了73种和170种挥发性物质。这些结果说明了各种粮食其挥发性成分组成是不同的,同时,不同品种、不同产地以及新粮与陈粮之间的风味物质也呈变化差异。

随着科学技术及生产的发展,预计将会对酿酒原料提出更为具体的质量要求,不再停留在淀粉含量高、蛋白质适中、脂肪低的经验之谈或杂交粳高粱不及农家品种更不及糯高粱的认识。在20世纪80年代就已倡导建立原料基地(实行GAP),四川也推广了"青壳洋高粱"及"81-1"等品种,湖南曾选育糯高粱杂交种。这些措施都是为了确保专用原料对特定白酒风味物质贡献的稳定性。

(二) 辅料

在固态发酵的生产工艺中,使用辅料是必不可少的。一般用量为原料量的20%左右,在小曲酒及大曲酱香型酒中使用较少,在麸曲酒中使用最多。

辅料的作用主要是发酵酒醅蒸馏时起疏松作用,便于酒气均匀上升,同时又成为酒醅调整配料的一个组成部分。常用辅料有稻壳、谷糠、高粱谷等。

一般辅料中的气味物质被人们定性为异杂味,酒中有糠味是酒体不净、存有杂味的表现,需要除去。为了减少固有的辅料气味混入酒中,在使用前辅料必须经过清蒸处理。

二、糖化发酵剂

(一) 糖化发酵剂在酿酒发酵中的作用效果

能够将粮食中的淀粉类物质经糖化、发酵等生化反应而转化成乙醇的一类中间品被称为糖化发酵剂。它是由不同种类的微生物经扩大培养后由微生物自体及其代谢产物所组成的。

白酒所使用的糖化发酵剂有大曲、小曲和麸曲等类别。不同的糖化发酵剂所含微生物种类和数量不同以及酶系种类和酶活力的差异，导致了在酿酒发酵过程中代谢产物不同，这直接影响了白酒产品的风味质量。

(二) 不同糖化发酵剂的组成及风味贡献

传统的固态发酵法白酒大多以大曲作为糖化发酵剂。

在大曲中含有数量和品种最多的微生物，经分离检测，有细菌、霉菌、酵母菌及少量的放线菌。其中霉菌就不下 20 种，主要有根霉、犁头霉、毛霉、黄曲霉、黑曲霉、红曲霉等。众多的微生物既给酿酒发酵带来了复杂性，又形成了其代谢产物香味成分的多样性。大曲还是一种复合酶制剂，它含有淀粉酶、糖化酶、蛋白酶、酒化酶、酯酶等各种酶，是形成白酒香味成分的催化剂。此外，在培养大曲过程中还形成多样的香气成分及前体物质。可见，糖化发酵剂对白酒的风味质量具有十分重要的作用。

在小曲及麸曲糖化发酵剂中，由于菌种比较单一，小曲中主要是根霉兼有酵母菌；麸曲则以曲霉和酵母菌为主。它们的糖化力和发酵力均高于大曲，因此产品的出酒率较高，但风味质量就不如大曲复杂而丰满。这说明了白酒产品的高风味质量需要多种微生物参与发酵。

采用多微生物发酵生产的清香型大曲香酒以及芝麻香型的梅兰春酒，达到了国家优质酒的水平。而采用酶制剂加活性干酵母生产的麸曲白酒，尽管出酒率高，但风味过于单调。因此，糖化发酵剂的应用需要因地制宜地加以选择。

三、酿酒设备

与白酒风味质量直接有关的酿酒设备主要有发酵、蒸馏及贮存三方面的设备。

(一) 发酵容器

传统的固态发酵法所采用的发酵容器有泥窖、陶缸、砖池、水泥池及石材窖池等，在半固态及液态发酵法中为陶缸及不锈钢罐。采用何种材质及其结构、大小、形状，对于白酒产品的风味质量有着直接的影响。这是由于发酵酒醅（醪）和容器内壁接触材质中所栖息的微生物参与了酿酒发酵。因此，各种香型白酒的发酵容器都有不同的严格要求。

1. 清香型白酒的发酵容器

常用陶缸、砖池或水泥池。

在大曲清香型白酒中以陶缸最为理想，一般每口缸体积 0.5 m^3，盛装高粱 150 kg 左右。在发酵室内将缸埋在地下泥土中，缸口与地面平齐，缸间距离为 10 cm~24 cm，俗称地缸。每次发酵之前必须用水清洗后再用花椒水杀菌，对于保证其产品清香醇正的风格有着重要的作用。而在砖池或水泥池中由于内壁所附着的微生物难以避免，这就会对产品的风味质量有所影响。

2. 浓香型白酒的发酵容器

泥窖不仅是体现浓香型白酒特色的专用发酵窖池，而且特别强调经长年累月使用后的老窖与浓香型白酒产品质量有密不可分的关联作用。

现已证明浓香型酒的主体香是己酸乙酯,其来源于土壤微生物中的己酸菌在酒醅发酵过程中以乙醇为碳源而产生己酸,再和乙醇酯化而成。存在于泥土中的以己酸菌为代表的细菌群是形成浓香型白酒香味成分的重要源头,这显示了泥窖的极端重要性。

窖泥中的微生物以细菌为主,除了好氧的芽孢杆菌之外,大多为厌氧菌。除己酸菌、丁酸菌等梭状芽孢杆菌以外,还有甲烷菌、甲烷氧化菌等古细菌。现已证实,当己酸菌和甲烷菌共生时能促进己酸的生成。这些细菌的数量和种类,老窖明显优于新窖。在理化分析窖泥中水分、总酸、总酯以及腐殖质、氨态氮、有效磷、钾等营养成分后,发现在新、老窖之间也存在差异。在科学实验数据的证实以及老窖之谜被揭示以后,为满足浓香型白酒的生产发展所需,加速窖泥老熟的人工培养窖泥新技术应运而生,并已获得了较好的效果。

3. 凤型酒白酒的发酵容器

在传统的凤型酒生产中也同样采用泥窖为发酵容器,但为了控制产品中一定量的己酸乙酯量,与浓香型酒不同的是每年必须更新一次新泥而不能采用老窖泥。

4. 酱香型和特型白酒的发酵容器

四周分别采用条石和褚石板,仅在窖底与表面用泥土筑窖。显然其参与酿酒发酵的微生物组成明显不同于清香及浓香型酒。

5. 米香型、豉香型白酒的发酵容器

传统的发酵容器是用陶缸及陶坛。随着生产量的扩大,目前一些企业已改用不锈钢大罐发酵,容量在 50 t 以上。这类酒的酿酒微生物主要来自糖化发酵剂,而与发酵设备关系不大。

(二) 蒸馏设备

除半固态及液态发酵的米香型和豉香型酒采用釜式蒸馏机外,固态发酵所采用的甑桶蒸馏是我国独创的设备,它属于间歇操作的简单蒸馏。可以认为它是一个特殊的填料塔,但对其原理尚缺少研究。

1. 甑桶蒸馏的主要作用

(1) 浓缩酒精

在混蒸混烧工艺中,将含酒精 4% vol 左右的发酵酒醅分离浓缩成含酒精 65%~70% vol 的高度白酒。同时,起到将新投粮食的淀粉糊化和提取原料风味物质的双重作用。

(2) 浓缩香味成分

将发酵酒醅中数量众多的微量香味成分浓缩提取到成品酒中。

(3) 生成新成分

促使存在于发酵酒醅中的某些香味成分,在蒸馏加热过程中进一步起化学反应产生新物质。

(4) 杀菌防腐

对发酵酒醅进行消毒杀菌,用于下排入窖配料和进行新一轮发酵。

2. 甑桶蒸馏技术差异的效果

由于蒸馏全部是手工操作,因此,掌握操作的技术熟练程度是决定蒸馏效率的决定性因素。

在长期实践中所总结出的一些操作要求是可行的。如装甑要准、轻、松、平;蒸汽大小要稳;流酒速度要慢;分级取酒,截头去尾等。操作不当对产量与质量影响颇大。

根据有关报道,经过蒸馏查定,对各香味成分的流向及成分截流已有所了解。此外,对于甑桶的材质、大小、桶盖的形状等蒸馏成分的影响也有不同的见解。

（三）贮存设备

原料经发酵、蒸馏而得的半成品新酒，还需进行贮存才能使酒味得以改善，使新酒的刺激性、辛辣感明显减轻，口味变得醇和柔顺，某些硫化物臭气消失。

1. 不同贮存时间与不同香型及等级酒的关系

一般而言，酱香型酒贮藏时间最长，为 3 年；浓香或清香型优质白酒贮藏时间在 1 年以上；普通白酒要求 3 个月。

在贮存过程中存在物理及化学变化。经测定，酒精与水分子缔合作用的物理变化在半年内可以达到平衡，但化学变化却要一个较长的时间，这是影响白酒风味质量的主要因素。

2. 不同贮存容器与不同贮藏效果的关系

传统白酒的贮存容器是陶坛或陶缸，以及用血料涂糊在荆条大筐或木箱内壁上俗称酒海的容器，现代又发展为金属和水泥池的大容器。

陶缸（坛）透气性较好，其所含的多种金属氧化物在贮存过程中溶于酒中，对酒的老熟有促进作用。经测定，溶于酒中较多的有 Al、Fe、Cu、Pb、Mn 等。其中 Fe^{3+}、Cu^{2+} 去新酒味能力较强，一般 Fe 含量越高，酒色越黄。优质白酒采用陶缸容器延续至今，有其科学的道理。但陶缸容积小，每吨酒约占地 4 m^2，封口不严会导致酒的挥发损失大，年损耗可达 2.5%～18.3%，这是其明显的缺陷。

血料容器现在除凤型酒外，使用者已不多。这类容器早先曾广泛应用于白酒厂，造价较低，不易损坏，其容量大小不等。

随着产量的扩大，传统的陶缸、陶坛及酒海已不能满足需要，于是以金属及水泥池为大容器贮酒设备随之出现，其容积一般在 50 t 以上。采用钢筋混凝土的水泥池内壁用陶瓷板、玻璃或桑皮纸猪血涂料贴面，也有的用环氧树脂或过氯乙烯涂料。金属容器有用碳钢罐内涂环氧树脂或过氯乙烯涂料，还有铝缸及不锈钢。大容器贮罐虽然克服了陶缸的缺点，但其贮存老熟效果不及陶缸好。用碳钢及铝缸者常有沉淀事故的发生。在应用贮酒设备上有的厂采用大小结合，即前期用陶缸、后期进大容器的方法。

四、酿酒发酵工艺

传统的酿酒发酵工艺呈现出千姿百态、丰富多彩的格局。

从发酵形式看，以固态发酵法居多。将原料粮食的蒸煮糊化和发酵酒醅蒸酒同时进行的操作称为混蒸混烧，以大曲或麸曲酒为主；将二者分别操作的称为清蒸清烧，以小曲酒为主。采用半固态发酵法的米香型酒，则前期培菌糖化为固态，而后加水呈液态发酵；采用液态发酵法的为广东米酒及豉香型酒。

由于发酵方式不同，同种微生物其代谢产物不同，加之蒸馏方式不同，产品的香味组分即风味质量必然各具一格，这也是为什么形成了目前的 11 种香型酒的原因。

在形成白酒风味质量的过程中，必须注意由于生产工艺处置不当或管理上的疏忽，有时在白酒中会出现某些邪杂味，常见的有糠味、窖泥臭、霉味、橡皮味等，应该努力克服和避免。在白酒生产中，提高质量不是一句口号，需要在去杂增香上花大力气，下真功夫，只有这样，才能生产出真正好的优质白酒。

复习思考题

1. 中国白酒的酿造方式变化主要经历了哪 3 个阶段?
2. 简述中国白酒的定义以及中国白酒分类的依据方式。
3. 简述中国白酒十大香型的工艺特点、口味特征及各香型间的关系。
4. 浓香型大曲酒的基本工艺特点及生产工艺类型是什么?
5. 简述小曲酒的定义、分类及工艺特点。
6. 简述麸曲酒的定义、起源及工艺特点。
7. 简述新工艺白酒的定义及优势。
8. 简述形成白酒风味质量的主要因素。

主要参考文献

[1] 沈怡方. 白酒生产技术全书 [M]. 北京:中国轻工业出版社,1998.
[2] 周恒刚,徐占成. 白酒生产指南 [M]. 北京:中国轻工业出版社,2000.
[3] 朱宝镛,章克昌. 中国酒经 [M]. 上海:上海文化出版社,2000.
[4] 吴福林. 中华风味酒 [M]. 南京:江苏科学技术出版社,2001.
[5] 吴建平. 小曲白酒酿造法 [M]. 北京:中国轻工业出版社,1992.
[6] 中国酿酒工业协会. 白酒品酒师. 全国酿酒品酒师统一培训教材(内部资料).
[7] 国家标准. 饮料酒分类标准,GB/T17204-2008.
[8] 国家标准. 白酒工业术语,GB/T15109-2008.
[9] 曾祖训. 川法小曲白酒的发展与创新 [J]. 酿酒,2006 (1):48-50.
[10] 黄大川. 提高新工艺白酒的措施 [J]. 酿酒科技,2007 (2):58-61.
[11] 赖登烽. 中国十种香型白酒工艺特点、香味特征及品评要点的研究 [J]. 酿酒,2005 (6):1-5.
[12] 李大和. 试论四川小曲酒的工艺和风味特征 [J]. 食品与发酵工业,1991 (1):49-53.
[13] 凌生才. 四川丰都玉米小曲酒的工艺操作 [J]. 酿酒科技,1992 (1):23-24.

第三章　中国黄酒

第一节　中国黄酒的一般知识

一、中国黄酒的基本概念

(一) 黄酒的各种称谓

黄酒是中华民族独创的最古老的酒之一，在世界三大酿造酒（黄酒、葡萄酒和啤酒）中占有重要的一席之地。由于其酿造技术独树一帜，黄酒成为东方酿造界的典型代表和楷模。

黄酒，顾名思义是黄颜色的酒。所以，有的人将黄酒这一名称翻译成"Yellow Wine"。其实这并不恰当，黄酒的颜色并不总是黄色的。在古代，酒的过滤技术不成熟，酒是呈混浊状态的，当时称为"白酒"或"浊酒"。在现代，黄酒的颜色也可能呈黑色和红色，所以不能光从字面上来理解。

黄酒的实质应是由谷物酿成的，而人们常常用"米"代表谷物粮食，故黄酒被称为"米酒"也是较为恰当的。现在对外翻译时，通行用"Rice Wine"表示黄酒。

中国的黄酒，由于其原料主要是大米，且发酵时间较长，因此也被称为米酒、老酒，属于酿造酒的范畴，酒度一般为 15%～16% vol 左右。

在当代，黄酒是谷物酿造酒的统称，以粮食为原料的酿造酒（不包括蒸馏的烧酒）都可归于黄酒类。尽管如此，民间有些地区对本地酿造且局限于本地销售的酒仍保留了一些传统的称谓。如江西的水酒、陕西的稠酒、西藏的青稞酒，如硬要说它们是黄酒，当地人也不一定能接受。

(二) 黄酒的颜色

黄酒的黄色（或棕黄色等深色）的形成，主要有两种途径：一是黄酒酿制过程中颜色的自然形成，二是生产过程中色素的人为添加。

在黄酒酿制中，有些黄酒的生产采用红曲霉菌，或采用有色的稻谷等原料，酿酒过程中红曲及稻谷中的色素溶入发酵醪中，从而形成黄酒的颜色；但大多数黄酒的颜色主要来源于煮酒或贮藏过程中，酒中糖分与氨基酸之间的美拉德反应导致黄酒色素的形成。

此外，也有些生产者根据产品设计的需要，采用加入由焦糖制成的色素（称"糖色"）的方式以加深黄酒的颜色。

(三) 黄酒的定义

黄酒比较准确的定义是：中国特产，以稻米、黍米、小米、玉米、小麦等为原料，以曲类及酒母等为糖化发酵剂，经蒸煮、糖化发酵、储存、调配、过滤、装瓶、杀菌等工序制作而成的酿造酒。黄酒的酒度一般为 15%～16% vol，根据不同的发酵程度，糖分含量有所不同。

黄酒具有历史悠久、品种繁多、营养丰富、用途广泛、饮法多样等特点,以糯米类黄酒为其典型代表,主要品种有绍兴元红酒、绍兴加饭酒、绍兴善酿酒、福建新罗泉牌沉缸酒等传统著名品牌。

二、中国黄酒的起源及发展

黄酒是中国最古老的酿造酒之一。从宋代开始,由于政治、文化、经济中心逐渐南移,黄酒的生产在南方越来越兴盛并得到保留,但基本上局限在南方数省;而在北方,南宋时期已开始烧酒生产,元朝烧酒生产在北方进一步得到普及,相对而言,黄酒生产逐渐萎缩。同时,南方人饮烧酒者不如北方普遍,遂导致了黄酒生产在南方得以保留和发扬光大,到清朝时期,南方绍兴一带的黄酒已开始称雄国内外。

目前,黄酒生产主要集中在南方的浙江、江苏、上海、福建、江西、安徽和广东等地,北方的山东、陕西、辽宁大连等地也有少量生产。

(一)黄酒的起源

1. 黄酒起源的时期

关于中国黄酒起源的说法不尽统一。根据古籍记载及出土文物,目前大体有以下几种说法。

(1) 起源于仰韶文化时期

相当于传说中的神农时代。

在仰韶文化的遗址中,发现有多处粮窖。由于有了农业生产的剩余,就有了开始黄酒酿造的可能,因而有此推论。但是,在仰韶文化时期的遗址中,尚未找到专用的酒器。

(2) 起源于大汶口文化时期

相当于距今6 000多年前的母系社会解体、父系社会开始建立的阶段。

在这一时期,原始农业已有相当程度的发展,收获的粮食较充裕。同时,大汶口文化时期制陶工业也已兴起,从山东大汶口遗址中,已发现有陶制的酒器。

(3) 起源于龙山文化时期

相当于距今5 000多年前,此后即为夏禹时代。

在各地的龙山文化遗址中,均发现有樽、高脚杯、酒壶等多种酒器。

(4) 始于奴隶社会的商代

相当于距今约3 600年前。

在河南郑州发掘出商代酿酒工场的遗址,从殷墟中发现铜制及陶制的酒器。另外,在商代甲骨文中,记载了3种黄酒。其中之一叫酒,即旨酒;另一种叫醴,是微甜而较淡的酒;还有一种叫鬯,是香而浓的酒,可能配以香草制作而成。

综上所述,黄酒具有5 000年历史的提法是较为可靠的。

2. 黄酒的发明及古酒实物

(1) 最早的黄酒酿制者

黄酒是谁发明的呢?在古书《世本》中,有"仪狄始作酒醴,变五味"的说法;在《事物纪原》中,有"少康作秫酒"的记载。

仪狄是夏禹手下的一个官吏,后因失宠于朝廷而做酒;少康即杜康,是夏的第六代皇帝,在寒浞篡政时,逃至他乡而隐姓埋名,并做过有虞氏的厨正,故善于酿酒。

但晋朝学者江统则怀疑仪狄、杜康为黄酒发明家的说法，并提出了黄酒自然发酵的观点。的确，从黄酒的历史来看，在仪狄和杜康之前已有黄酒酿造技术，可见他们二位只是当时最出名的酿酒者而已，并不等于黄酒的创制者。

（2）最早的黄酒实物

①西汉古酒。

2003年，在陕西省西安市北郊西汉墓葬中挖掘出了大量出土文物。其中，墓室出土玉片101件，侧室出土2件铜锤和15件青铜器。一件青铜锤腹部破裂空无一物，另一件青铜锤导引出26公斤西汉古酒（见图3.1）。经测定，乙醇含量0.10%，尚含有正丙醇、异丁醇、异戊醇等微量香味组分；铜含量达到1 800 mg以及含有其他一些重金属离子，酒液呈绿色。

②战国古酒。

到目前为止，发现的最为古老的黄酒实物，是于1974年在河北省中山县发掘出的战国时代晚期中山王墓中的样品。

在该墓的东库里存有铜扁壶装的酒液，西库中存有圆铜壶装的酒液。由于铜壶均采用子母咬合的紧密壶盖，故酒液得以保存。

图3.1　西汉墓葬中挖掘出的古代黄酒

当打开铜壶时，可闻到明显的酒香；酒液中含有大量沉淀物，酒呈浅蓝色，是铜盐所致。经化验，酒液均含有少量酒精，沉淀物中含氮量很高，且无酒石酸盐存在。

由此可推定，该酒既不可能是蒸馏酒，也不是果酒，而是黄酒的原型。

（二）我国古代黄酒技术的发展

酒与醴是我国远古两种风味不同的黄酒。前者是采用曲作为糖化发酵剂制作而成，后者是由糵作为糖化发酵剂制作而成。如前所述，曲是指生长有霉菌及酵母、细菌等微生物的谷物；糵是指发芽的谷物。采用糵制作的黄酒味淡，相当于原始的啤酒。

1. 曲的发明与应用

在《书经》中有"若作酒醴，尔惟曲糵"的记载。这说明在殷商时代已使用曲或糵做黄酒，而殷商之后就不再用糵而只用曲制作黄酒。明朝宋应星所著的《天工开物》中说："古来曲造酒、糵造醋，后世厌糵味薄，遂至失传，则并糵法亦亡。"

古代的制曲技术是不断进步的。在汉代以前只有散曲；汉代时出现了饼状曲；到了晋代，南方在制曲原料中加入草药制成小曲，或称酒药和药曲，北方则多制大曲。

此外，红曲也是散曲。据唐代《初学记》所述，在汉代，我国陇西一带已有红曲，距今有1 800多年。在发明红曲之后，又出现了乌衣红曲及黄衣红曲。

2. 古代的黄酒酿造工艺

（1）古遗八法

在《礼记·月令》中述及酿制黄酒的六要素："乃命大酋，秫稻必齐，曲糵必时，湛炽必洁，水泉必香，陶器必良，火齐必得，兼用六物，大酋监之，毋有差贷。"

这里的大酋是指专管酒的官员，我国自周代起就设酒官。六要素的大意是：酿造黄酒的原料必须精选；制曲、成糵必须在适宜的季节；浸米和蒸饭操作必须保持清洁；酿造用水要清澈无味；用以发酵及贮酒的陶器必须精良；蒸饭、制曲、发酵、煎酒的温度必须控制得当。兼用六物的"物"字，可作"事"字解释，即上述六方面均需注意，决不能有差错。

(2) 酸浆的应用

古人把水浆看得很重要，这是有科学道理的。古谚有"看水不如看曲，看曲不如看酒，看酒不如看浆"的说法。

由于酸浆在前期发酵中pH值的控制以及优势微生物的形成中起到重要的作用，因而酸浆的应用，在黄酒酿制中占有举足轻重的地位。

(3) 多次加料

东汉曹操的九酝法就是分9次加料的；北魏《齐民要术》中记有三投、五投、七投等方法。

从现代科学的观点来看，多次投料是提高酒精生成浓度以及防止葡萄糖反馈抑制的最好方法。

(4) 重复发酵

在《礼记·月令》中有"孟秋之月，天子饮酎"之说；在段玉裁所著的《说文解字注》中有"酎，三重酒也"的解释，即在已酿成的酒中，再加入米饭和曲，再次进行发酵，以提高浓度和酒精含量，并重复两次，故成品酒的酒体极为浓厚。

(5) "五齐三酒"

在《周礼》中，有"五齐三酒"的记载。

① "五齐"。

描述黄酒醪主发酵的全过程，包括"泛齐"、"醴齐"、"盎齐"、"醍齐"、"沉齐"5个过程。

"泛齐"：指物料膨胀，部分固形物浮于表面而形成醪盖。

"醴齐"：指由于旺盛的糖化作用，而使醪液呈甜味和轻微的酒味。

"盎齐"：指在糖化作用的同时，由于酵母较为旺盛的发酵作用而产生CO_2气泡，并发出嘶嘶之声。

"醍齐"：表示醪液中的酒精含量增高将物料中的色素溶解出来，而使酒液呈黄色。

"沉齐"：指主发酵逐渐接近尾声，而醪盖等固形物下沉。

② "三酒"。

指将黄酒分为3种，这可能是我国黄酒的最早分类方法，包括"事酒"、"昔酒"、"清酒"3种酒。

"事酒"：指专为喜庆和节假日酿制的酒，这种酒酿造后不经贮存或贮存期较短，是较为普通的浊酒。

"昔酒"：指贮存期较长的陈酒，其酒精含量也高于"事酒"。

"清酒"：指经澄清而透明的酒。

在此之前，人们大多连酒带糟一起吃。在《楚辞·渔父》中，即有"众人皆醉，何不哺其醩而扬其醨"的记载。

(6) 黄酒酿造较完整的具体工艺

宋代《东坡酒经》中所述的黄酒酿造工艺要点为：以大米为原料，兼用酒药和麦曲为糖化发酵剂；分3次投料；发酵期为30天左右，此后将酒糟再行发酵1次。

(7) 黄酒的杀菌

在南宋朱翼中的《北山酒经》里，提到了黄酒的加热灭菌法，比法国的巴斯德灭菌法要早几百年。

(8) 黄酒品种的增多

宋应星在《天工开物》中，首次介绍了薏酒和豆酒这两种黄酒新品种的制法。

明代的达官贵人、富商们，几乎都有"家酿"的黄酒，并加入各自喜爱的草药成香料，以相互赠送为时尚。这种做法，又被后来的满族贵族所继承。

据清宫资料记载，清代的皇帝均喜饮黄酒。如康熙皇帝就特别喜爱绍兴的竹叶青酒，并写匾赐予绍兴的酒厂。

此外，古代曾有配制葡萄黄酒的记载。原本利用葡萄皮上的天然酵母菌，将葡萄糖直接发酵为葡萄酒，但由于杂菌的作用，经常致使葡萄酒酸败。因此，人们就根据长期用曲酿制黄酒的经验，进行"葡黄"混酿。

在《北山酒经》中有这样的记载："酸米入甑蒸，气上，用杏仁五两去皮尖，葡萄二斤半，浴过，干去子皮，与杏仁用于砂盆内一处。用熟浆三斗，逐旋研尽为度。以生绢滤过。其三斗熟浆泼饭，软盖良久，出饭摊于案上，依常法候温，入曲搜拌。"然而，如此酿出的酒，其风格显然有失其典型性，故未能得以流传。

综上所述，我国古代的黄酒技术，是不断发展并得以基本完善的，其中很多经验一直沿袭至今。值得注意的是，某些已失传的黄酒技术及产品，现在可能仍有发掘应用的价值。

(三) 我国近代及现代黄酒技术的发展

我国近现代黄酒生产技术的发展，实际上是对传统黄酒酿制技术的继承和扬弃，表现在原料、菌种、设备、工艺、检测等各个方面，实现了全方位的技术革新和改良。

1. 黄酒原料的多样化

由以糯米为主改为粳米（含籼米）、玉米、黑米及多种原料并用。

2. 菌种使用的纯种化及优选化

1882 年，法国微生物学家卡尔麦提率先从我国南方的酒药中分离出一株糖化力强的根霉。20 世纪 30 年代，我国微生物学家对黄酒的酒药及麦曲等进行了较系统的研究，分离到大量优良菌株，其中有些菌种至今仍在被人们应用。1932 年，陈騊声先生从南京等地的酒药中分离出 15 株酵母菌及多种曲霉菌，并对其作了形态与生理的研究；1935 年，方心芳先生从全国各地的酒曲中分离出 40 余株优良酵母菌种及若干根霉菌株，并于 1937 年发表了相关的研究报告；同年，金培松先生从全国各种酒曲中，分离出一批酵母、曲霉及根霉菌种，并对其进行了分类研究。

近十多年来，全国各地的酿造工作者，从不同酒曲、酒醅中分离出大批优良黄酒菌种。例如，贵州轻工业科学研究所选育出根霉菌株 Q303；苏州东吴酒厂分离出米曲霉菌株苏 16；绍兴酒厂分选出优良黄酒酵母菌株 85；上海枫泾酒厂分离出黄酒酵母菌株 2—1392；中国科学院微生物研究所选育出黑曲霉菌株 AS3.758 及一批优良红曲霉等菌种。这些优良菌株，为培制高质量的黄酒曲类、酶制剂及黄酒活性干酵母等糖化发酵剂创造了条件。

3. 厂房及物流的有序化

现代黄酒厂，有的生产车间已高达 27 m 以上，实现了布局立体化，物料自流化，工序合理化等有序性、规模型的生产格局。

4. 设备的现代化及成套化

生产过程由原来的肩挑、手搬物料发展为输料、供水、供气、输酒管道化，采用无菌空气压送醪液，并实现供热蒸汽化；由土式制酒器具经单罐发酵，发展为采用现代化配套设备进行连续化生产。有的酒厂实现了"黄啤合一"化，即其厂房及设备既能生产黄酒，也能酿制啤酒。

黄酒生产具体的设备改进体现在以下一些方面。

(1) 浸米装置

由陶缸逐渐改进为水泥池、钢板制的浸米罐等。

(2) 蒸饭装置

由木甑、土灶逐渐改用蒸汽水泥甑、卧式蒸饭机、立式蒸饭机、加压式蒸饭机等。

(3) 凉饭装置

由水淋、手翻式容器发展为通风冷却装置。

(4) 制曲装置

由曲盒逐步改为地面、帘子、机械通气制曲槽。

(5) 发酵容器

由陶缸发展为前发酵采用夹套冷却的不锈钢罐，其容积达 50 m^3 以上；后发酵也采用不锈钢罐。有的酒厂采用一罐法发酵，即前发酵及后发酵在同一罐中完成。

(6) 榨酒设备

由古老的木榨装置，逐渐发展为螺杆压榨机、板框压滤机、水压机、板框式气囊压滤机等。

(7) 杀菌设备

由大铁锅直接火煮酒，逐渐改为将整坛黄酒叠于大甑中，利用来自土灶的蒸汽进行煮酒，或用锡壶煎酒、蛇管加热器杀菌、列管式加热器杀菌、薄板式热交换器杀菌等，并附设温度自控及流量装置。

(8) 贮酒容器

由陶坛改用不锈钢贮罐，减小了占地面积，其容积达 50 m^3 以上（如使用陶缸，1 m^2 酒库面积只能贮酒 0.7 t）。

(9) 过滤设备

由原来的无过滤工序，改为采用硅藻土过滤机乃至超滤膜过滤等，并在滤前作澄清处理。

(10) 包装设备

由原来容量为 25 kg 的陶坛包装改为瓶装，实现洗瓶、罐装、压盖、杀菌、贴标的机械化连续操作。有的厂还采用无毒塑料瓶包装黄酒。

不仅如此，以上的单元操作，在大中型酒厂，基本上已实现了设备成套及自动化的连续生产过程。

5. 工艺过程的优化

(1) 糖化发酵剂的制作和应用

①制曲。

1957 年，苏州东吴酒厂在仿绍酒生产中，使用 AS 3800 米曲霉，采用曲盒法培制纯种生麦曲，以代替原来的草包曲，使用曲量由 15% 减至 1.0%，醪发酵期缩短 15 天，每

100 kg 原料可多产黄酒 15 kg；1973 年，绍兴酒厂也将草包曲改为踏曲；1960 年前后，浙江嘉兴酒厂等在纯种生麦曲的基础上，创制纯种熟麦曲，使黄酒的用曲量由 12% 减为 8%～9%，出酒率提高 15%，出糟率从 25% 降至 16% 以下，且制曲时机不受季节限制，可边制边用。

目前，大厂的纯种熟麦曲都已采用通风槽培制，小厂则用帘子培制；有的厂在生产机械化新工艺黄酒时，兼用生麦曲和纯种熟麦曲；有的还添加以 AS 3.4309 黑曲霉培制的麸曲；在以籼米为原料的黄酒生产中，有的厂以 AS 3800 米曲霉及 AS 3758 黑曲霉分别制取熟麦曲，其用量减为 7% 和 3%，减少了酸败现象，并提高了产品质量；有的厂采用纯种根霉及酵母混合培制小曲或麸曲，用以生产黄酒；有的厂利用纯种红曲霉培制箱式通风曲。

②制酒母。

20 世纪 70 年代初，苏州、无锡等地在生产机械化新工艺黄酒中，就开始以纯种优良黄酒酵母培制的酒母代替淋饭酒母；1972 年起，上海等地在生产机械化新工艺黄酒时，使用了高温糖化酒母，即将加曲的物料在 55℃～60℃ 的温度下糖化，并经 100℃ 灭菌、冷却后，接入纯种酵母培制而成，这种酒母具有含杂菌少、生酸量低、酵母健壮而发酵力强的优点。

20 世纪 90 年代，绍兴黄酒集团公司利用 85 号优良纯种酵母等菌株，混合培制多菌种酒母，代替传统的淋饭酒母，用以生产机械化新工艺黄酒。

③酶制剂及活性干酵母的应用。

目前在黄酒生产中，应用最广泛的酶制剂为 α-淀粉酶及糖化酶；应用于黄酒生产的活性干酵母为耐高温酒精活性干酵母、黄酒活性干酵母及生香活性干酵母。

④综合使用糖化发酵剂。

目前在浙江宁波等地的普通黄酒生产中，大多使用 6%～7% 的熟麦曲、0.1% 左右的糖化酶制剂、0.05%～0.1% 的黄酒活性干酵母，效果良好。

(2) 蒸饭及冷却

老工艺的米饭冷却，采用淋饭法及摊饭法；机械化新工艺的米饭冷却，则采用通冷风法，其原理同摊饭法。

(3) 发酵工艺

新、老工艺均可采用一次投料法或多次加料法，多次加料法俗称喂饭法。但新工艺的加料方式更为灵活多样，可采用籼米喂浆法，即将籼米磨成浆，并加入 α-淀粉酶及糖化酶，进行逐步升温、高温蒸煮后，再加至主发酵黄酒醪中。

采用老工艺制备淋饭酒母或酿制甜型黄酒时，通常以传统的酒药等为糖化发酵剂，并需进行搭窝操作；而新工艺则采用纯种生、熟麦曲或根霉酵母曲和纯种酒母，且无需搭窝。

老工艺黄酒以稻草缸盖和缸衣保温，采用"打耙法"对发酵醪进行搅拌并使其降温，按"开头耙"时的品温高低，有"热作酒"和"冷作酒"之分；新工艺则以大罐的夹套保温和通冷水冷却，并无需打耙，而是往醪中通入无菌压缩空气，使醪液翻腾、醪盖破裂。

(4) 贮存老熟

按传统工艺，普通黄酒需贮存半年以上，优质酒的贮存期更长，如加饭酒需贮存 3 年以上。

近 20 年来，不少单位对黄酒进行了人工老熟的研究，并取得了一定的成果。原北京大兴酒厂与清华大学共同开展了利用太阳能催熟黄酒的研究，使产品质量达到自然老熟 10 个月的水平；上海科技大学等对黄酒进行了红外线催熟的研究，使产品质量达到自然老熟半年至1年的水平；湖南嘉禾县酒厂引用国防科技大学的专利，对甜型白酒进行红外线催熟，使产品质量达到自然贮存1年水平，催熟条件为工作电压380 V、额定功率10 kW、催熟品温50℃～60℃、时间150 h～170 h；还有人以1.50 MPa的高压，对黄酒处理30 min，使酒质达到自然老熟1年以上的水平。

6. 黄酒成分分析的精密化

近年来，浙江省轻工业研究所进行了黄酒香气成分的研究，鉴定出42种相关成分，其中醇类12种、酸类13种、酯类9种、醛类8种。

江南大学教育部工业生物技术重点实验室采用顶空固相微萃取－气相色谱－质谱联用法（HS－SPME－GC－MS）测定黄酒中的挥发性和半挥发性成分，可以检测出63种，包括酯类化合物16种，芳香族化合物14种，杂环化合物8种，醇类化合物8种，酚类化合物5种，酸类化合物5种，酮类化合物2种，含硫化合物2种，内酯化合物2种，醛类化合物1种。其中，首次从黄酒中检测到的化合物共有32种，包括醇类化合物2种，酯类化合物9种，酮类化合物2种，醛类化合物1种，芳香族化合物6种，酚类化合物2种，杂环类化合物7种，含硫化合物2种，内酯化合物1种。由此可见，HS－SPME－GC－MS法测定黄酒挥发性和半挥发性成分具有分离效果好、检测成分多、操作简单、省时等优点，是一种适合黄酒成分检测的研究方法。

(四) 黄酒技术的发展前景

黄酒生产技术的发展前景主要表现在原料、菌种、设备、工艺、检测等各个方面，并注重对黄酒发酵机理的认识和研究，以及新产品种类的开发。

1. 原料来源

黄酒的原料来源应进一步扩大，例如采用荞麦、薏仁米、青稞等原料，并选用果类、中草药及香料等植物类辅料。

但目前的中草药材管理和质量存在较多问题，致使某些添加中草药材的酒品质量难以保证。因此，从事黄酒研究和生产的工作者，也需努力学习中草药材的有关知识，以便掌握质量和识别真假。

某些黄酒特定原料品种的研究应加强，并确认原料基地；有些原料可作脱皮处理，并采用特殊的工艺进行浸泡和蒸煮；有些稻米的精白度可适当提高。

2. 菌种及糖化发酵剂

(1) 优良曲霉、根霉、酵母菌株的持续选育和利用

我国的黄酒工业，至少应保证有10种左右的曲霉菌及根霉菌、10多种优良的酵母菌株可供选用。

无论是霉菌或酵母，任一单独菌株都很难具有全面的优势，可将它们进行优化组合应用，以达到预期的效果。

同时，也应有特别适用于某种原料或某种类型黄酒的菌株。例如，有的菌株适用于制干型黄酒，有的菌株则适用于制甜型黄酒。干型黄酒与甜型黄酒的区别是全方位的，决不是只反映在含糖类等成分或甜味上。

(2) 糖化发酵剂

无论是黄酒的块曲、散曲还是活性干酵母及各类酒母等，均需继续提高质量。

固态曲与液态曲的培制机理及成曲质量区别较大，酶制剂与曲类的差异也很明显。因此，对各类糖化发酵剂均需加强研究，并应同时并存，互为补充。

对某些黄酒，应限制其酶制剂的用量，可以在黄酒酿造中试用诸如酸性蛋白酶及脂肪酶等酶类。

3. 设备的升级换代

应不断提高制曲温度、湿度、发酵温度及压滤、煎酒条件等方面的自动化控制程度，但民间的一些优质陶器等仍可用做酒母、发酵醪及黄酒的容器。

4. 黄酒的酿造机理

在应用气相色谱仪、高压液相色谱仪及原子吸收光谱仪等分析装置，对黄酒的色、香、味成分进行系统检测的同时，应研究黄酒的风味及成分与原料、微生物、曲类、酶类以及原料浸泡、蒸煮、糖化发酵、煎酒、贮存过程中的条件和物质变化之间的关系，进而有目的地选用优质原料、优良菌株及糖化发酵剂，并有效地控制黄酒生产全过程的各项条件，以便酿制各类风格的黄酒，适应众多消费者的需求。

5. 新产品的研制及传统黄酒质量的提高

很多消费者，尤其是年轻人，不大接受传统的干型或半干型黄酒，主要是难以适应其口味，因此，可以考虑生产一些酒度为 10% vol 左右的低度黄酒。国外一些成功的例子可供我们借鉴，如韩国的保健型浊酒也是以大米等酿制而成的，但其产量却超过我国的黄酒；还有日本的清酒等。

三、中国黄酒的分类方法

黄酒的种类繁多，经过数千年的发展，黄酒家族的成员不断扩大，品种琳琅满目，酒的名称更是丰富多彩。现代主要按黄酒中所含的糖分来分类，但由于传统习惯的原因，也常采用很多其他分类方法。

（一）根据原材料分类

该方法是按生产酒的原料而进行的分类，如糯米酒、黑米酒、玉米黄酒、黍米酒、青稞酒等。

（二）根据酒母分类

黄酒生产中使用的酒母分为淋饭酒母和非淋饭酒母（纯种酒母）两种，前者利用小曲中的根霉和毛霉产生乳酸提供酸性环境，后者则直接添加乳酸以保证较低的酸度和风味。

（三）根据曲药发酵剂分类

主要是按酿酒用曲的种类来分，如小曲黄酒、生麦曲黄酒、熟麦曲黄酒、纯种曲黄酒、红曲黄酒、黄衣红曲黄酒、乌衣红曲黄酒等。

（四）根据产品糖分含量分类

该方法为现代黄酒常用的分类方法。

1. 干型黄酒

以"绍兴元红酒"为典型代表，含糖1%以下。

2. 半干型黄酒

以"花雕酒"为典型代表，包括各种"加饭酒"等，含糖1%~3%。

3. 半甜型黄酒

以"善酿酒"为典型代表，含糖3%~10%。

4. 甜型黄酒

以"香雪酒"为典型代表，含糖 10%～20%。

5. 浓甜型黄酒

以"封缸酒"为典型代表，含糖可达 20% 以上。

（五）根据用途分类

这是根据销售对象或饮用方法的分类，是旧时常用的方法，现在已很少使用。

1. 根据销售对象分类

如"路庄"，具体的如"京装"（清代指销往北京的酒）。

2. 根据饮用方式分类

如古代有煮酒和非煮酒的区别。

（六）根据产地分类

这是最为常见的命名法，这种分类法在古代较为普遍。如绍兴酒、金华酒、丹阳酒、九江封缸酒、山东兰陵酒等。

（七）根据外观状态分类

1. 根据颜色分类

如白酒、黄酒、红酒（红曲酿造的酒）等。

2. 根据浊度分类

如清酒、浊酒等。在不同地方也有一些习惯称呼，如江西的"水酒"、陕西的"稠酒"、江南的"老白酒"等。另外，除了液态的酒外，还有半固态的"酒娘"。

（八）根据酿造方法分类

按照此方法，可将黄酒分成 3 类。

1. 淋饭酒

淋饭酒是指蒸熟的米饭用冷水淋凉后，拌入酒药粉末，搭窝，糖化，最后加水发酵成酒。口味较淡薄。这样酿成的淋饭酒，有的工厂是用来作为酒母的，即所谓的"淋饭酒母"。

2. 摊饭酒

摊饭酒是指将蒸熟的米饭摊在竹篦上，使米饭在空气中冷却，然后再加入麦曲、酒母（淋饭酒母）、浸米浆水等，混合后直接进行发酵成酒。

3. 喂饭酒

按这种方法酿酒时，米饭不是一次性加入，采用分批加入而发酵成酒。

第二节 中国黄酒的制造技术

一、传统工艺酿制黄酒的基本技术特点

黄酒是由霉菌、酵母、细菌等多种微生物将大米等淀粉经边糖化、边发酵的并行复式发酵酿制而成的酿造酒，必须采用一整套科学、完整的工艺路线，方能保证产品质量。若在某一环节出现问题，会酿成酸败、劣质的酒。酿制黄酒甚至比酿制啤酒、葡萄酒、果酒等其他饮料酒更难，特别是以特种原料酿制风味独特的黄酒。

绍兴酒即绍兴黄酒或谓绍兴老酒,是典型的传统工艺的代表。通常将以历代相传至今的、以手工为主的操作法称为传统工艺,或谓老工艺。

(一) 原材料

有人将酿造绍兴酒的整套工艺称为"酒之经络",把用以生产绍兴酒的原料米、水、曲比喻为"酒之肉"、"酒之血"、"酒之骨"。其主要技术特点可分别表述如下。

1. 原料大米

酿酒师常常以感官判断米的品种和质量,认为以产于江苏、浙江的蜡白色粳糯为好,俗称"变子";尚未变为蜡白色者次之,俗称"阴粳";以籼糯最差。

凡是用牙咬时发出清脆的碎裂声者,其含水分较低,清脆声很响者,水分在13%以下;若破裂声轻且磕牙、粘牙者,则含水分较高,其淀粉含量相对低,应尽量不予使用。

若米的品种不同或品种及其质量状况相近,为正确地判断米质的优劣,可淘一些米蒸一下,凡熟饭黏糯性越好者,则品质越好。

2. 水

传统的绍兴酒作坊用木船到鉴湖中心去载水生产黄酒,现大多使用以鉴湖的湖心水为水源制取的自来水。

在生产黄酒投料时,使用以当年新糯米浸泡后的3份浆水和4份清水,即所谓的"三浆四水"。

3. 曲

(1) 传统黄酒曲的物料比例

最早以80%~90%的黄皮小麦和10%~20%的大麦为原料制曲,以提高曲料的疏松度。且原来是使用曲块较大并用稻草捆包后扎以绳子的草包曲,故曲料的黏结度不太重要。

后来以榨酒用的木榨框为模子,采用脚踏物料法制曲,则完全以小麦为原料,为兼顾物料的黏结度和疏松度,麦粒的粉碎度必须适当;既要有一定量的粉状物,又不宜过多;既能压块成型,又有必要的疏松度。

(2) 传统黄酒曲的制作条件

制作绍兴酒块曲,不像白酒厂那样有专用的曲室,而是以冬酿用的发酵室来培曲。

制作绍兴酒块曲时,只需在泥地上铺一层稻壳、摊上竹草,即可在其上面块与块之间,以单一的横竖方向交叉摆放两层曲坯,类似"品"字形。这样既使湿润的曲坯因天然微生物的繁殖而迅速发热,也使湿热气得以及时排出,以免烂曲。

(3) 传统黄酒曲的制作要点

根据千百年来酿酒师们掌握的符合科学原理的操作经验,总结出制曲操作的三要素为"准、匀、齐"。

"准"是指配方要准确。

"匀"是指麦的破碎粒度要均匀,物料要翻拌均匀,曲坯大小要切得均匀。

"齐"是指原料小麦要颗粒整齐,曲坯摆放要整齐、统一,以利于培养时曲块上下、前后品温基本相同。

曲块经约30天的培养、散湿、散热后,水分已降到接近或低于原料麦屑的程度,并已坚硬。这时,可拣出因拌料时水分过大或通风散热不及时而形成的烂曲,将合格者进行堆垛,因已不会再发热,堆垛后所占的面积只有培曲时的1/12~1/8。

4. 淋饭酒母

淋饭酒母也被称为酒娘,以浙江的辣蓼草末拌入当年的早米粉中,以去年的陈酒药接种后,滚成球形,经保温培制的酒药再扩培而成。

(1) 蒸饭

将糯米浸泡 2 天,冲除浆水,蒸熟后,用清水淋饭降至适宜温度。

(2) 搭窝

将上述米饭分批倒入 500 L~600 L 的大缸中,并分批拌入一定量的酒药粉末后,把物料搭成呈 V 字形的饭窝,以窝底露现缸底为度。再用竹丝帚将物料表面轻轻压实,不使其下塌。然后关闭门窗,盖上缸盖保温,品温为 26℃~28℃。

(3) 糖化及发酵

经保温糖化几十小时后,按实际情况加水和经粉碎的麦曲,继续进行糖化、培养和发酵至成熟。其间,应进行间歇性搅拌,俗称"开耙"或"打耙",这是最为关键的操作。

"老酒难做难在娘",要真正做好淋饭酒母并非易事。另外,应准备好整个冬酿期所需的全部淋饭酒母。在使用酒母时,需考虑先期和后期,俗称"前性"、"后性",即先期使用的酒母应老些,后期使用的要嫩些。

(二) 酿酒工艺

绍兴酒与其他黄酒酿造技术工艺相似,其主要不同之处,可以体现在浸米、开耙、储存、成品酒等几个方面。

1. 浸米

浸米时间长达约 16 天之久,到 15 天时,即蒸饭前一天,将浸米缸中上面的清浆水除去,用木棍或削尖的竹棍将米轻轻撬松后,将俗称"米抽"的圆柱形木桶轻轻摇动并插入米中,用勺子掏出"米抽"内的米及浆水,放到"米抽"外的米上,使米抽内浆水增多。

之后,再将浓浆水用竹箩滤去米粒,转入洁净的大缸,并用清水调整其酸度不超过 0.5%。通常掺入 1/4~1/3 的清水后,让其澄清一夜,并应及时使用。

2. 开耙

开耙即搅拌,由熟练掌握绍兴酒各种操作技能的开耙技工承担,人们习惯地称其为"头脑",即首席技工。

(1) "头脑"的职责

全国一些省市黄酒厂,尤其是生产"仿绍酒"的企业,其开耙"头脑"大都是绍兴技工。他们具有丰富的酿酒经验,能较熟练地处理好酿酒过程中发生的一切问题;能断米质,观麦粒,制酒药、麦曲和淋饭酒母。

"头脑"需要对酿酒前期工作的一切技术进行把关,这些前期工作的质量,会给综合性的开耙操作带来直接或间接的影响。

(2) 开耙前的感官检查

开耙者需具有"一听、二闻、三尝、四摸"的本领。

"听"是指细听醪液的发酵声的类型及大小,以判断发酵力度的强弱。

"闻"可知发酵是否正常、香气是否醇正。

"尝"可知道发酵醪的综合味感及酒精的辣味、糖化的甜味、发酵醪的鲜味和酸味等不同味感的强弱程度。

经上述三方面的感官检查,已基本上掌握了发酵醪的真实情况,再用手触摸醪液及缸外壁,才能决定是否需立即开耙以调节品温。

3. 储存

(1) 绍兴酒的储藏方式

绍兴酒可贮存于通风良好、避阳光直射的普通酒库内。每年夏季需将叠4坛高的酒坛进行上下翻堆,俗称"反幢",使库存黄酒感受较相近的温度;翻堆时酒液的适当振荡也利于酯化反应。

绍兴酒也可露天贮存,只要封口泥头完好,任凭日晒雨淋,坛内的酒也不会变质。

(2) 绍兴酒的贮藏效果

绍兴酒具有越陈越香的特点,但为兼顾其色泽和口味,不能笼统地认为越陈越好。

绍兴酒贮存期因酒的品种而异。对于元红酒和加饭酒,尤其是加饭酒,经贮存3~5年,则酒香浓郁、诸味谐调、柔和鲜爽;但若贮存16年以上,尽管酒香会更加浓郁,但口味较淡。

绍兴在拆旧房时发现,藏于夹墙中的百年大坛酒醇香特浓,但色泽较浅,酒精含量偏低,味鲜爽。经化验,被确认为陈年加饭酒。绍兴的善酿酒、香雪酒之类的半甜型或甜型酒,贮存期应较短。因为甜酒经1年贮存后,就会变成明显的褐黑色,贮存3年以上,则其色泽犹如浓色酱油。

4. 成品酒

与一般黄酒相比较,绍兴成品酒口感较醇厚,这与特定的糖化发酵剂、酿造容器及酿造条件等诸多因素有关。

(三) 传统工艺的优势及新老工艺的融合

传统黄酒生产工艺受季节气候影响较大,而且由于劳动强度高、技术含量较低、厂房占地面积大,以及原料出酒率低等原因,生产能力较低,产量受到制约。

1. 传统工艺的优势

尽管传统黄酒生产具有劳动生产率较低的弱点,但同时也具有厂房易建、设备简单、投资省、见效快、酿造期正值农闲时节等诸多优势。

例如,传统黄酒的主要生产用具为陶缸、陶坛和一些竹木器具,目前较普遍使用的机械也仅为蒸饭机组及酒泵等,有些小厂甚至仍在沿用原始的木桶蒸饭、木榨榨酒;所需生产场地也只是能防晒防雨的简易房子或棚子。这些都给小型企业及家庭式作坊带来挑战和机遇。据统计,即使是某些年产量为5万~8万吨的大型黄酒企业,其以传统工艺生产的黄酒,仍占总产量的50%~60%。农闲时的农民,正好为这些企业提供了大量的劳动力。

2. 传统工艺与新工艺的结合

绍兴酒的传统工艺,正在不断与新工艺相融合,除上面已提到的使用蒸饭机组及酒泵外,浸米容器也逐渐改用大罐且浸米时间不变;摊饭冷却也已改为鼓风强制冷却;开耙温度大多使用温度计测定,以代替手感法;压榨采用往复泵进料,使用气膜式压滤机以压缩空气进行压滤,淘汰了劳动强度极大的木榨;煎酒也逐渐以薄板式换热器代替老式盘管。

此外,新型的糖化发酵剂如优质酶制剂、活性干酵母等,也在传统工艺和新工艺黄酒生产中共同使用。可以预料,黄酒生产中的传统工艺及新工艺,将会在相当长的时期内长期共存,相互渗透、融合;与此同时,所谓的新工艺本身也将处于不断改进之中。

二、黄酒的感官鉴别

黄酒的质量主要是通过物理、化学分析和感官品评的方法来判断。通过物理、化学分析,能了解酒的基本物理状态和化学组成,以及是否符合卫生要求,而黄酒的色、香、味、格主要依靠人们的感官品评来掌握。黄酒质量除了要符合国家管理部门颁布的有关质量标准外,还要在酒的色、香、味、格4个方面符合一定的要求。

(一) 黄酒的色泽

黄酒品种不同,贮存时间不同,其色泽深浅也不同。黄酒的色泽来源主要有以下5个途径:

① 酿造原辅料直接代入。
② 麦曲中霉菌分泌的微生物色素。
③ 酿造过程中添加的焦糖色等色素。
④ 贮存陈化过程中糖与氨基酸发生美拉德反应生成的类黑精物质。
⑤ 水中某些能起氧化还原作用的金属离子(锌、铁、锰等)。

色泽是黄酒进行感官品评的第一指标。质量优秀的黄酒起色橙黄(或符合本类型黄酒应有的色泽,如橙红、黄褐、深褐等),清亮透明,有光泽,无沉淀物,无悬浮物。

(二) 黄酒的香气

黄酒的香气是指由黄酒中多种挥发成分组成的复合香。黄酒的香气包含黄酒发酵过程中产生的酒香、原料曲特有的曲香、黄酒贮存过程中产生的焦香和酯香、绍兴酒陶坛封口用荷叶的清香等。因此,黄酒的芳香成分与酿造原料、麦曲、生产工艺及贮存时间等都有着密切的关系。优质黄酒以香味馥郁即具有黄酒特有的酯香者为佳。

进入21世纪以来,研究人员采用气相色谱技术、气相色谱—质谱联用仪等先进检测技术,从黄酒中分析出香气成分一百多种。相关的分析资料证明,黄酒中的香气成分主要有醇类、酯类、醛类、挥发酸等。

① 酯类。黄酒中的酯类主要是由乳酸乙酯、乙酸乙酯、甲酸乙酯和己酸乙酯共同形成的一种果香气,这也是黄酒越陈越香的气味。黄酒中的酯类除了上述几种外,还有丙酸乙酯、丁酸乙酯、戊酸乙酯、油酸乙酯等。

② 醛类。黄酒中的醛类主要是乙醛,还有少量的异丁醛、异戊醛、苯甲醛、苯乙醛、糠醛以及乙醛与乙醇所合成的乙缩醛,具有一种清醇的果香味。

③ 挥发酸。黄酒中的挥发酸以乙酸为主,还有少量的丙酸、异丁酸、己酸、苯甲酸、苯乙酸等十多种成分。

④ 醇类。黄酒中的醇类以苯乙醇、异丁醇、异戊醇、仲丁醇等高级醇为主,尤其是含量较多的苯乙醇,具有清甜蜜样的香气,它与上述酯、醛、挥发酸等组分融合成谐调的黄酒香气,从而赋予黄酒愉悦、柔和优雅、诱人的感觉。

(三) 黄酒的滋味

黄酒中的滋味物质主要由甜、酸、苦、辣、涩、鲜六味融合在一起,形成一种醇和、柔顺、丰满、浓郁、圆润、浑厚、悠长的感觉,兼有香、醇、柔、绵、爽的综合风味,使人回味无穷。优质黄酒应是醇厚而稍甜,酒味柔和无刺激性,不得有辛辣酸涩等异味。

(1) 甜味物质

黄酒中的甜味物质以糖化发酵过程中残余的糖类物质为主，主要是葡萄糖（占总糖量的50%～60%），还有糊精、麦芽糖、异麦芽糖等低聚糖。

除了糖类物质，黄酒中的甜味物质还有发酵过程中催化水解产生的甘油；蛋白质在酶的作用下水解产生的甜味氨基酸，如丙氨酸、甘氨酸、组氨酸等。

(2) 酸味物质

"无酸不成味"，酸在黄酒中起着增加浓厚感和减少甜味的作用。酸在陈酿过程中与乙醇作用生成芳香酯类，使酒更香。酸还具有缓冲作用，能协调其他口味。黄酒作为多菌参与的发酵酒，其中的酸含量十分丰富，且以有机酸为主，其中乳酸、乙酸占有机酸总量的76.25%左右，其他还有琥珀酸、焦谷氨酸、柠檬酸、酒石酸、葡萄糖醛酸等。

黄酒中的有机酸来源途径主要有：来源于原料、麦曲、酒母等；来源于浸米、发酵过程中酵母、细菌（以乳酸杆菌为主）等的代谢产物；来源于在贮存陈酿过程中由醇、醛等氧化产生的物质。

由于黄酒有机酸含量丰富，味感独特，能增加酒体的浓厚感，因此有机酸是构成黄酒风味的重要物质之一。

(3) 鲜味物质

黄酒中氨基酸的含量相当丰富，其中的谷氨酸、天门冬氨酸、赖氨酸等又具有鲜味，是黄酒中主要的鲜味物质。此外，蛋白质水解所生成的多肽和含氮贝类物质、琥珀酸、酵母自溶所产生的核苷酸类物质等也具有鲜味。这些物质与氨基酸一起赋予黄酒入口鲜爽、后味鲜长的独特风味。

(4) 苦味物质

黄酒中的苦味物质主要是某些具有苦味的氨基酸、肽、5-甲硫基腺苷和胺类等物质。另外，黄酒（特别是含糖量高的半甜、甜型黄酒）随贮存时间的延长，会增加其焦苦味；用曲量多也会带来苦味；采用熟曲的黄酒，苦味要比用生麦曲的重。苦味是黄酒的诸味之一，在极其轻微的情况下赋予黄酒刚劲爽口的风味，但苦味过重则会破坏酒的谐调。

(5) 涩味物质

黄酒中的涩味物质主要是乳酸、络氨酸、缬氨酸和亮氨酸等物质，这些物质过量时会产生涩味。此外，黄酒在酿造过程中由于料酒酸度过高而需添加石灰中和，这也会增加酒的涩味；酿造用曲质量差也会给酒带来涩味，是酒味不纯的表现。但黄酒需要保持适度涩感，以增加其浓厚的调和感。

(6) 辣味物质

黄酒的辣味物质是由乙醇、高级醇和醛类物质等构成的，尤以乙醇为主。新酿的黄酒辛辣味较明显。在陈酿过程中，乙醇通过酯化、缩合和分子缔合作用，与其他成分相亲和，从而使酒质变得柔和、爽适，酒体完善协调，因此也就觉察不出酒精的刺激、辛辣的粗糙感了。

(四) 黄酒的感官鉴别

黄酒因其色泽黄亮而得名。黄酒的原料主要是糯米或粳米、黄米（黍米）等，通过酒药、麦的糖化发酵，最后再经压榨制成，属于低度的发酵原酒。黄酒酒性醇和，适于长期贮存，具有越陈越香的特点。黄酒还具有一定的营养价值，是中国广大消费者十分喜爱的饮料酒。

黄酒色泽鉴别——黄酒应是琥珀色或淡黄色的液体，清澈透明，光泽明亮，无沉淀物和悬浮物。

黄酒香气鉴别——黄酒以香味馥郁者为佳，即具有黄酒特有的酯香。

黄酒滋味鉴别——应是醇厚而稍甜，酒味柔和无刺激性，不得有辛辣酸涩等异味。

黄酒酒度鉴别——黄酒酒精含量一般为 14.5%～20%。

挑选黄酒时，注意观察酒液应呈黄褐色或红褐色，清亮透明，允许有少量沉淀。如果酒液已浑浊，色泽变得很深，可能是贮放时间过长、氧化所致，也可能感染了杂菌已变质。还应注意食品标签上标明的产品名称、原料、酒精度、净含量、制造者的名称和地址、生产日期、保质期、执行产品标准号、质量等级、产品类型（或糖度）等。

三、中国黄酒的代表性产品

在最新的国家标准中，黄酒的定义是：以稻米、黍米、黑米、玉米、小麦等为原料，经过蒸料，拌以麦曲、米曲或酒药，进行糖化和发酵酿制而成的各类黄酒。

从原材料的分类来看，黄酒可分为糯米类黄酒、黍米类黄酒、特色类黄酒等几大类别。

（一）糯米类黄酒

这是最典型的黄酒，主要以浙江绍兴黄酒为代表，包括绍兴元红酒、绍兴加饭酒、绍兴善酿酒、福建新罗泉牌沉缸酒等传统著名品牌。其中，元红酒、加饭酒等糖分利用度高，发酵较彻底，被称为干型、半干型黄酒；善酿酒、沉缸酒等在发酵起始即加入了黄酒、白酒或糟烧酒，微生物的发酵受到抑制，酒醪的糖分浓度较高，被称为半甜型、甜型或浓甜型黄酒。

1. 绍兴元红酒

绍兴元红酒产于浙江省绍兴市古越龙山绍兴酒股份有限公司，是干型黄酒（糖分 1.0% 以下）的典型代表。因酒坛外表涂朱红而得名元红酒，亦称状元红酒。在 1979 年、1983 年全国第三届、第四届评酒会上，连续荣获国家优质酒称号。

（1）原材料

糯米等。

（2）制法概要

以当地优质糯米为原料，以 15% 米重的红曲为糖化剂，加总量 2% 淋饭酒母和 1.3～1.4 倍米重的鉴湖水（含 4 份浸米水），采用摊饭操作法，经稀醪发酵、勤开耙酿制而成。

冬季低温酿造，浸米半月，温度 23℃～26℃ 发酵 70 天左右，经压滤澄清、加热后，密封保存 1 年～3 年。

（3）产品特点

酒液呈琥珀色或橙黄色，透明清亮，口味香醇，鲜美微苦。酒度 15% vol 以上，糖分 0.2%～0.5%，总酸 0.45% 以下。酒中的含糖量少，糖分都发酵变成了酒精。

（4）文化渊源

绍兴是闻名中外的酒乡，绍兴酒是历史悠久的传统名酒。由于绍兴酒具有越陈越香的特点，所以也被称为"绍兴老酒"。绍兴远在春秋战国时就开始酿酒，绍兴酒在古代又称"越酒"，但绍兴酒地位的真正确立是在距今 1 500 年左右的南北朝时期；自 5 世纪以来，绍兴酒已成为名酒。

绍兴元红酒，又名"状元红"，是绍兴老酒中最具有代表性的品种。状元红本是一味中药，又称"红花"。由于其所浸泡的液体鲜艳，呈黄红色，很接近绍兴酒的颜色，所以也把绍兴酒称为状元红。

绍兴元红酒之所以备受欢迎，除了历史悠久、制作工艺精良外，一个重要因素是水质好。酿造元红酒用的是鉴湖名水，源出于会稽山区，经岩层与沙砾过滤，水色清澄，甘洌可口。据化验，水中含有微量矿物质，极有利于酿酒，特别在农历十月至次年三月，水质稳定，更是酿酒的好时候。

"状元红"是绍兴元红酒的本名，后来绍兴元红酒的声名远超状元红后，便无人提及了。近年来，浙江古越龙山绍兴酒股份有限公司为发扬传统名牌的优势，注册了"状元红"这一古老的品牌。今天的"状元红"已非昔日的元红酒。浙江古越龙山绍兴酒股份有限公司生产的状元红酒，是以传统名品花雕酒为酒基，配以龙眼、枸杞、灵芝等滋补保健物料，经现代科学工艺精心制作而成，属于具有营养保健功能的新一代黄酒品种。

2. 绍兴加饭酒

绍兴加饭酒产于中国浙江绍兴酿酒总厂，是半干型黄酒（糖分 1.00%～3.00%）的典型代表（见图 3.2）。

（1）原材料

糯米等。

（2）制法概要

绍兴加饭酒的酿制方法与元红酒类似，也是以当地优质糯米为原料，以麦曲、淋饭酒母为糖化发酵剂，使用鉴湖湖心水，用米量增加 10% 或更多，采用摊饭操作法精酿而成。

一般在冬季最寒冷的时候酿造，浸米 16 天～20 天，温度 26℃～28℃主发酵 7 天后，补充淋饭酒母和陈年糟烧，转坛，后发酵 70 天左右，经压滤澄清、加热后，再密封保存 1～3 年。

图 3.2 绍兴加饭酒

（3）产品特点

酒液色泽澄黄清澈，香气馥郁芬芳，滋味甘甜醇厚，色香味俱佳，可以长久贮藏。

酒度 15%～18% vol，糖分 0.5%～3%，总酸 0.45% 以下，酒中的糖分未全部发酵成酒精。

（4）文化渊源

绍兴加饭酒是我国名酒中最古老的品种。据县志载，清代嘉庆年间，绍兴加饭酒就已被评为十大名酒之一，是绍兴酒中的珍贵品种。绍兴加饭酒富有营养，独具醇厚品味，饮用适度，可令人兴奋，消除疲劳；用于烹饪调味，能使菜肴除腥增香，味道鲜美；用于制药，能使药性加速移行于酒液，增强疗效。

近代，绍兴加饭酒在国内外的声誉越来越高。在 1910 年南洋劝业会、1915 年巴拿马万国商品赛会、1925 年西湖博览会和 1936 年浙赣特产展览会上，绍兴加饭酒都分别荣获金牌和奖状。连续 4 次荣获国家名酒称号（第一、二、三、四届），我国大多数出口黄酒均属此种类型，深受国内外广大消费者欢迎。

3. 绍兴善酿酒

绍兴善酿酒产于中国浙江绍兴酿酒总厂，是半甜型黄酒（糖分 3.00%～10.00%）的典型代表。

(1) 原材料

糯米等。

(2) 制法概要

以当地优质糯米为原料，以15％米重的红曲为糖化剂，加总量2％淋饭酒母、0.3～0.4倍米重的浸米水和0.6倍米重的元红酒，采用摊饭操作法，经稀醪发酵、勤开耙酿制而成。

冬季低温酿造，浸米20天左右，发酵初温26℃～28℃，10小时后降温至20℃主发酵4天，转坛，后发酵90天左右，经压滤澄清、加热后，密封保存数月。

(3) 产品特点

糖化发酵之初，以成品干型黄酒代替水加入，发酵醪中的酒精浓度较高，抑制了酵母菌的生长速度，酒中较多糖分不能转化成酒精，故成品酒中的糖分较高。酒度15％vol左右，糖分7％，总酸约0.4％。

善酿酒酒香浓郁，酒度适中，味甘甜醇厚，是黄酒中的珍品。但不宜久存，贮藏时间越长，色泽越深。

(4) 文化渊源

绍兴善酿酒采用陈年元红酒代替部分水酿制，为绍兴酒中佳品。创始于1891年，1910年在南洋第一届劝业会上获金牌奖，1979年、1984年分别获轻工部颁发的优质产品证书和银杯奖。

绍兴善酿酒富含维生素、氨基酸等营养成分，适宜儿童、妇女和初饮酒者饮用，也非常适用于筵席、宴会等场合。

4. 新罗泉牌沉缸酒

新罗泉牌沉缸酒产于福建龙岩市龙岩酒厂，是甜型黄酒（糖分10.00％～20.00％）的典型代表（见图3.3）。

(1) 原材料

糯米等。

(2) 制法概要

以当地优质糯米为原料，以红曲和特制小曲为糖化发酵剂，采用淋饭操作法，入缸时拌入酒药，搭窝先酿成甜酒娘，当糖化至一定程度时，加入40％～50％浓度的米白酒或糟烧酒，经精心酿制、陈储而成。

图3.3 新罗泉牌沉缸酒

由于酿制过程中酒精浓度相对较高，不易污染，甜型黄酒可常年生产。

(3) 产品特点

酒质呈琥珀光泽，甘甜醇厚，风格独特，具有不加糖而甜美、不着色而艳红、不调香而芬芳之三大特色。

由于加入了米白酒，抑制了微生物的糖化发酵作用，酒中的糖分含量很高。糖分22％，酒度20％vol左右，总酸约4％以下。

(4) 文化渊源

新罗泉牌沉缸酒始于明末清初。根据传说，在距龙岩县城30余里的小池村，有位从上杭来的酿酒师傅,名叫五老官。他见这里有江南著名的"新罗第一泉",便在此地开设酒坊。一开始他按照传统方法酿制,以糯米制成酒醅,得酒后入坛,埋藏三年出酒,但发现酒度低、酒劲小、酒甜口淡,于是进行改进,在酒醅中加入低度米烧酒,压榨后得酒,人称"老酒",但还是不醇厚。他又二次加入高度米烧酒,使老酒陈化、增香后形成了如今的"沉缸酒"。因酿制过程中酒醅三沉三浮,最后沉入缸底而得名。其特制小曲,用肉桂、沉香、冬虫夏草等30多味中草药配制而成,营养丰富、提神醒脑、滋补强身。民间素有"斤酒当九鸡"之美誉,外销名"陈红酒"。3次荣获国家名酒称号(第一、二、三届)。

2005年12月,文化部公布首批非物质文化遗产保护名录,"绍兴黄酒酿制技艺"项目榜上有名。作为中国黄酒的杰出代表,绍兴酿酒的历史非常悠久,有正式的文字记载可追溯至春秋战国时期。绍兴黄酒产地主要分布在绍兴鉴湖水系区域。

截至2006年底,鉴湖水系共有黄酒生产企业40多家,黄酒总量37万吨左右,占全国黄酒产量的15%。其中会稽山酒业年产绍兴黄酒6万吨,占绍兴酒总产量的20%左右。历史上,绍兴酒根据酒坊所处位置及操作技巧的不同,分为"东澛"和"西澛"两大流派,地处绍兴城西东浦、阮社、湖塘等地的酿坊称为"西澛"。据1932年出版的《中国实业志》记载,绍兴年产300缸以上的酒坊,共46家,阮社占24家;年产1 000缸以上的大酒坊9家,阮社占4家,如茅大升、章东明、章彰记、高长兴等著名大酒坊都在这里,是绍兴历史上"西澛酒"的主要酿酒基地。会稽山源于东浦,兴于阮社,毫无疑问是绍兴"西澛酒"的代表,也是绍兴黄酒乃至中国黄酒的杰出代表。

1743年,一位叫周佳木的酿酒师在酒乡东浦东周溇越浦桥西创建了"云集酒坊"。取名"云集",意谓"名师云集"之意吧。创始之后,酒坊就以诚实守信而闻名远近,每一缸酒都被云集人视为自己的"孩子"一样予以精心照料,并获得了良好的商誉。1912年,酒坊创新传统绍兴酒工艺,生产出了一种名为"香雪"(又称"盖面酒")的好酒,从此名盛一世,产品远销福建、香港地区,以及东南亚各地。1915年,酒坊第四代传人周清更是将祖传技艺发扬光大,亲自撑耙酿酒,并送往美国参加巴拿马太平洋国际博览会参评,终以传奇的品质、卓越的风格在赛会上夺得金奖,这也是绍兴酒的第一枚国际金奖。自此,云集美酒香飘巴拿马,名扬海内外。

抗战时期,受战乱和自然灾害影响,绍兴酿酒业遭受重创,元气大伤,停业成为众多酿坊不得不作出的选择,有的企业开始转向苏州、杭州、芜湖、宁波等地生产绍兴酒,时称"仿绍酒"。受此影响,1944年绍兴县黄酒产量降至2 000吨以下。所幸,"云集"酒坊劫后余生,虽然产量只有五六百缸,却通过独特的营销手段,以独创的"搭酒"经营方式吸引了邻近及周边酿户。正是这独特而富有创意的"搭酒"经销模式,使"云集"渡过了难关,并一举成为同行及周边区域广为瞩目的大酒坊。

1951年12月12日,云集酒坊由当地政府正式接收,成为全县酿酒业中第一家地方国营酒厂。1957年,酒厂利用国家专款兴建了绍兴酒中央仓库,在提高公司库存能力的同时有效提升了产品品质。1959年,为发展绍兴酿酒业,实施统一管理,县委联合组建了绍兴鉴湖长春酒厂,云集酒厂为鉴湖长春酒厂二车间。一年后,酒厂再次更名为绍兴县鉴湖酿酒公司,车间撤销,恢复云集酒厂,实行独立经济核算。

1969年4月,云集酒厂更名为东风酒厂。1973年,政府组建绍兴酿酒总厂,下设绍酒直属车间和东风酒厂、东方红(即沈永和)酒厂两分厂。1983年,市县分设后,东风酒厂归属绍兴县。1993年,东风酒厂与香港广益国际集团有限公司合资组建东风绍兴酒有限公司；2005年6月23日，会稽山被评为中国驰名商标，12月8日，产品通过国家免检产品认证。12月12日，为配合品牌战略的全面实施，公司将"东风"易名为"会稽山绍兴酒有限公司"，当年生产各类绍兴黄酒5万吨，实现销售2.8亿元，实现税利6 000多万元。2007年9月29日，为争取企业股票上市，公司再次更名为"会稽山绍兴酒股份有限公司"。

岁月沧桑，历经几代人的苦心经营和艰苦奋斗，会稽山人将越地先民基于丰富实践经验转化而成的酿酒技巧和技能，不断地改进并提高，达到了出神入化的境地，成为传世绝技，列入国家非物质文化遗产保护名录和国家保密技术范畴。

（二）黍米类黄酒

黍米类黄酒是北方黄酒的典型类型，主要以山东黄酒为代表，包括即墨老酒、兰陵美酒等传统著名品牌。

1. 即墨老酒

即墨老酒产于山东省即墨县，是我国北方半甜型黄酒的代表，以独特的原料和工艺酿造而成，具有独特的地方风味（见图3.4）。

（1）原材料

黍米等。

（2）制法概要

选用当地优质龙眼黍米为原料，以崂山地下矿泉水为酿造用水，以陈年麦曲及酒母为糖化发酵剂，采用高温糖化、低温发酵、流水降温等新工艺。其工艺流程分为浸米、烫米、洗米、糊化、降温、加曲保温糖化、冷却加酵母、入缸发酵、压榨、陈贮、勾兑等操作。

图3.4　即墨老酒

在酿造工艺上继承和发扬了"古遗六法"，即"黍米必齐、曲蘖必时、水泉必香、陶器必良、湛炽必洁、火齐必得"。所谓"黍米必齐"，即生产所用黍米必须颗粒饱满均匀，无杂质；"曲蘖必时"，即必须在每年中伏时，选择清洁、通风、透光、恒温的室内制曲，使之产生丰富的糖化发酵酶，陈放一年后，择优选用；"水泉必香"，即采用质好、含有多种矿物质的崂山水；"陶器必良"，即酿酒的容器必须是质地优良的陶器；"湛炽必洁"，即酿酒用的工具必须加热烫洗，严格消毒；"火齐必得"，即讲究蒸米的火候，必须达到焦而不糊，红棕发亮，恰到好处。

（3）产品特点

其独特风格为酒液色泽黑褐，晶亮透明；酒香浓郁，具有焦糜的特殊香气，入口醇香；酒质浓厚挂杯，甘爽适口，饮时微苦，余香、回味悠长。

酒度不低于11.5% vol，糖分不低于10%，酸度在0.5%以下。

（4）文化渊源

即墨老酒定名于公元1074年的宋代。中国轻工部出版的《黄酒酿造》一书称"长江以北，以山东省黄酒生产为最，而'即墨老酒'尤负盛誉"。

新中国成立前，即墨老酒属作坊型生产，酿造设备为木、石和陶瓷制品，操作笨重，劳动强度大，检测手段落后。新中国成立后，人民政府在旧酒馆的基础上建起了即墨县黄酒厂，对老酒的酿造设备和工艺进行了革新，逐步实现了工厂化、机械化生产。炒米改用了产糜机，榨酒改用了不锈钢机械，仪器检测代替了目测、鼻嗅、手摸、耳听等旧的质量鉴定方法,并先后运用现代化科学技术手段对老酒的理化指标进行控制。

据检测,即墨老酒含有 17 种氨基酸,16 种人体所需要的微量元素及酶类、维生素等。定量常饮能增强体质,加快人体新陈代谢,防止疾病,延年益寿。所以,即墨老酒有"滋补健身之佳酿"的美称,并被中医当作药酒。据多年临床验证,因即墨老酒含有少量乙醇,而在其氧化过程中对人体有舒活血、驱风寒、健脾胃的功能,对关节炎、腰腿疼及妇科病和体弱者均有明显疗效,适量饮用具有强心肌、软血管、降血脂、降胆固醇的效用。在国内外久负盛誉,不仅畅销全国各地,而且远销新加坡、日本等国家。即墨老酒在 1963 年、1979 年连续荣获第二、第三届全国评酒会国家优质酒称号和银质奖;1984 年获得轻工业部酒类质量大赛金杯奖;1995 年获得中国酿酒工业协会全国黄酒行业质量检评名牌产品奖。

2. 兰陵美酒

兰陵美酒产于山东省苍山县兰陵镇,为我国北方甜型黄酒的代表(见图 3.5)。

(1) 原材料

黍米、高粱酒等。

(2) 制法概要

精选优质黑色黍米为原料,沸水煮至粥状,冷至 52℃～55℃用麦曲糖化 1.5 小时后,冷至 40℃加入高粱酒(黍米 40 kg、68.5%酒 77 kg、麦曲 12.5 kg、水 90 kg),31℃～33℃保温间歇搅拌 4 天后,20℃～25℃封缸存放 4 个月,各醪液层分别过滤澄清后,再组合配制而成。

图 3.5 兰陵美酒

(3) 产品特点

其风格为酒色纯净透明,具有自然形成的琥珀光泽,酒香馥郁,黍米香气突出;诸味谐调,甜度适宜,回味悠长,具有北方黄酒的典型香气和焦香味。

酒度 27%～28% vol,糖分 15%,酸度 0.1%。

(4) 文化渊源

兰陵美酒已有千年以上历史。唐代大诗人李白客居山东济宁,游历苍山县兰陵镇时,在《客中行》一诗中写下了"兰陵美酒郁金香,玉碗盛来琥珀光;但使主人能醉客,不知何处是他乡"的千古名句,足见其历史的悠久和受人喜爱的程度。

兰陵美酒在 1915 年荣获巴拿马赛会金牌奖及北京国货展览会二等奖。1949 年以后,人民政府建立的国营兰陵美酒厂,继承传统酿造黍米黄酒工艺,酿制兰陵美酒,成为全国著名的生产北方黄酒的厂家。兰陵美酒 1980 年被评为山东省优质产品称号,1990 年荣获在比利时召开的第 28 届布鲁塞尔博览会金质奖章,1995 年获中国酿酒工业协会全国黄酒行业质量检评名牌产品奖。

(三) 特色类黄酒

特色类黄酒主要指利用非传统黄酒酿制原料(大米、黍米以外)或一些新型原料酿制而成的非蒸馏的发酵酒,也包括一些带有明显地方特色、在酿制工艺上与黄酒酿制方法类似的发酵酒类。

1. 玉米黄酒

玉米黄酒主要产于黑龙江、吉林、山东等地,包括玉米渣半干黄酒、甜型黄酒、玉米粉黄酒等主要品种。

(1) 原材料

配料玉米渣，可 2/3 用于蒸煮，1/3 用于炒焦。

(2) 制法概要

蒸好的玉米饭配料（玉米渣 100 份、曲 20 份、酵母 5～10 份、水 350 份）后，进入主发酵，温度控制在 26℃～28℃，糖化和发酵 5～8 天。后发酵 28℃～30℃、15～18 天，促使残余的淀粉进一步糖化后发酵。酒精含量及其他一些成分符合品质规定，即可进行压榨、澄清，然后热杀菌，使黄酒的成分基本上固定下来，并防止成品酒发生酸败。

玉米原料以采取多种混合曲霉发酵为好，以使其多种酶系统协调平衡，提高出酒率，同时可增加酒的香气、风味。加热处理可促进黄酒的老熟和部分溶解的蛋白质凝结，使黄酒色泽清亮透明。再经过一段时间的贮存陈酿后，即可成为成品酒。

(3) 产品特点

产品色泽橙黄、透明、清澈，有光泽；具有北方黄酒应有的正常香气，有焦香；味醇正、柔和，酒体组分谐调，具有北方黄酒典型风格。

(4) 文化渊源

用玉米渣酿制黄酒，为解决黄酒原料的来源开创了一条新路，是黄酒生产技术上的革新和突破。据测算，每年因此而节省下的大米、糯米，可够 139 万人食用一年。

玉米酿制黄酒技术始于 20 世纪 80 年代初。1983 年，国家轻工业部组织全国五十多位黄酒专家，对黑龙江轻工业研究所开发的玉米黄酒技术成果进行了鉴定，认为"以玉米为原料酿制黄酒，为国内首创，生产工艺与技术参数可行，产品具有北方黄酒典型性，各项质量指标符合部颁标准要求，可作为定型产品生产和销售"。该项科研成果于 1985 年荣获"国家科学技术进步三等奖"，于 1986 年荣获"中国发明协会铜牌奖"，被国务院批准列为"八五期间国家重点新技术推广项目"。采用该项技术酿制的"特制老酒"、"烹调料酒"、"人参老酒"、"鹿茸老酒"等品种，先后被评为省和国家"优秀新产品"，并荣获国家轻工业部"铜杯奖"和"银杯奖"。

久饮玉米黄酒，不仅富有营养，而且有美容保健、养胃健脾、滋阴壮阳作用，并对某些疾病，如胃病、风湿症等，有显著医疗功效。男女老少皆适，一年四季皆宜；工作学习倦后，饮一杯可提神；与友聚会聚欢，饮一杯可助兴；家餐宾宴，频唇慢饮而不淡，干杯畅饮而不醉，别有风趣。玉米酿制黄酒兼有"西方红葡萄酒"风味，既适合于中国人饮用，也受西方人青睐，被誉为中国酒中之瑰宝。

2. 甜水酒

甜水酒是一种低度黄酒，代表产品有盛行于浙江嘉兴一带的甜白酒，是我国传统黄酒中的一个半甜型品种。

(1) 原材料

糯米、甜味剂等。

(2) 制法概要

配料：糯米 75 kg、甜酒药 125 g、甜味剂适量、水 135 kg。

酿酒：以淋饭操作保温 4 天制成甜酒酿后，存放 20 天左右，经压榨、调水、煎酒酿制而成。

(3) 产品特点

甜水酒色泽乳白而浊，酸香较浓，酒度 4% vol 左右，酒度低而性温和，口味爽适，微酸带甜，风味独特。

（4）文化渊源

历史上，甜水酒在苏、浙、赣3省的产量较大，除城镇酿造外，乡村都普遍自酿，并以此代茶饮用。夏天具有解渴消暑的作用，冬天兑入姜片热饮，则可收到和胃活血、暖体健身的功效。特别在新春佳节及喜庆宴席，更是亲朋好友相聚时必备的饮料佳品，深受人民的喜爱。

然而甜水酒这一传统民俗饮料，在进入21世纪后，由于各种因素的影响，已逐渐被人们所淡忘，并处于行将淹没的境地，因而有必要就甜水酒的工艺和操作技艺进行分析创新、改造和科学化生产，开发新型饮料酒产品，使人们重新领略它的独特风姿。由于甜水酒的酒度与啤酒相当，可称为"中国啤酒"；若加水稀释，经调香、加稳定剂、充气、冷藏处理，可成为中国式的"可口可乐"或"百事可乐"。

3. 黑米酒

黑米是陕西特产，不仅营养丰富，还有医疗效果。汉中地区的黑米酒历史悠久，依宫廷配方，追求品质的和谐自然。

（1）原材料

黑糯米、中草药等。

（2）制法概要

配料：黑糯米55份、大曲5.5份、麸曲1.1份、酒母4.4份、水110份。

酿酒：精米浸泡、蒸煮、摊凉后的米饭配料后，温度32℃~33℃，适时搅拌，前发酵7天左右，酒度约12% vol，总酸0.47%以下，还原糖0.25%左右，转入静止后发酵；发酵液经压滤、煎酒、添加黑色素陈酿后成为成品。

（3）产品特点

黑米酒酒色棕褐，清亮透明，并带光泽；酒香独特，口味醇和，甘甜爽喉，带有果酒鲜美的感觉。

利用黑米，可以通过增加或减少酵母的用量、增加或减少干型黄酒的加量、提高或降低温度等技术措施，达到生产不同甜度、不同发酵度的黑米酒的目的。

（4）文化渊源

早在3 000多年前，汉水流域的人们就发现了黑米，但因为黑米对自然环境的苛刻要求，使得其极难引种和推广，故洋县黑米成为品质最高的黑米始祖，而汉中也成为黑米酒文化的发祥之地。

黑米酒在酿造过程中，继承传统工艺，结合现代先进酿造技术和"黑米色素"分离技术，最大程度地保留了洋县黑米的营养成分和黑米的天然色泽，酿出的黑米酒具有"乌中透紫"的独特品相。这种色泽也正是营养健康的象征，使黑米酒无愧于酒中"黑色健康饮品"的美誉。

养生是中国传统文化中重要的组成部分之一，也是中国人健康生活方式的体现。饮用黑米酒，可以感受酒中蕴涵的自然之韵、田园之美；细品，即可想象发酵的黑米独特口味，舒适宜人，是黑米酒的味道，更是黑米的味道；黑米酒酒性中庸、温和，不忌男女老少，不关酒量多少。可小酌，品其丰润酒体，可畅饮，喝个痛快淋漓；酒色乌中透紫，散发贵气，源于上天赋予黑米的独特气质，堪称酒中绝色。

黑米酒从市场需求出发，遵循中国传统的膳食原则，酿造低度酒，质地柔和，口感和谐。正所谓"千年酒道说健康，酒道千年话和谐"。

复习思考题

1. 黄酒比较准确的定义是什么？
2. 黄酒起源于何时？有何实物佐证？
3. 黄酒是否总是黄色的？请说明中国黄酒的颜色形成机理。
4. 请说明黄酒中的主要化学成分及营养性。
5. 怎样根据产品糖分含量对黄酒进行分类？
6. 何谓黄酒的生产用水和酿造用水？非酿造用水与酿造用水的差别是什么？
7. 简述传统工艺酿制黄酒的基本技术特点。

主要参考文献

[1] 朱宝镛，章克昌. 中国酒经［M］. 上海：上海文化出版社，2000.
[2] 吴福林. 中华风味酒［M］. 南京：江苏科学技术出版社，2001.
[3] 万善长. 中华酒经［M］. 广州：南方日报出版社，2001.
[4] 李华. 中国酒文化［M］. 贵阳：贵州科技出版社，2001.
[5] 何满子. 中国酒文化（图文本）［M］. 上海：上海古籍出版社，2001.
[6] 章甫，池远. 中国酒文化史话［M］. 合肥：黄山书社出版社，1997.
[7] 向春阶，张耀南，陈金芳. 雅俗文化书系——酒文化［M］. 北京：中国经济出版社，1995.
[8] 杜金鹏，岳洪彬，张帆. 醉乡酒海——古代文物与酒文化［M］. 成都：四川教育出版社，1998.
[9] 何明，吴明泽. 中国少数民族酒文化［M］. 昆明：云南人民出版社，1999.
[10] 罗启荣，何文丹. 中国酒文化大观［M］. 南宁：广西民族出版社，2002.
[11] 桂祖发. 酒类制造［M］. 北京：化学工业出版社，2001.
[12] 大连轻工业学院. 酿造酒工艺学［M］. 北京：中国轻工业出版社，1982.
[13] 康明官. 黄酒和清酒生产问答［M］. 北京：中国轻工业出版社，2003.
[14] 鲍忠定，许荣年. 黄酒香气成分的分析［J］. 酿酒科技，1999（5）：66-67.
[15] 罗涛，范文来，郭翔，等. 顶空固相微萃取（HS-SPME）和气相色谱-质谱（GC-MS）联用分析黄酒中挥发性和半挥发性微量成分［J］. 酿酒科技，2007（6）：121-124.
[16] 汪建国，汪琦. 嘉兴甜水酒的工艺探讨和产品开发创新［J］. 中国酿造，2006（12）：51-53.

第四章 果露酒

第一节 中国果酒的类别及制造技术

一、中国果酒的基本概念

（一）果酒的定义

顾名思义，果酒就是以各种人工种植或野生的果品的果实（如苹果、石榴、桑葚、红枣、山楂、刺梨等）为原料，经过粉碎、发酵或者浸泡等工艺，精心调配酿制而成的各种低度饮料酒。

果酒的命名常依据生产原料而定，如苹果酒、枇杷酒、猕猴桃酒、樱桃酒等。由于用葡萄酿制的葡萄酒已自成体系，故一般情况下葡萄酒不再列入果酒。

（二）果酒的发展趋势

我国山林果地面积广阔，水果品种繁多，四季果源不断，适合酿酒的品种不少，可以因地制宜生产各种特色果酒，满足不同人群的各种特殊需求。

从酒类产品的发展方向来看，低度、低粮耗、少污染是今后的趋势，发展果酒正好符合这一方向，特别是野生水果，无农药污染，更受消费者欢迎。

（三）果酒原辅料的质量要求

1. 果酒酿制原料

果酒生产中的原料就是各种果品的果实，不同果实在不同果酒产品生产中的理化、感官质量要求有所差异。但外观质量要求基本相同，即成熟、新鲜、无霉变、无损伤、色泽正常等。

2. 果酒酿制中的辅料

果酒生产中的辅料主要包括酒精、杀菌剂、澄清剂等。

（1）酒精

酒精是浸泡型和混合型果酒生产的主要原料以及调整果酒酒度的主要辅料，是影响果酒质量好坏的关键。

一般要求用发酵法生产的酒精，也可采用原果实发酵制备的蒸馏白兰地，这样果酒的酒质更好。

（2）杀菌剂

一般采用二氧化硫为杀菌剂，可通过阻碍各种微生物的繁殖、呼吸、发酵等活动，达到抑制或杀死各类微生物的目的。

微生物中，细菌对二氧化硫最为敏感，二氧化硫很容易将其杀死；其次为柠檬形克勒克氏酵母（*Kloeckera apiculata*），其产酒精能力低（4%～5% vol），还形成较多挥发酸，可利用二氧化硫将其除去。

水果酒发酵酵母大多为葡萄酒酵母，椭圆形，产酒精能力强（可达 17% vol），能将大部分糖转化为酒精，其抗二氧化硫能力也较强，可通过二氧化硫的选择性杀灭作用启动果酒的发酵过程。

(3) 澄清剂

澄清剂的种类包括硅藻土、皂土、高岭土、石棉、果胶酶、二氧化硫、明胶、鱼胶、蛋清、血清、干酪素、蜂蜜等无机物或有机物等，通过在果酒中适量添加，使其产生胶体沉淀物，吸附及固定果酒中的大部分悬浮物，包括有害微生物等，下沉至容器底部，然后通过过滤除去，从而使果酒得以净化，解决果酒产品浑浊的质量问题。

二、中国果酒的分类方法

(一) 根据原材料分类

果酒最常用的分类方法是按生产原料来分，如猕猴桃酒、苹果酒、乌梅酒、金樱子酒、金橘酒、桑葚酒等。

(二) 根据生产工艺分类

在行业统计、生产管理以及酒类评比中，常根据生产工艺对果酒进行分类，如发酵果酒、浸泡果酒、混合型果酒等。

1. 发酵果酒

发酵果酒也叫传统型果酒，是指果浆或果汁通过自然或人工接种的酵母发酵，将糖分全部或大部分转变为酒精而酿制的果酒。

发酵果酒的生产适合于糖汁丰富的水果，如葡萄、苹果、猕猴桃等。原酒浸出物丰富，成熟快，口味醇和丰满，后味绵长，可用来制作干型果酒。

2. 浸泡果酒

采用食用酒精或高纯白酒，将果汁中的果香成分浸泡出来而酿制的果酒，称为浸泡果酒。

浸泡果酒适合于糖汁少的水果，如山楂、酸枣、红枣、戈力等。酒度高、浸出物少、稳定性好，果香浓郁，色泽好，但略有刺激性。

3. 混合型果酒

混合型果酒也叫发酵、浸泡型果酒，包括发酵后浸泡果渣或者浸泡后发酵果渣两种生产方法。成品酒的制备可以是原酒按一定比例配合后，在室温 15℃～16℃贮存而得；也可以采取分别贮存原酒后，再根据需要临时按比例混合而成。

混合型果酒的生产，可以达到既兼顾浸泡法和传统发酵法的优点，又避开二者不足的目的，常常用来制作果香、酒香兼备的系列果酒。

(三) 根据糖分含量分类

与黄酒的分类方法类似，果酒也包括干型、半干型、半甜型、甜型以及蜜型果酒等（见表 4.1)。

表4.1 果酒类型与总糖含量关系

果酒类型	干型果酒	半干型果酒	半甜型果酒	甜型果酒	蜜型果酒
果酒总糖含量（g/L）（以葡萄糖计）	≤4.0	4.1~12.0	12.1~50.0	50.1~300	>300

干型果酒可由传统发酵法生产，半干型、半甜型、甜型果酒等可由发酵、浸泡结合法生产。生产时若要求果香突出，则可适当增加浸泡原酒用量；若要求口感圆润，则可适当加大发酵原酒用量。

（四）根据酒中二氧化碳压力分类

部分果酒，如苹果酒、猕猴桃酒等，与葡萄酒的分类方法类似，也可以分为静止酒、起泡酒、加气起泡酒3类（见表4.2）。

表4.2 果酒类型与二氧化碳压力关系

果酒类型	静止果酒	起泡果酒	加气起泡果酒
二氧化碳压力（MPa）（20℃、250 mL瓶）	<0.05	>0.35	>0.35

三、代表性的果酒产品

（一）发酵型果酒

1. 猕猴桃酒

猕猴桃酒是由野生猕猴桃的果实，经洗涤、破碎，投入人工培养酵母进行发酵，调配而成的低度果酒。

（1）原料概况

猕猴桃原产于我国，蕴产量约有1.6亿多公斤，主要产区在素有猕猴桃之乡之称的江西省宜丰县、陕西省周至县、河南省西峡县3地，广布于四川、湖南、江苏、安徽、浙江、广西、台湾等地。

猕猴桃是一种野生藤木果树，为落叶攀缘绕藤本植物，外形与刺梨相似，但无刺梨果体的遍生软刺。猕猴桃品种繁杂，全国有56个品种，如中华猕猴桃（见图4.1）、软枣猕猴桃、狗枣猕猴桃、葛枣猕猴桃、阔叶猕猴桃、毛花猕猴桃等，其中以中华猕猴桃经济价值最高。国际市场上的名贵品种，就是从我国引种的中华猕猴桃经人工培植的硬毛变种的果实。

图4.1 中华猕猴桃

中华猕猴桃果皮呈棕褐色或黄绿色，无毛或披有短绒毛，果实8~10月成熟，果实重达13 g~80 g，成熟度在九成以上，采摘后，需经过2~3天催熟，果实变软之后才能加工。

（2）制法概要

猕猴桃酒的工艺流程：猕猴桃分选→催熟果破碎→榨汁澄清→调整成分→前发酵→倒桶→后发酵→分离过滤→装瓶→成品入库。

根据发酵程度，从干型到甜型均可生产。

（3）产品特点

猕猴桃酒酒色浅黄，澄清有光泽，具有新鲜怡悦的猕猴桃果香及酒香，味醇正谐调，甜酸适口，酒体丰满，舒顺圆润，风格独特。

半干型猕猴桃酒，一般为酒度8%~13% vol，总糖6%~8%，挥发酸≤1 g/L~0.8 g/L，维生素C≥100 mg/L。

(4) 文化渊源

我国利用猕猴桃的历史悠久，李时珍的《本草纲目》里记载，猕猴桃具有"治骨结风、瘫痪不遂、中年白发"的功效，《食经》里说："和中安肝。主黄胆，消渴。"现代中医理论证明，猕猴桃具有清热生津、和胃消食、利尿等功能。猕猴桃在水果里具有维C之王的称号，每100 g含230 mg~430 mg的维生素C，是橘子的15倍，葡萄的60倍、苹果的75倍；另富含多种人体所需氨基酸、矿物质和微量元素；其果皮中含有的橡黄素成分，据美国加州大学微生物教授霍顿研究证明"是很好的抗癌物质"，并可抑制血液凝结，减少脂肪在动脉血管上的沉积，促进胆固醇转化为胆脂，降低血液中的胆固醇和甘油三酯含量。对心血管病和癌症有一定的防止和辅助治疗作用。

近几年来，国内出现了数家猕猴桃酒厂，从其发展之势来看，猕猴桃酒将可能成为我国继葡萄酒之后的第二大果酒。其中，四川都江堰古堰红酒业有限公司位于闻名遐迩的世界文化遗产地都江堰，这里山清水秀，气候宜人，自古就盛产猕猴桃，为酿造优质猕猴桃酒提供了得天独厚的自然环境和无与伦比的品质资源。公司源自成立于1979年的都江堰市中华猕猴桃公司茅梨酒厂，生产的"都江堰牌"中华猕猴桃酒从1983年至1992年先后获得国家产品展金奖、优质旅游产品、中国首届食品博览会金奖、成都市首届名优农副产品展金奖、四川省首届巴蜀食品节银奖等荣誉，产品行销全国各地。2004年公司重组后，"都江堰牌"中华猕猴桃酒更名为"都江堰红"猕猴桃酒，在原传统酿制猕猴桃酒的基础上，最早成功研发和生产猕猴桃干酒、红梅特色果酒等新一代果酒系列产品。2007年，公司推出了"循道"牌猕猴桃干型乳酒、猕猴桃甜型乳酒，这是秉承道家养生之法，继承和发扬传统酿造工艺，结合现代生物科学技术新法，采用当今国际最先进的全汁超低温发酵技术精酿而成的，有效地保留了猕猴桃和红梅等果品原有的风味和营养成分，并较好地深入在酒体之中，使其具有独特的天然猕猴桃果香和优雅的酒香。猕猴桃果酒系列不仅健康、绿色、无污染，还具有丰富的营养价值和保健作用，具有降血压、血脂、血糖、胆固醇，促进消化吸收，美容，抗衰老、抗抑郁、抗疲劳，以及改善阳痿症状等多功能医用价值，是消费者寻觅的最佳饮品，深受消费者青睐。

2. 苹果酒

苹果酒是以苹果为主要原料，经破碎、压榨，低温发酵，陈酿调配而成的低度果酒。

(1) 原料概况

苹果是落叶果中主要栽培树种之一，也是世界果树栽培面积较广、产量较多的树种之一。我国的苹果生产量在世界上最大，年产达2 000万吨左右，约占世界苹果总产量的一半，而目前苹果酒居全球果酒贸易量第二，市场前景非常看好。

苹果品种较多，适应性强，分布广。一般含水分85%左右，总含糖约10%~14.2%。我国适合于制作苹果酒的苹果主要是国光苹果（见图4.2）和青香蕉苹果，果实要求成熟、无腐烂果、无杂物。

(2) 制法概要

苹果酒的工艺流程：苹果分选→清洗→破碎→装袋压榨（果渣发酵、蒸馏出苹果白兰地)→果汁(加入二氧化硫)→低温发酵(调整成分、加入人工培养酵母)→倒桶(密封式)→后发酵(冲入二氧化碳绝氧)→贮存→冷冻→澄清处理→苹果原酒(调整成分)→调配(化验)→巴氏杀菌→冷冻→过滤→装瓶→贴标包装、入库。

图 4.2　国光苹果

为防止苹果散荡地面和将籽压碎,将破碎后的果浆装入布袋进行压榨。皮渣加适当的水发酵,然后蒸馏成苹果白兰地酒,备调酒度使用。分离出的果汁,迅速加入 100 mg/L 二氧化硫,进行杀菌和澄清处理。低温发酵前,调整糖和酸度,而后加入 4‰~5‰的人工酵母,发酵温度 16℃~20℃,发酵时间 15~21 天,特点是果香突出,酒质细腻。后发酵进入贮存阶段,保存 1 年后,进行冷冻,在-5℃保持 6 天再下胶处理。巴氏杀菌温度 (75±1)℃,为了确保苹果酒的稳定性,杀菌完后,再进行一次冷冻。最后,再加入维生素 C 和 30 mg/L~50 mg/L 二氧化硫。

(3) 产品特点

苹果酒酒色呈淡黄色,澄清透明,有苹果的果香和清新的酒香。酒味醇和清香,柔细清爽,酸甜适中,具有苹果酒的典型风格。

甜型苹果酒,一般为酒度 (13±0.5)% vol,糖分 100 g/L,总酸 6.5 g/L,挥发酸 1.2 g/L 以下,铁 0.6 mg/L 以下。

(4) 文化渊源

苹果酒传统生产于英国南部和法国东北部诺曼底等不适宜于种植葡萄的地方,目前许多国家在生产苹果酒,其中澳大利亚近年苹果酒产量急速上升,已成为世界苹果酒生产的基地。

我国近几年也开始生产苹果酒,并出现了几家苹果酒生产企业。自 2000 年起,烟台张裕葡萄酿酒股份有限公司与江南大学共同承担了"苹果深加工关键技术与设备研究开发"专题中苹果酒的研究开发工作,历时 4 年,对我国苹果酒生产中的技术问题进行了全面攻关,已完成"苹果酒酿造酒母及苹果酸乳酸发酵 (mlf) 乳酸菌研究"、"苹果酒酿造技术研究"、"苹果酒生产工程技术与关键设备研究"、"苹果酒系列产品开发研究"及"苹果酒质量评价体系的建立"5 个课题,取得了阶段性成果。目前已在菌种筛选、关键技术、关键设备及新品种开发方面取得了重要进展,其中大部分成果已经在烟台张裕葡萄酿酒股份有限公司得到应用。

3. 杨梅酒

杨梅酒是以鲜杨梅为原料,经破碎、压榨、发酵、陈酿精制而成的果酒。

(1) 原料概况

杨梅 (见图 4.3) 亦称"珠仁",属杨梅科,常绿乔木。叶质全绿或前端稍有钝锯齿,倒披针形或倒卵状椭圆形。杨梅原产我国温带、亚热带湿润气候的山区,主要分布在长江流域以南、海南岛以北,即北纬 20°~31°之间,目前分布在云南、贵州、浙江、江苏、

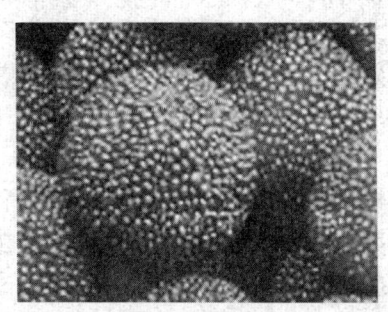

图 4.3　杨梅果

福建、广东、湖南、广西、江西、四川、安徽、台湾等地,其中以浙江的栽培面积最大,品种质量最优,产量也最高。

杨梅是我国南方的特色水果,果汁糖分在 7 g/L~9 g/L 左右,出汁率 60%~70%。

(2) 制法概要

杨梅酒的工艺流程:杨梅果分选→破碎→压榨(渣核加糖水加酵母发酵、蒸馏为杨梅白兰地)→果汁(加白糖液、二氧化硫、加人工酵母)→发酵 2 天(加糖液)→发酵 4 天(加糖液)→发酵终止→封闭容器储存→调配→过滤→陈酿→过滤→装瓶→杀菌→包装→成品入库。

在接入人工酵母之前,加入 60% vol 左右的脱臭酒精,使其达到 4% vol 左右,再第 1 次加白砂糖到 7%,使糖度提高到 14% 左右,加入 100 mg/L 二氧化硫,静止后接入 10%~15% 人工酵母液,采用 0.1%~0.5% 的柠檬酸调节 pH,使发酵液 pH 值控制在 3.5~4,装瓶 65℃ 杀菌 10 分钟即可。

(3) 产品特点

杨梅酒酒色呈淡橙红色,清亮透明,有杨梅果的独特香气,酒味醇和舒愉、酸甜适口,具有杨梅果酒的独特风格。

甜型杨梅酒,一般为酒度 17%~18% vol,糖分 140 g/L~150 g/L,总酸 5 g/L~6 g/L。

(4) 文化渊源

《越郡志》载有:"会稽杨梅为天下之奇,颗大核细其色紫。"至汉、晋时代,江南人民已经基本上掌握了杨梅栽培技术。晋时稽含在《南方草木状》中细致描述了杨梅的习性和形态:"杨梅其子发弹丸,正赤,五月中熟,熟时似梅,其味酸甜。"

有关杨梅酒的起源,汉东方朔《林邑记》中记载道:"林邑山杨梅,其大如杯碗,青时极酸,既红,味如崖蜜,以酿酒,好梅香酎,非贵人重客不得饮之。"明代,人们对杨梅的分布、特性、风味及珍贵度都掌握得极为细致,杨梅栽培技术已相当先进。杨梅到明清已走入千家万户,品杨梅、家酿酒已成为日常生活的一部分。由于杨梅酒酿制技术并不复杂,浙江永成酒业有限公司等一批酒厂,纷纷对杨梅酒产品进行开发并推向市场,使得昔日靓丽的江南珍果享誉大江南北。

4. 桑葚酒

桑葚酒是以桑葚为主要原料,经破碎、压榨、发酵,贮存精制而成的果酒。

(1) 原料概况

桑葚(见图 4.4)是桑科植物,在我国各地都有栽培,尤其以江苏、浙江、四川、湖南、湖北、河北、新疆等省区栽培较多。桑葚正常成熟期一般在每年 5 月上旬开始,挂果期为 15~20 天,从开花到果实成熟仅 70~80 天。

桑葚成熟后的桑果呈紫黑色、青白色。味甜带酸,以个大、紫黑色、含糖高者为佳。出汁率在 65% 以上。桑葚果成熟度按镜检确定,未成熟的果实不予采取。桑葚果一般分三批成熟分期采摘,白果、红果、腐烂和落地果一律拒收。采摘时,需在天气晴朗、朝露退去时进行。

图 4.4　桑葚果

制酒原料果要求：成熟度 95% 以上；总糖 6.44 %；总酸 10.1 g/L；单宁 1.41 mg/100 mL；铁 1.62 mg/L。

(2) 制法概要

桑葚酒的工艺流程：桑葚果验收→清洗→分选→破碎（加入二氧化硫）→压榨（果渣加水糖液二次发酵、蒸馏成桑葚白兰地酒）→发酵→果汁过滤→贮存→调整成分→过滤→装瓶→杀菌→贴商标包装→成品入库。

破碎时，采用不锈钢滚筒式破碎机为宜。压榨后的果皮连同籽实，可直接提取色素。在破碎时，添加二氧化硫，加入量在 70 mg/L～90 mg/L 之间，然后进行发酵。一般只需 24～30 小时即可完成。后发酵结束时，进行澄清处理，加入明胶或蛋清及用硅藻土过滤，即可得到宝石红色泽的透明桑葚酒。

(3) 产品特点

桑葚酒酒色呈宝石红色，澄清透明。有醇正、清雅细腻的果香及酒香，滋味醇厚，丰满，酸甜适口，具有桑葚酒独特的风格。

半甜型桑葚酒，一般为酒度 11%～15% vol，糖分 15 g/L～20 g/L，总酸 4.5 g/L～7 g/L，挥发酸≤1.1 g/L，总二氧化硫量≤150 mL/L，铁≤20 mg/L。

(4) 文化渊源

我国种桑养蚕历史悠久。史书载，黄帝娶西陵之女，是为嫘祖，嫘祖教民育蚕，治丝茧以供衣服，黄帝得以"垂裳而治"。自春秋战国以来，号称"绸都"的四川南充市一直为历朝历代都、州、府、道、署的治所，而种桑养蚕、巢丝织绸早在古南充国就已是闻名遐迩的重要产业。宋代知事、诗人邵伯温曾用"万家灯火春风陌，十里绮罗明月天"的诗句来描绘拥有两千多年栽桑养蚕历史和丝绸文化的丝绸之乡——南充市的风采。

早在 2 000 多年前，桑葚已是皇家御用的补品。《本草纲目》称桑葚为"东方之神木也"，"味甘，清肝明目，滋养长发，安魂镇神，解毒祛斑"，"令人聪明，轻身不老"，"煎汁代茗，能止消渴"。桑葚中富含多种氨基酸、维生素和微量元素，利用其开发的桑葚酒具有补肝益肾、利水消肿的功效，适用于因肾阴不足、水热内阻而引起的浮肿、目眩、耳鸣、口渴、小便不利等病症。

利用现代酿酒技术酿制的桑葚酒，其营养价值远远高于葡萄果酒。对于人类心脏及免疫系统的治疗及保护有十大作用的微量元素硒含量高达葡萄酒的 12.41 倍，蛋白质为葡萄酒的 8.44 倍，赖氨酸是葡萄酒的 9.23 倍，抗氧化物质等也远远高于葡萄酒。成立于 2007 年 9 月的南充市千年绸都第一坊酒业有限公司开发的桑葚酒专利产品，因含有丰富的花青素、白藜芦醇、氨基酸、维生素等生物活性成分和营养物质，对人体健康作用高于其他果酒，是一种无污染、富含高营养成分的果酒。2007 年公司荣获国家鼓励类生产企业，公司生产的"千年绸红"、"红黑酒"、"丝语"系列桑葚酒，以其独特的口味和优异的品质，受到消费者的广泛好评。

(二) 浸泡型及混合型果酒

1. 金樱子酒

金樱子酒是以金樱子果为主要原料，经分选、破碎、发酵与浸泡相结合的工艺，精心调配而成的野生果酒。

(1) 原料概况

金樱子（见图 4.5）又名刺梨子、刺榆子、倒挂金钩、黄茶瓶、山石榴、丁榔、糖罐子等。主产于广东、江苏、浙江、安徽、广西等地,每年3~4月开白花,夏秋结果,9~10月间果实成熟。金樱子属蔷薇科植物果实,果形如花瓶,外面有刺,成熟时为红色,内有多颗小果。

金樱子果实营养丰富,一般含还原糖50%~60%,果糖33%;含水分4%;含皂苷17.1%及少量淀粉;维生素含量也较丰富,其中维生素C含量高达1 500 mg/100g~2 400 mg/100g;含酸类物质,如柠檬酸、苹果酸等;含有18种氨基酸,其中7种是人体必需的氨基酸;含有矿物质(包括微量元素)及单宁等。

图4.5 金樱子果

制作果酒的原料为去杂的成熟果。

(2) 制法概要

金樱子果质硬,可采用大滚距挤压式的破碎机,将它们的外皮挤破而不破碎果实的核为好。

浸泡分三号,各号每次都在一个半月以上,返汁次数在5次以上。浸泡原酒分别进行下胶、冷冻处理,贮存1年以上方可使用。

发酵时,加糖水、柠檬酸、二氧化硫充分搅拌之后,再接入10%~15%人工培养的酵母。发酵时间7~10天左右,温度在20℃~25℃。后酵转入贮存1年以上。

贮存1年以上的发酵原酒与浸泡原酒按比例调配小样,经品尝,优选最佳配方进行扩大生产。

(3) 产品特点

金樱子酒酒色呈淡褐黄色,澄清透明,果香和酒香谐调。酒味醇厚丰满,酸甜适中,具有金樱子果酒独特的风格。

甜型金樱子酒,一般为酒度(15±0.5)% vol,糖分180 g/L~190 g/L,总酸6.5 g/L~7.5 g/L。

(4) 文化渊源

金樱子是药食同源的植物,可以泡茶喝,有防暑、止泻的功用。金樱子入药,历史悠久,中国历代本草均有记载。宋朝《嘉祐本草》、《图经本草》、《开宝本草》及明朝的《植物名实图考长编》等都有提及,认为金樱子味酸,平温无毒,久服令人耐寒轻身、益气。根据李时珍《本草纲目》记载,金樱子"性酸涩、平、无毒;主治脾泻下痢,止小便利,涩精气;久服,令人耐寒轻身,补血益精有奇效"。

据中华人民共和国药典记载:金樱子(性味)甘、涩、平,可补肾固精、尿缩止泻、活血散淤,能有效治疗肾虚遗精、尿频遗尿、脾虚久泻、子宫下垂、白带、糖尿病、腰脊酸痛等。

用金樱子酿酒在湘西已有两千多年的历史。湖南省溆浦县湘妃酒厂采用低温发酵工艺酿造而成的金樱子酒,口感好,没有药味,色彩金黄诱人,有祛风湿、助消化、降血脂、固精补肾等多种功效,既过酒瘾,又养身体。

浙江省磐安县北斗星农业开发有限公司开发的金樱子酒是一种地方名牌产品,采用高山野果金樱子果为原料,用独特的传统工艺酿制而成。曾获得中外名优食品博览会金奖、金华华东优质农产品金奖。

2. 金橘酒

金橘酒是以金橘为原料,经挑选、浸泡,精心调配而成的低度果酒。

(1) 原料概况

金橘(见图 4.6)属金柑类,别名金柑、金弹、夏橘、金枣、寿星柑等。金橘为我国原产,在浙江、湖南、广西、江西栽培较多,江苏、上海等地也有栽培。一年多次开花。单果含种子 6 粒左右,品质中上,主采期为 10 月和 12 月上中旬。

配制果酒原料要求无腐烂,新鲜,无杂物。每 100 mL 果汁含糖 13.15 g,含酸 0.45 g。

图 4.6 金橘果

(2) 制法概要

金橘酒的工艺流程:金橘果分选→浸泡→分离→金橘原酒→冷冻→过滤→调配化验→贮存→过滤装瓶→杀菌→自然冷却→包装→成品入库。

为了提取较多的果汁,分选之后,也可采取破碎的工艺,但不可将金橘籽破碎。然后采用 20%~25% 的脱臭酒精浸泡,时间为 56 小时,搅拌两次。而后采用虹吸法,小心地将酒液抽出,为金橘果浸泡原酒。经冷冻,过滤,贮存 3~6 个月。

在此工艺过程中,也可以增加发酵操作,即发酵一部分原酒与浸泡原酒按比例调配,可以达到色、香、味俱佳。

(3) 产品特点

金橘酒酒色呈金黄色,清亮透明。金橘果香浓郁,酒香谐调。酒味醇厚丰满,酸甜爽适,具有金橘酒独特的典型风格。

甜型金橘酒,一般为酒度 16%~17% vol,总糖 14%~16%,总酸 4 g/L~6 g/L,甲醇≤0.1 g/L,杂醇油 0.5 g/L 以下。

(4) 文化渊源

据《华阳国志·巴国志》记载:"巴人善酿酒",其"巴乡清酒"是向周王朝交纳的贡品之一。随着巴国农业的发展,巴国的经济林木、经济作物种植也发展起来,"其果实之珍者,树有荔支,蔓有辛蒟,园有芳蒻,香茗,给客橙,葵"。其中,给客橙,即金橘,说明我国人民早在 3 000 年前就已经认识和利用金橘了。又据南宋(公元 1178 年)韩彦直《桔录》中记载:"金桔出江西,北人不识,景佑中至汴都,因温成皇后嗜之,价遂贵重。"遂川金橘又名金柑,是江西省传统特产之一,以其色、香味而享誉全国。

创立于明朝永乐三年的北京鹤年堂被誉为"京城养生老字号历史悠久第一家",运用鹤年堂世传六百年御用养生酒酿制工艺精制而成的《1405·鹤年贡》系列养生酒现专供于中央国家机关,养人养生,是中老年养生保健的上好佳品。其中,金橘酒色泽明亮诱人,具有促进血液循环、改善虚弱体质、延缓衰老之功效。史载明朝永乐徐皇后(明朝开国大将徐达之女)一向身体羸弱,再加上在建文元年的北平保卫战中直接参战,劳累过度,身体每况愈下。太医院呈以金橘酒,徐皇后"日饮一盅",不出半年,身体康复,面色红润。清朝孝庄皇太后以及后来的慈安、慈禧二太后均以金橘酒为养生饮品,故有"皇后酒"之美誉。

明朝宫廷御酒房的《饮法要正》还专门记载了金橘酒的饮法，除常温饮用方法之外，还可温饮和冰饮。所谓温饮，即将金橘酒加热后饮用，不仅酒香浓郁，酒味柔和，而且功效更为显著，一般在冬天适合温饮。所谓冰饮，是指夏天饮用时，最好在酒里加入一些冰块，加水（矿泉水尤佳）稀释饮用，更有一种沁人心脾的感觉。

第二节 中国露酒的类别及制造技术

一、中国露酒的基本概念

（一）露酒的定义

露酒属于配制酒的范畴，1994年全国标准化委员会批准了露酒酒种的名称，并批准颁布中华人民共和国露酒行业标准（QBT 1981—94），并于1995年3月1日实施。

依据露酒行业标准，露酒的定义为：以蒸馏酒、发酵酒或食用酒精（GB 10343）为酒基，以食用动植物、食品添加剂作为呈香、呈味、呈色物质，经一定生产工艺加工而成的改变了原酒基风格的饮料酒。国家名酒竹叶青酒、园林青酒等是露酒产品的典型代表。

（二）露酒的生产技术特点

1. 酒基的选择

露酒的酒体是酒基，是决定产品风格的重要组成部分。

酒基选择的原则是依露酒产品风格而定：花果香源型，宜选择酒精、葡果类酒品为酒基，以衬托花果香源的芳香特点；植物、动物香源型，宜选择黄酒或清香型、米香型白酒，突出醇厚、浓郁的特点。

2. 香型及生产规范

露酒产品是饮料酒中原材料取材最广泛的酒种，露酒生产没有统一香型，也没有统一的生产工艺规范。

按规定的呈香、呈味原料及加工工艺类型，露酒产品有植物香源型、动物香源型、动植物混合型、再蒸馏型、直接调配型等几类主要的分类方式。

露酒产品的香型及生产规范依所加入的香源特性而定。同时，露酒产品除可佐餐外，因其用料性能而兼有某些保健功能。

3. 露酒生产的总体原则

露酒产品的生产，要求香气谐调，口味舒顺、醇和、适口，保留各种香源原料的有效成分，体现露酒产品特点，注重产品风味，兼顾补益功能，今后还要加强工艺处理，保持产品质量稳定性。

（三）露酒生产的基本工艺过程

1. 原材料预处理

动植物香源原料，所含化学成分极其复杂，既含有生物活性成分需要保留，也含有非补益的无效成分需要预先除去。预处理工艺过程如下。

（1）分选

筛选或分选除去杂质，水洗除去泥土或污物。

（2）粉碎

植物种子、根、茎等原料，动物骨、角等原料，需粉碎成片、条、粉末状，以利于后续加工过程。

(3) 漂洗

钾、钠、钙等盐类大多为无效成分，可用长流水漂洗除去。

(4) 浸泡

单宁、色素等广泛存在于植物皮、茎、叶、果实中，味涩，难以提取，与蛋白质结合生成沉淀，空气中易氧化、变色，可用热水浸泡除去。

(5) 加热

含淀粉或糖类高、表皮坚硬的原料，如首乌、干枣等，宜先用蒸汽蒸 30 分钟后，趁热放入酒中浸泡。

(6) 加酶

果胶含量高的原料，易生成糊状胶溶液，影响产品稳定性，可粉碎后酶解处理。

(7) 隔氧

动物香源的蛋白质、脂肪等极易氧化、变质，产生不良气味，宰杀后宜尽快除去杂质、血污，水洗后浸于酒基保存。

2. 香源提取

香源提取的方法不同，会使香料液的质量差异较大，提取方法根据成品的质量风格和香源原料的性能决定。

一般香源提取方法包括浸渍法、蒸馏法、压榨法、发酵法等。

(1) 浸渍法

浸渍提香是我国保健酒常用的传统加工方法，包括常温浸渍、加温浸渍、煮沸浸提等方式。

①常温浸渍。

除了可以提取挥发性呈香成分外，还可以提取难挥发性呈味成分。

②加温浸渍。

采用有回流装置的夹套密闭设备间接加温，温度一般不超过 60℃并持续数小时。时间短，浸出成分含量高，但易挥发成分受损，一般对香气清雅的原料不宜采用。

③煮沸浸提。

对于动植物香源中质地坚硬或特殊贵重的补益药，为彻底提取有效成分而采取的提取方法。但提取物口味浓重、粗糙，调配时应控制用量。

(2) 蒸馏法

经预处理后的香源材料置于酒基（白酒或酒精）中，浸透，与酒液共同装入蒸馏釜中蒸馏；或香源装于布袋中挂于蒸馏锅内的酒液中，间接加热串蒸。

蒸馏时先进行回流，再缓慢蒸馏出酒，酒头、酒尾并入下次蒸馏，蒸馏酒即为香馏液。

(3) 压榨法

水果中不少品种含水分高，具特殊香气。采用直接破碎，压榨取汁，经净化处理可直接调入酒基，保留其天然香气成分。

压榨时需要注意采用隔氧措施，以防果实氧化；同时，含水量低、皮壳坚硬的植物香源材料不宜采用此法。

(4) 发酵法

采取香源材料与不同原料（谷物类、水果类等）混合，类似于黄酒生产或果酒生产的方式，边发酵，边浸渍。此为古法，现在有些露酒品种仍沿用此法。

黄酒、果酒发酵温度不高，具有缓慢温浸的醇溶和水溶作用。在微酸的醪液中，有利于有效成分的浸出，使露酒产品香气柔和，细腻，不暴烈，酒体丰满，香、味融洽得体。

3. 调配及后处理

露酒产品的特点是一品一格，因而调配及后处理技术决定了产品的质量。

(1) 调配

①色泽。

以天然色为主，不得使用人工色素。

②糖度。

以低糖含量为宜，可加热溶化砂糖为糖浆使用，不宜直接使用干砂糖。

③酒度。

酒度不宜过高，可调整香料提取液使用量，不宜直接使用高度酒调整酒度。

④口味。

可使用适温加热去杂的蜂蜜作为调味剂，既增加醇厚感，也增强营养功能，但应注意蜂蜜的含糖量。

⑤添加剂的应用。

酒度偏低的花果香型露酒，可按国家规定使用防腐剂以稳定产品质量。

(2) 后处理

①贮存醇化。

一般贮存 3~6 个月，以使酒质醇化，提高稳定性，增加产品醇和感。

动物香源型贮存期可在半年至一年以上，花果香源型贮存期则不宜过长，以免氧化损伤花果的鲜愉感。

②加速老熟。

可选用不锈钢、搪瓷容器，通过加温不超过 55℃保温 5~7 天的热处理方法来加速露酒产品的老熟。

露酒经加热处理后，有明显的醇化酒质和提高稳定性的作用，但花香、果香型产品不宜采用。

③净化酒质。

可首先预测酒的冰点，采用接近冰点的温度冷冻 5~7 天，并趁冷过滤，用冷冻澄清方式以排除杂质，净化酒质。

冷冻处理可以延长产品货架期，并能改善口感，提高酒的风味。

④过滤。

成品出厂前，采用棉饼过滤机或硅藻土过滤机过滤，低度果酒采用除菌过滤。

二、中国露酒的分类方法

(一) 植物香源型

以植物的根、茎、叶、花、果、种子为呈色、呈香、呈味的原料，以食用酒精、白酒、黄酒、葡萄酒及各种原料的果实酒为酒基，依原材料性能确定生产工艺及产品风格。

花、果原料应突出原花、原果的香味特点；香辛植物类原料，应具典型香气及诸香谐调；滋补疗效类原料，不宜过于侧重配伍，应体现香味整体效果，具本品应有的色泽。

(二) 动物香源型

以动物的整体或皮、体、骨、角、尾、鞭部位为呈色、呈香、呈味的原料，以食用酒精、白酒、黄酒、葡萄酒及各种原料酿造的果实酒为酒基，依原料性能确定生产工艺，经调配而成。

产品要求具酒香和动物原料的脂香，诸香和谐，香味一体，并就其选用的原料，具有某些补益功能以及本品应有的色泽。

(三) 动植物混合型

以植物及动物的各部位为呈色、呈香、呈味原料，以各种粮谷类、果实类原料酿造的酒为酒基，依原料性能确定生产工艺，经调配而成。

要求以动物或植物香为主体，香气谐调，并就其选料而具有某些补益功能，具本品应有的色泽。

(四) 再蒸馏型

以植物及动物的各部位为呈香、呈味原料，以食用酒精或白酒先进行浸泡，再与酒共同蒸馏，馏液为香料液，依选用原料及调配技术，确定产品风格。

要求产品无色或微黄，具本品特有香气，诸香和谐，酒质醇正。

(五) 直接调配型

以食用酒精经脱臭处理后，直接调入商品香精，或调入各种方法制得的料进行配制。

可以用食用色素着色，具鲜艳的色泽，浓郁的香气，酒度和糖含量高，近似国际利口酒类型，属餐后酒或调制鸡尾酒的调配用酒。

三、代表性的露酒产品

(一) 植物香源型

1. 竹叶青酒

由山西省汾阳县杏花村汾酒厂生产，3 次被评为国家名酒 (第二、三、四届)，属于植物香源型 (见图 4.7)。

(1) 主要原料

汾酒、竹叶、冰糖等。

(2) 制法概要

以清香型汾酒为基酒，采用浸提工艺，以竹叶为主，辅以陈皮、当归、丁香、砂仁等 12 种药材，浸液加冰糖浸泡，精心酿制而成。

图 4.7 竹叶青酒

(3) 产品特点

古井亭牌竹叶青酒，酒度为 45% vol、38% vol、28% vol 等，糖分为 10%。产品具有药香清雅、口味醇和、酒性温顺、适于佐饮的特点，以及有清热、凉心、健脾、去热、消燥的作用。

(4) 文化渊源

竹叶青是我国历史上享有盛誉的名酒，与汾酒是一对孪生姐妹。公元 3 世纪的西晋初年，文学家张华在《轻薄篇》中就吟诵道："苍梧竹叶青，宜城九酝醅。"唐代大诗人杜甫也有"崖密松花熟，山环竹叶青"的诗句。到了宋代，竹叶青酒已经广为人知。古典小说《水浒传》中多次提及竹叶青,如"野店初尝竹叶青","三杯竹叶穿胸过,两朵桃花飞上来"等。

适量饮用竹叶青可增强体质,预防、治疗疾病,具有舒气、养血、降火、消炎、解毒、润肝、健体之功效。医疗实践证明,竹叶青酒对心脏病、高血压、冠心病和关节炎均有辅助治疗作用。

2. 园林青酒

产于湖北省潜江县园林青酒厂的园林青酒,在第四届评酒会上被评为国家名酒,属于植物香源型(见图4.8)。

(1) 主要原料

高粱酒、竹叶、冰糖等。

(2) 制法概要

以传统地缸发酵、清蒸清烧的高粱清香型大曲酒为基酒,配以檀香、丁香、当归、砂仁、竹叶等12种名贵中药浸泡,再加冰糖调配而成。

图4.8 园林青酒

(3) 产品特点

园林青牌园林青酒,酒度为39% vol、30% vol、21% vol等,糖分为9.5%~10%,酒液清黄透明,有酒香芬芳、药香舒愉、醇和绵柔、香味谐调的特点,适于佐餐,兼具润肝脾、补气、健胃功效。

(4) 文化渊源

潜江古属"江陵府",即古城荆州,东汉建安年间已有用泉水酿酒的记载,唐、宋历代又有进一步发展。1951年国家集中当地的大小酒坊建立潜江县地方国营酒厂,1974年生产园林青酒,1983年更名为园林青酒厂。1984年,湖北潜江人、著名戏剧家曹禺品尝此酒后,题词道:"万里故乡酒,美哉园林青。"1986年,中国发酵学会理事长秦含章教授饮后赋诗云:"楚天有酒园林青,鄂地无垠潜水汀;开胃消化常两用,色香味体自成型。"

(二) 动物及动植物混合香源型

1. 白凤乌鸡酒

白凤乌鸡酒是江西泰和县酒厂生产的保健型露酒,属于动物香源型(见图4.9)。

(1) 主要原料

小曲米酒、泰和乌骨鸡等。

(2) 制法概要

白凤乌鸡酒以小曲米酒为酒基,采用浸渍工艺提取,以泰和乌骨鸡为原料,适量调和果汁及微量中药,精制而成。

图4.9 白凤乌鸡酒

(3) 产品特点

酒度分30% vol、28% vol,棕褐色,具动物脂香,味柔润醇和,酒质丰厚。

(4) 文化渊源

乌鸡有保健养身的功效,为世人所公认。《本草纲目》及《普济方》中均有注释。以乌鸡为主,配以对症中药,具有养阴退热、祛风、平肝、补肾功能。乌鸡蛋白质含量高,并含有抗衰老的黑色素及锗、钼等有益于人体的微量元素。白凤乌鸡酒继承古方剂，采用现代生产方法，深受消费者欢迎，具有良好的市场基础，是动物香源型酒中有发展前途的品种。

2. 至宝三鞭酒

至宝三鞭酒由山东烟台张裕酿酒公司生产，功能以健脑、强健体质为主，用药品种及数量多，是饮用型药酒，属动植物混合香源型（见图 4.10）。

(1) 主要原料

粮食白酒、至宝三鞭丸等。

(2) 制法概要

以传统至宝三鞭丸为基础，改换剂型配制成酒。以粮食白酒为酒基，采用动植物混合香源为原料，以浸渍法工艺生产。三鞭指海豹鞭、梅鹿鞭、广狗鞭；此外，还有鹿茸、海马等动物香源原料，人参、枸杞、杜仲等植物香源原料，共四十多种中药材。

(3) 产品特点

由于调配技术细致，药香含蓄，酒香药香平衡，口味醇和，诸味谐调细腻，无生药粗糙感，整体效果好。

图 4.10　至宝三鞭酒

至宝三鞭酒既可佐餐，又可单饮，并具补益功能，是动植物混合香源型的典型品种。

(4) 文化渊源

具有 35 年历史的张裕至宝三鞭酒以其"风味好、疗效好、稳定性好"的特点，在全世界 30 多个国家畅销不衰，并不断扩展销售市场。在至宝三鞭酒的故乡烟台，各个大小饭店都有它的影子；在东南亚等华人聚居的地区，至宝三鞭酒得到众口一致的称赞。据报道，张裕至宝三鞭酒是作为保健品出口香港的第一品牌，年销售 200 万瓶以上。2002 年，张裕至宝三鞭酒被中国保健酒协会授予保健食品行业百强产品，是动植物混合香源型产品中最具实力和发展前途的产品。

至宝三鞭酒的功效主要有补血生精、健脑补肾等，适用于体质虚弱、阳痿遗精、未老先衰、神经衰弱、腰背酸痛、用脑过度、贫血头晕、心脏衰弱、惊悸健忘、自汗虚汗、畏寒失眠、面色苍白、气虚食减等症状，但需在医师指导下饮用。

复习思考题

1. 果酒的定义是什么？
2. 果酒按生产工艺可分为哪几类？
3. 如何根据含糖量对果酒进行分类？
4. 露酒的定义是什么？
5. 简述露酒制备的原则要求。
6. 简述露酒的香源提取方法。
7. 简述露酒的主要分类方法。

主要参考文献

[1] 朱宝镛，章克昌. 中国酒经 [M]. 上海：上海文化出版社，2000.

[2] 吴福林. 中华风味酒 [M]. 南京：江苏科学技术出版社，2001.

[3] 桂祖发. 酒类制造 [M]. 北京：化学工业出版社，2001.

[4] 大连轻工业学院. 酿造酒工艺学 [M]. 北京：中国轻工业出版社，1982.
[5] 康明官. 配制酒生产技术指南 [M]. 北京：化学工业出版社，2001.
[6] 杨运芝，廖凯. 鸡尾酒调制工艺与配方 [M]. 北京：科学技术文献出版社，2001.
[7] 李玉鼎. 葡萄栽培（贮藏保鲜）与葡萄酒酿造 [M]. 银川：宁夏人民出版社，2006.
[8] 范长秀. 葡萄酒果酒酿造 [M]. 石家庄：河北科学技术出版社，1986.
[9] 陈駒声. 葡萄酒、果酒与配制酒生产技术 [M]. 北京：化学工业出版社，1991.
[10] 潘厚根. 果酒酿造 [M]. 合肥：安徽科学技术出版社，1981.

第五章　葡萄酒

葡萄属于葡萄科、葡萄属，是世界上栽培最早、分布最广的果树之一。根据地理及生态，葡萄分欧亚种、东亚种和北美种。考古资料证明，五千年前的古埃及以及美索不达米亚的人们最早种植葡萄和酿造葡萄酒。

葡萄酒被视为是一种有生命的产品，也是一种艺术产品，有着丰富的艺术内涵和地域特色，它的质量高低不仅受原料品种、生产工艺、辅料质量的影响，还与地域、气候、年份等不定因素有密切的关系。

第一节　葡萄酒的一般知识

一、葡萄酒的起源及发展

（一）葡萄酒的起源

葡萄酒是世界上最早的饮料酒之一。人类酿造葡萄酒的历史，几乎与人类开始耕作同样久长。考古学家的研究表明，葡萄酒文化可以追溯到公元前4世纪。葡萄酒大约是在古代的肥沃新月（今伊拉克一带的两河流域）地区，从尼罗河到波斯湾一带河谷的辽阔农作区域的某处发现的。肥沃的土壤促进了该地区早期文明（公元前4000—前3000年）的出现，也是葡萄茂盛生长的原因。

葡萄酒的诞生或许纯粹出于一种偶然。传说远古某位峭壁穴居人，将采回的野葡萄榨汁后作为解渴的一种饮料，结果几天后发现榨汁味道更加香美，并可振奋精神，消除疲劳，于是他不再将葡萄榨汁后立即喝掉，而是有意识地用容器贮藏起来，等果汁有异香后，再拿来欣赏和饮用。

起源不太明确的葡萄酒酿造技术后来又经过了不断的改进。但长期以来，葡萄酒一直是一种保存时间很短的手工作坊产品。由于高质量的玻璃和密封的软木瓶塞的发明，以及19世纪法国微生物学家巴斯德有关发酵机理的发现等，葡萄酒才逐渐成为今天的商业化产品。

（二）葡萄酒的发展

随着城邦取代原始的农业部落，怀有领土野心的古代航海民族——从最早的腓尼基（今叙利亚）人--直到后来的希腊、罗马人等——广泛地将葡萄树种与酿酒的知识散布到地中海，乃至整个欧洲大陆。

当罗马帝国于公元5世纪灭亡以后，分裂出来的西罗马帝国（法国、意大利北部和部分德国地区）里的基督教修道院详细记载了关于葡萄的收成和酿酒的过程，这些记录对在特定农作区培植最适合栽种的葡萄品种帮助极大。公元768—814年，统治西罗马帝国的查理曼大帝,预见到在法国南部和德国北边葡萄园遍布的远景,在著名的布根地(Burgundy)产区创造了曾经一度是他的产业的"可登-查理曼"顶级葡萄园,极大地影响了后来的葡萄酒发展。

大英帝国在伊丽莎白一世女王的统治下,成为拥有一支壮大的远洋商船船队的海上强权。它的海上贸易将葡萄酒从许多欧洲产酒国家带到英国,英国对烈酒的需求,亦促成了雪莉酒、波特酒和马德拉白酒类的发展。

在美国独立战争的同时,法国被公认是最伟大的葡萄酒盛产国家。托马斯·杰斐逊(美国独立宣言起草人)曾热心地在写给朋友的信中论及葡萄酒的等级,并且也鼓吹将欧陆的葡萄品种移植到新大陆来。尽管这些早期在美国殖民地栽种、采收葡萄的尝试大部分都以失败告终,而且在美国本土的树种和欧洲的树种交流、移植的过程中,一种危害葡萄树至深的害虫被带到欧洲,导致了19世纪末的葡萄根瘤蚜病,使绝大多数的欧洲葡萄园毁于一旦;然而,在这一场灾变中,葡萄园的毁灭启发了新的农业技术革命,使欧洲葡萄酒酿制业得到了新生。

自20世纪以来,农耕技术上的许多发展使各地葡萄酒的酿制业者足以保护作物免于遭到像霉菌、动物虫害等常见的侵害,葡萄的培育和酿酒过程逐渐变得科学化。同时各国也广泛立法来鼓励制造信用好、品质佳的葡萄酒。

今天,葡萄酒在全世界气候温和的地区都有生产,并且有数量可观的不同葡萄酒类可供消费者选择。

从早期的农业社会一直到现在,葡萄酒的演化、发展和西方文明的发展紧密相关,由此我们也可以理解为何西方人钟情于葡萄酒,以及葡萄酒对于西方文化的重要意义。

二、葡萄酒的定义

(一)国外葡萄酒的定义及相关规定

1. 国际葡萄与葡萄酒组织对葡萄酒的定义

国际葡萄与葡萄酒组织(OIV)对葡萄酒有明确的定义,即葡萄酒是以新鲜葡萄或葡萄汁经过全部或部分酒精发酵而生产的饮料,其所含的酒度不得低于8.5% vol,某些地区由于气候、土壤、品种等因素的限制,其酒度可以降到7% vol。

2. 国际OIV组织葡萄酒定义的基本要素

葡萄酒的定义从以下3个方面对葡萄酒的基本要素进行了限定。

(1)葡萄酒的原料

葡萄酒的原料要求必须是葡萄或葡萄汁,而且是新鲜的。也就是说,如果不是用葡萄或葡萄汁为原料所生产的饮料酒,不能称之为葡萄酒。

(2)葡萄酒的生产工艺

作为一种饮料酒,要求酒精的来源必须是经过发酵而产生的,这种发酵只能是来自葡萄或葡萄汁。这表明葡萄酒是一种发酵酒。

(3)葡萄酒的主要特征指标

OIV规定了葡萄酒的酒度(亦即酒精含量),即由新鲜葡萄或葡萄汁为原料经发酵所得的产品,酒度必须大于或等于8.5% vol,在一些特殊情况下,酒度最低不得低于7% vol。

3. 国际新旧葡萄酒世界对葡萄酒分级的规定

国外葡萄酒质量等级主要分为两大类:一类是以法国为代表的"旧世界"模式,另一类是以美国为代表的"新世界"模式。

(1) 葡萄酒分级的"旧世界"模式

法国葡萄酒的质量等级制度是 1935 年制定的，至今未作修改。一般将法国葡萄酒分为 4 个等级，各等级中再细分级。4 个等级分别是：法定产区葡萄酒（AOC）、优良地区餐酒（VDQS）、地区餐酒（VIN DE PAYS）和日常餐酒（VIN DE TABLE）。

①法定产区葡萄酒。

法国葡萄酒最高级别酒。波尔多高级干红、斐兰德酒庄为此等级酒。

②优良地区餐酒。

普通地区餐酒向 AOC 级别过渡所必须经历的级别。

③地区餐酒。

日常餐酒中最好的酒被升级为地区餐酒。解百纳高级干红、霞多丽高级干白、至尊珍藏解百纳高级干红为此等级酒。

④日常餐酒。

最低档的葡萄酒，作日常饮用。

法国葡萄酒行业组织近年来又推出了一种在 AOC 级别以上的酒，简称 AOCE，俗称贵族酒，这个等级尚未得到立法确认。此种葡萄酒的品质比 AOC 更加优良，是葡萄酒当中的极品，雅新斯酒庄为此等级酒。

法国葡萄酒质量分级制的原则，被推行到全世界，不过各国依据自己的情况也有所不同。

之所以法国、意大利、西班牙等"旧世界"国家有如此详尽的法规，是因为它们均有悠久的葡萄种植和葡萄酒酿造历史。它们做的只是将传统、经验进行了继承和总结，并加以规范，形成明确的制度法规。

(2) 葡萄酒分级的"新世界"模式

葡萄酒"新世界"大多也用原产地命名，但有些国家只把原产地命名作为地理标志，用作商标控制，一切以酿制出好酒为原则，实行酒质分级。

像美国等"新世界"国家，没有法国等"旧世界"国家那样丰厚的历史传承。因而其在借鉴原产地概念的基础上，根据本国葡萄酒发展的实际情况，制定了符合自身需求的原产地制度。

在美国，某一地区要获得 AVA（分离的葡萄种植区）的资格，种植者或葡萄酒的制造者要向 BATF（美国酒精、烟草、火器管理局）提交申请。申请中要解释被命名的地区为什么和怎样作为一个分离的葡萄种植区，怎样与周围的土地加以区分。通常，申请要通过历史、气候、土壤、水量等因素来进行例证。作为 AVA，并不对葡萄品种、种植方式等进行约定。

在澳洲，只有基本的葡萄酒规定，如 95% 葡萄来自同一年份，酒标才可注明年份；以葡萄为产品名称的酒，需含 80% 以上该葡萄品种。而对于欧洲的葡萄酒命名的最基本的条件——葡萄的产地来源，则并没有成为其命名法则。

总的来说，新世界葡萄酒的分级制度并没有如同旧世界有着严格甚至苛刻的要求。

(二) 中国国家标准对葡萄酒的定义及相关规定

1. 中国国家标准对葡萄酒的定义

(1) 国家推荐标准的定义

我国国家标准 GB/T 15037－1994《葡萄酒》对葡萄酒的定义为：以新鲜葡萄或葡萄汁为原料，经发酵酿制而成的葡萄酒。

这个定义的基本概念与国际定义是一致的。

(2) 国家强制标准的定义

根据我国最新的国家标准 GB 15037－2006，葡萄酒是以新鲜葡萄或葡萄汁为原料，经完全发酵或部分发酵酿制而成的、酒精度不低于 7% vol 的各类葡萄发酵酒。

这个定义的基本概念与国际定义也是一致的，并在内涵及外延上比 GB/T 15037－1994 更加全面。

2. 中国法规文件对葡萄酒定义的相关规定

(1) 试行办法的规定

我国第一个葡萄酒生产方面的法规性文件《葡萄酒生产管理办法》（试行）中，把葡萄酒定义为：葡萄酒是指用新鲜葡萄或葡萄汁为原料，经发酵、陈酿而成的饮料酒；并且明确规定：使用或掺用其他水果发酵酿制的酒，以及使用果汁、香精等未经发酵兑制或加水的饮料酒不得称为葡萄酒。

《葡萄酒生产管理办法》从正反两个方面对葡萄酒进行了界定，这对指导葡萄酒生产，规范行业行为有十分重要的意义。

(2) 国家强制标准的规定

2006 年 12 月 11 日发布的经过修订的葡萄酒国家标准已于 2008 年 1 月 1 日起在生产领域中正式实施，并由推荐性国家标准改为强制性国家标准。

修订后的标准与原标准相比，一是葡萄酒概念的内涵和外延更加严谨。对于业界普遍关注的年份葡萄酒、品种葡萄酒和产地葡萄酒，修订后的标准给出了定义，而且修订后的标准的"术语和定义"属强制性条款，如年份葡萄酒的年份必须是指葡萄采摘的年份，并且该年的葡萄汁含量必须达到 80% 以上。甜葡萄酒必须是每升含糖大于 45 g 的葡萄酒等。二是产品分类和检验原则更加科学。在葡萄酒产品分类上，原标准只按色泽和二氧化碳含量分类，而修订后的标准则增加了按含糖量进行分类和感官分级评价的描述。三是理化指标向国际接轨，有了较大的提高，卫生指标按强制性国家标准《发酵酒卫生标准》执行，总酸以实测值表示，还增加了柠檬酸、铜、甲醇、防腐剂限量指标以及净含量要求，所有产品中均不得添加合成的着色剂、甜味剂、香精、增稠剂。理化指标属强制性条款，共有酒精度、总糖、干浸出物、挥发酸、柠檬酸、二氧化碳、铁、铜、甲醇、苯甲酸或苯甲酸钠、山梨酸或山梨酸钾 11 项指标。

修订后的标准将葡萄酒分为优、优良、合格、不合格和劣质品 5 个级别，分级的要求在资料性附录中，不属于强制性条款。有关人士还表示，2008 年 1 月 1 日后，凡在保质期以内的葡萄酒，允许在市场上销售。

3. 中国法规文件对葡萄酒级别的相关规定

我国最新的国家标准 GB 15037－2006，虽然已对葡萄酒进行了 5 个级别的划分，然而等级比较模糊，缺乏可操作的对应细则，基本上是企业自行根据本公司的产品体系制定等级标准，导致产品标志不清，消费者难以比较。除此之外，酒标上也未要求如国外一样清楚地标明原料葡萄的产地、品种等重要信息，而这些信息能够真实准确地反映葡萄酒的品质高低，方便消费者通过阅读酒标了解葡萄酒的身份信息，从而判断葡萄酒的好坏。

2009年8月，国家葡萄酒质检中心联合国内葡萄酒龙头企业，酝酿起草既和国际接轨又契合我国行业情况的新葡萄酒国家标准。正在酝酿起草的新的国家标准，从葡萄酒原料产区、品种、产量控制等8项大指标，对不同级别档次的葡萄酒作出划分，以便让我国的葡萄酒也有自己科学可信的酒标。

三、葡萄酒的分类

葡萄酒的种类很多，风格各异，但其生产工艺和主要成分却大致相同。按照不同的方法，可将葡萄酒分为诸多类别。

（一）按葡萄酒的颜色分类

这是最常用的分类方法，包括红葡萄酒、白葡萄酒、桃红葡萄酒3种类型。

1. 红葡萄酒

红葡萄酒是用皮红肉白或皮肉皆红的葡萄带皮发酵而成的。酒液中含有果皮或果肉中的有色物质，使之成为以红色调为主的葡萄酒。其中，浸出物大于或等于18 g/L。这类葡萄酒的颜色一般为深宝石红色、宝石红色、紫红色、深红色、棕红色等。

常见产品名有长城红葡萄酒、西夏王干红葡萄酒、王朝干红葡萄酒等。

2. 白葡萄酒

白葡萄酒是用白皮白肉或红皮白肉的葡萄经去皮发酵而成的。这类酒的颜色以黄色调为主，主要有近似无色、微黄带绿、浅黄色、禾秆黄色、金黄色等。其中，浸出物大于或等于16 g/L。

常见产品名有长城白葡萄酒、法国卡斯特至尊珍藏霞多丽白葡萄酒、张裕白葡萄酒等。

3. 桃红葡萄酒

桃红葡萄酒是用带色葡萄经部分浸出有色物质发酵而成的。它的颜色介于红葡萄酒和白葡萄酒之间，主要有桃红色、浅红色、淡玫瑰红色等。其中，浸出物大于或等于17 g/L。

常见产品名有朗格斯酒庄桃红葡萄酒、赛昂桃红葡萄酒、香奈桃红葡萄酒等。

（二）按葡萄酒含二氧化碳压力分类

这种分类方法一般为生产者及销售者使用的分类方法，包括平静葡萄酒、起泡葡萄酒、加气起泡葡萄酒3种类型。

1. 平静葡萄酒

平静葡萄酒也称静止葡萄酒或静酒，是指不含二氧化碳或很少含二氧化碳（20℃时，二氧化碳的压力小于0.05MPa）的葡萄酒。常见产品名有烟台欧王平静葡萄酒、西班牙平静葡萄酒、法国格拉夫平静葡萄酒等。

2. 起泡葡萄酒

葡萄酒经密闭二次发酵产生二氧化碳，在20℃时瓶（250 mL）中二氧化碳的压力大于或等于0.05MPa。

常见产品名有多瑙莫扎特起泡葡萄酒、王朝起泡葡萄酒、霞多丽干起泡葡萄酒等。

（1）低泡葡萄酒

20℃时瓶（250 mL）中二氧化碳的压力0.05 MPa～0.34 MPa（小于250 mL瓶时，

0.05 MPa~0.29 MPa），为低泡葡萄酒。

（2）高泡葡萄酒

20℃时瓶（250 mL）中二氧化碳的压力大于或等于 0.35MPa（小于 250 mL 瓶时，0.30MPa），为高泡葡萄酒。

3. 加气起泡葡萄酒

加气起泡葡萄酒也称葡萄汽酒，是指由人工添加了二氧化碳的葡萄酒。在 20℃时瓶（250 mL）中二氧化碳的压力大于或等于 0.05MPa。

常见产品名有中国长城香槟法起泡葡萄酒、西班牙菲斯奈特黑牌起泡葡萄酒、伯奈尔干型起泡葡萄酒等。

（三）按葡萄酒含糖量分类

一般为行业管理、酒质评定使用的分类方法，对于平静葡萄酒或高泡葡萄酒要求有所不同，包括干葡萄酒、半干葡萄酒、半甜葡萄酒、甜葡萄酒等类型。

1. 平静葡萄酒

平静葡萄酒的类型与含糖量关系见表5.1。

表 5.1　平静葡萄酒类型与总糖含量关系

葡萄酒类型	干型葡萄酒	半干型葡萄酒	半甜型葡萄酒	甜型葡萄酒
葡萄酒总糖含量（g/L）（以葡萄糖计）	≤4.0	4.1~12.0	12.1~45.0	>45.0

（1）干型葡萄酒

干型葡萄酒是指含糖量小于或等于 4.0 g/L 的葡萄酒；或者当总糖与总酸（以酒石酸计）的差值小于或等于 2.0 g/L 时，含糖量最高为 9.0 g/L 的葡萄酒。

由于颜色的不同，又分为红葡萄酒、干白葡萄酒、干桃红葡萄酒。常见产品名有百特纳干葡萄酒、新天尼雅干葡萄酒、解百纳干红葡萄酒等。

（2）半干型葡萄酒

半干型葡萄酒是指含糖量 4.1 g/L~12.0 g/L 的葡萄酒；或者当总糖与总酸（以酒石酸计）的差值小于或等于 2.0 g/L 时，含糖量最高为 18.0 g/L 的葡萄酒。

由于颜色的不同，又分为半干红葡萄酒、半干白葡萄酒、半干桃红葡萄酒。常见产品名有甘松世家半干红葡萄酒、法米奴通特半干白葡萄酒、王朝半干白葡萄酒等。

（3）半甜型葡萄酒

半甜型葡萄酒是指含糖量 12.1 g/L~45.0 g/L 的葡萄酒。

由于颜色的不同，又分为半甜红葡萄酒、半甜白葡萄酒、半甜桃红葡萄酒。常见产品名有昂茹加伯尼半甜玫瑰红葡萄酒、莫高半甜白葡萄酒、西班牙桃乐丝半甜白葡萄酒等。

（4）甜型葡萄酒

甜型葡萄酒是指含糖量大于 45.0 g/L 的葡萄酒。

由于颜色的不同，又分为甜红葡萄酒、甜白葡萄酒、甜桃红葡萄酒。常见产品名有长城庄园琼瑶浆甜白葡萄酒、红珠原汁甜葡萄酒、爱维甜葡萄酒等。

2. 高泡葡萄酒

高泡葡萄酒（起泡、加气）的类型与含糖量关系见表5.2。

表 5.2　高泡葡萄酒类型与总糖含量关系

葡萄酒类型	天然高泡葡萄酒	绝干高泡葡萄酒	干高泡葡萄酒	半干高泡葡萄酒	甜高泡葡萄酒
葡萄酒总糖含量（g/L）（以葡萄糖计）	≤12.0	12.1~17.0	17.1~32.0	32.1~50.0	>50.0

(1) 天然高泡葡萄酒

天然高泡葡萄酒是指含糖量小于或等于 12.0 g/L 的高泡葡萄酒（允许误差为 3.0 g/L）。常见产品名有朔木尔天然起泡葡萄酒。

(2) 绝干高泡葡萄酒

绝干高泡葡萄酒是指含糖量 12.1 g/L~17.0 g/L 的高泡葡萄酒（允许误差为 3.0 g/L）。常见产品名有贝拉维斯塔绝干起泡葡萄酒。

(3) 干高泡葡萄酒

干高泡葡萄酒是指含糖量 17.1 g/L~32.0 g/L 的高泡葡萄酒（允许误差为 3.0 g/L）。常见产品名有俏佳人干起泡葡萄酒、龙徽干起泡葡萄酒、罗代尔特干起泡葡萄酒等。

(4) 半干高泡葡萄酒

半干高泡葡萄酒是指含糖量 32.1 g/L~50.0 g/L 的高泡葡萄酒。常见产品名有巴隆克莱半干起泡葡萄酒、长城半干起泡葡萄酒、Mercier 半干桃红香槟。

(5) 甜高泡葡萄酒

甜高泡葡萄酒是指含糖量大于 50.0 g/L 的高泡葡萄酒。常见产品名有艾米利亚兰布鲁斯甜起泡葡萄酒、碧洛德兰宝甜起泡葡萄酒、长城甜起泡葡萄酒等。

（四）按葡萄酒的酿造方法分类

一般为生产及销售、消费中使用的分类方法，包括天然葡萄酒、特种葡萄酒等类型。

1. 天然葡萄酒

天然葡萄酒是指完全用葡萄为原料发酵而成，不添加糖分、酒精及香料的葡萄酒。常见产品名有古井天然葡萄酒、张裕天然红葡萄酒、赛特纯天然葡萄酒等。

2. 特种葡萄酒

特种葡萄酒是指用新鲜葡萄或葡萄汁在采摘或酿造工艺中使用特种方法酿成的葡萄酒。包括利口葡萄酒、葡萄汽酒（加气葡萄酒）、冰葡萄酒、贵腐葡萄酒、产膜葡萄酒、加香葡萄酒、低醇葡萄酒、脱醇葡萄酒、山葡萄酒等各类葡萄酒。

(1) 利口葡萄酒

利口葡萄酒是指在天然葡萄酒中加入白兰地、食用精馏酒精或葡萄酒精、葡萄汁或浓缩葡萄汁以及含焦糖葡萄汁、白砂糖等，酒精度在 15%~22% vol 之间的葡萄酒（其中葡萄产生的酒精在 12% vol 以上）。实际上，其中部分类别也可称为葡萄露酒。常见产品名有东风庄园大瓶利口葡萄酒、法国索泰尔纳酒、葡萄牙波尔图酒等。

(2) 加香葡萄酒

以葡萄原酒为酒基，经浸泡芳香植物或加入芳香植物的浸出液（或蒸馏液）而制成的葡萄酒，称为加香葡萄酒。实际上也可称为葡萄露酒。常见产品名有南澳洲 Kingston 酒园加香葡萄酒、北京桂花陈酒、宁夏玉泉加香葡萄酒等。

(3) 冰葡萄酒

将葡萄推迟采收，当气温低于 −7℃ 以下，使葡萄在树体上保持一定时间，结冰，然后采收、带冰压榨，用此葡萄汁酿成的葡萄酒（生产过程中不允许添加冰源），称为冰葡萄酒。常见产品名有祁连传奇冰葡萄酒、莫高冰葡萄酒、五女山冰葡萄酒等。

（4）贵腐葡萄酒

在葡萄成熟后期，葡萄果实感染了灰绿葡萄孢霉菌，使果实的成分发生了明显的变化，用这种葡萄酿造的葡萄酒，称为贵腐葡萄酒。常见产品名有法国 Chateau d'yquem 贵腐白葡萄酒、法国 Sauterne 贵腐甜葡萄酒、德国 Scharzhofberger Egon 贵腐葡萄酒等。

（五）按葡萄酒饮用方式分类

一般为商家及消费者使用的分类方法，包括开胃葡萄酒、佐餐葡萄酒、待散葡萄酒等类型。

1. 开胃葡萄酒

在餐前饮用，主要是一些加香葡萄酒，酒精度一般在 18% vol 以上。常见产品名有马丁尼、仙山露、甘希雅等，我国常见的开胃酒有味美思。

2. 佐餐葡萄酒

同正餐一起饮用的葡萄酒，主要是一些干型葡萄酒，如干红葡萄酒、干白葡萄酒等。常见产品名有长城干白葡萄酒、加利福尼亚佐餐葡萄酒、查理士主人干红佐餐葡萄酒等。

3. 待散葡萄酒

在餐后饮用，主要是一些加强的浓甜葡萄酒。常见产品名有麝香葡萄酒、蓝布鲁斯科甜红葡萄酒、烟台嘉裕待散葡萄酒等。

（六）按葡萄酒标注方式分类

一般为商家及生产者使用的分类方法，包括年份葡萄酒、品种葡萄酒、产地葡萄酒等类型。

1. 年份葡萄酒

所标注的年份是指葡萄采摘的年份，其中年份葡萄酒所占的比例不低于酒含量的 80%（体积分数）。

2. 品种葡萄酒

所标注的葡萄品种酿制的酒所占比例不低于酒含量的 75%（体积分数）。

3. 产地葡萄酒

所标注的产地葡萄所酿制的酒所占比例不低于酒含量的 80%（体积分数）。

第二节 中国葡萄酒的生产

一、中国葡萄酒工业的发展状况

（一）中国葡萄酒的起源及发展

我国有悠久的葡萄栽培历史，其中欧亚种栽培超过 2 000 年，野生种的历史就更早。有人认为在 3 000 多年前的商代我国已有了葡萄酒（1980 年河南商代古墓中发现密闭铜卣，经分析为葡萄酒）。至于当时酿酒所采用的葡萄是人工栽培的还是野生的尚不清楚，但可以相信的是，在商周时期，除了谷物原料酿酒之外，水果酿酒也有一席之地。在新疆等地，直到现在，葡萄酒仍然是主要的酒类品种。

我国在元朝曾大力普及过葡萄酒，但在中国古代，葡萄酒不是主要的酒类品种，葡萄酒进入工业化生产是在清朝后期。1892年，爱国华侨张弼士先生投资300万两白银在山东烟台建立了张裕葡萄酿酒公司，聘请了奥地利人拔保担任酒师，引进了120多个酿酒葡萄品种进行栽培，同时也引进了国外先进的酿酒工艺及设备，建立了我国最早的葡萄酒厂，从此我国的葡萄酒生产技术上了一个新台阶。继张裕公司之后，青岛、北京、山西清徐、吉林长白山、吉林通化等地也相继建立了葡萄酒厂。

新中国成立之初，我国的葡萄酒厂仅有7个，从20世纪50年代末到60年代初，我国又从东欧引入了酿酒葡萄品种，并开展了葡萄品种的选育工作。在新中国成立后的30年中，葡萄酒生产企业发展到40个。改革开放以来，葡萄酒工业又得到了飞速发展。到1995年，全国的生产企业数已达到80多个。据不完全统计，至2000年底，葡萄酒生产企业已发展到约200个。

目前，我国在西北干旱地区、渤海沿岸平原、黄河故道、黄土高原干旱地区、淮河流域及东北长白山地区建立了葡萄园和葡萄酒生产基地，新建的葡萄酒厂在这些地区也得到了长足的发展。其中规模较大、效益较好、质量稳定的企业有：山东烟台的张裕葡萄酿酒公司、河北沙城的中国长城葡萄酒有限公司、天津的中法合营王朝葡萄酿酒有限公司、山东龙口的威龙葡萄酒股份有限公司、北京的北京丰收葡萄酒有限公司、河北的中法合资华夏葡萄酿酒有限公司、宁夏的西夏王葡萄酿酒公司、安徽的古井双喜葡萄酿酒有限责任公司等。这些企业生产的葡萄酒，都被国家技术监督检验检疫总局评为全国首批免检产品。

(二) 中国葡萄酒企业的区域分布和葡萄的主要种植区域

1. 葡萄酒企业的区域分布

从葡萄酒企业的分布地域看，基本遍布全国各地，其中产量较大的省份有山东、河北、天津、北京、安徽、河南、陕西、山西、甘肃、宁夏、新疆、吉林等。

山东的葡萄酒企业主要分布在烟台和青岛两个地区，其产量占全国葡萄酒总产量的35%左右；河北的葡萄酒生产企业分布在怀来地区、秦皇岛地区等，这些企业大多数起点比较高，形成了明显的区域优势。另外，云南、广西、四川等地也利用当地的区域性小气候，种植酿酒葡萄，生产出具有地方特色的葡萄酒。

2. 酿酒葡萄品种的主要种植区域

葡萄酒的质量先天在于葡萄，后天在于工艺。没有好的葡萄，就酿不出好的葡萄酒，而好的葡萄酒除了要有好的品种外，还要有适宜其生长的生态环境，包括土壤、降雨量、温度、气候等，栽培模式也是影响葡萄质量的重要因素之一。

(1) 酿酒葡萄品种适宜栽培的生态区域

适宜于酿酒葡萄生长生态条件的地区大多集中在北纬30°～50°、南纬30°～40°这一区域，世界上葡萄与葡萄酒比较发达的国家都主要集中在这个区域，如北半球的法国、意大利、西班牙、葡萄牙、德国、美国加州，南半球的南非、澳大利亚、阿根廷、智利等。

我国的酿酒葡萄种植区域主要分布于北纬30°～50°之间，从东向西，有山东半岛产区，包括胶东半岛北部的丘陵地带和大泽山。这里受海洋气候的影响，昼夜温差大，雨量适中，有葡萄栽培的悠久历史和经验，霞多丽、贵人香、赤霞珠、品丽珠、蛇龙珠、梅乐、佳丽酿、白玉霓等葡萄在此区域都有良好的表现，是国内种植面积较大、品质较好的酿酒葡萄产区之一（见图5.1）。

图 5.1　张裕葡萄酒公司的葡萄种植基地

(2) 我国主要的酿酒葡萄产区

东北产区：主要是长白山麓。气候条件特殊、土壤肥沃，特别适宜于野生山葡萄的生长，是国内野生山葡萄的最主要的产区。

华北地区：包括河北昌黎、怀来，天津蓟县及其周围区域。特别适宜于赤霞珠、梅乐、玫瑰香、龙眼等葡萄品种的生长。

西北地区：包括宁夏银川、甘肃武威、新疆吐鲁番等地。这里昼夜温差大，降雨量较少，葡萄病害少，含糖量高，所酿制的葡萄酒有独特的风格。

黄河古道地区：包括河南兰考、民权，安徽萧县，山西清徐，陕西丹凤等。

(三) 中国葡萄酒的产量分布及发展

我国是世界的酿酒大国。据 2000 年的统计，各种酒类的年产总量为近 3 000 万吨，占世界饮料酒总产量的 12%。其中，葡萄酒世界年产量为 2 600 万吨，我国的产量是 27 万吨，仅占世界葡萄酒总产量的 1% 左右，占我国饮料酒总产量的不足 1%。

1. 中国葡萄酒生产的发展历程

葡萄酒在我国饮料酒中虽然是一个很小的酒种，占世界总产量的份额也很小，但它的发展速度还是很快的，特别是近年来，国力的不断增强、对外交流的日益扩大，为葡萄酒的发展提供了广阔的空间。

新中国成立初期，我国葡萄酒产量不足百吨，1969 年不足万吨，到改革开放前的 1978 年，葡萄酒的产量发展到 2.8 万吨，随后产量持续上升，1980 年达到 8 万吨，1981 年产量首次突破 10 万吨，到 1988 年，葡萄酒的产量达到了 30 万吨（其中包括了大量的非全汁酒，如果按纯汁量计算，其产量要远远低于此数值）。此后，由于种种原因（半汁酒泛滥，质量下降是主要原因之一），人们对喝葡萄酒失去了热情，葡萄酒的生产走入了低谷。1996 年，葡萄酒的产量下降到 17 万吨；1998 年，产量开始有所恢复，上升至 20 万吨；到 2000 年，葡萄酒产量猛增到近 27 万吨，出现了新一轮的发展高潮；到 2004 年，产量继续上升到 36.8 万吨；2005 年，持续上升到 43.43 万吨的水平（见表 5.3），且实现利润 12.56 亿元，上缴税金 12.07 亿元，为国民经济的发展做出了较大贡献。

目前，全国有葡萄酒企业约 600 家。截至 2008 年底，国有及年销售收入在 500 万元以上的非国有企业为 167 家。根据国家统计局对国有及年销售收入 500 万元以上非国有企业的统计，2008 年葡萄酒产量 69.83 万吨，增长 23.4%；工业总产值 191.68 亿元，增长 27.02%；销售产值 183.22 亿元，增长 23.75%。

2. 中国葡萄酒生产的产量分布

近几年，山东省和河北省的产量持续保持在全国总产量的三分之一以上，特别是张裕葡萄酒集团，以 6 亿元的利税总额打入 2004 年酿酒企业十强，是当中唯一一家葡萄酒企业，意味着国产葡萄酒终于突破"小酒种"的角色，与白酒、啤酒形成鼎足之势。

葡萄酒年产量不是很大，但生产高度集中，产量主要集中在名牌酒厂的大企业中。张裕葡萄酒公司 2005 年产量达到 7 万多吨，中粮酒业达到 7 万多吨，中法合营王朝葡萄酒酿酒公司达到 3.5 万多吨，威龙葡萄酒股份公司达到 3.4 万多吨，4 家公司合计产销量达到全国二分之一水平，经济效益也居于行业之首。

表 5.3 全国葡萄酒产量分布（2005 年）

次序	省份	产量（万吨）
1	山东	17.80
2	河北	8.75
3	天津	3.90
4	吉林	1.90
5	河南	1.03
6	北京	0.96
7	云南	0.75
8	新疆	0.67
9	安徽	0.41
10	黑龙江	0.36
11	辽宁	0.27

注：2005 年葡萄酒产量 3 000 吨以上的省份共 10 个，产量为 365 167 吨，占全国总产量（国家统计局数据）的 84.08%。

二、中国葡萄酒生产的原材料及预处理

葡萄是一种营养价值很高、栽培历史悠久、种植区域广泛的浆果植物。由于含糖量高，酸度适中，含有酵母生长所必需的营养成分，且具有美丽的颜色、浓郁清雅的果香等特点，被认为是所有水果中最适于酿酒的类别。

（一）葡萄的主要成分

一穗葡萄包括果梗和果粒两个部分，酿造葡萄酒时，首先要将果梗去掉。果粒由 3 个部分组成：果皮、葡萄籽和果肉（浆液），其比例分别为 6%~12%，2%~5%，83%~92%。

1. 果皮

对酿造葡萄酒而言，果皮中所含的有用物质是单宁、花色素和芳香物质，这些物质的含量因葡萄品种的不同而有很大的差异。

（1）单宁

单宁是一种特殊的酚类化合物，具有收敛性，是构成葡萄酒特别是红葡萄酒酒体的重要物质。适当的单宁含量会给葡萄酒带来结构感、立体感，但含量过高或过低，则会使酒质粗涩或单薄。

（2）花色素

花色素是影响葡萄酒颜色的最重要的物质，其含量与葡萄品种有极为密切的关系，红葡

萄酒的颜色一般都来自葡萄皮，所以酿造红葡萄酒时要尽量将葡萄皮中的花色素浸渍到酒液中，以提高酒的色度。

（3）芳香物质

芳香物质是葡萄酒中的重要组成部分，可体现酒的风格。

在酿酒的过程中，根据不同的要求，确定对葡萄皮中各种物质的利用程度，也就是确定对葡萄皮的浸泡时间，从而决定工艺路线。

2. 葡萄籽

葡萄籽中主要含有脂肪和单宁，这些单宁与葡萄皮中的单宁不同，对葡萄酒来说都是一些劣质单宁。

葡萄籽中的物质对酿造葡萄酒来说都是不利的，因此，在对葡萄进行破碎、压榨时，应尽量避免葡萄籽被压碎，以防这些物质进入葡萄酒。

3. 果肉

果肉是葡萄的主要部分，可占葡萄的 83%～92%。

果肉的主要成分是水，占 65%～80%，其次还有还原糖、有机酸、矿物质、果胶等。还原糖是酿酒的基础物质，有机酸也是葡萄酒中非常重要的呈味物质，构成酒的层次感、平衡感。

（二）葡萄的采收

葡萄的采收是葡萄生产的最后一个环节，也是工厂加工的第一个环节，因此，葡萄的采收对葡萄酒的生产是十分重要的。为了生产出优质的葡萄酒，必须用优质的原料进行加工，葡萄的采收主要应考虑在葡萄质量达到最佳时，以最好的方式进行采收。

1. 根据不同的葡萄品种确定采收期

采收期的确定是根据葡萄的不同生理特性而确定的，当葡萄果实达到完全成熟时，所含的有价值的物质达到最大量，这时采收能最大限度地利用大自然所赋予的精华，有利于提高葡萄酒的质量。

2. 注意采收方法

我国目前几乎全部采用传统的人工采收方法，采收时应轻拿轻放，不损伤果实，对生青果、病害果、腐烂果要及时剔除，以保证葡萄质量。同时，在运输过程中要避免积压、污染，尽快送到工厂进行加工。

三、中国葡萄酒生产的主要葡萄品种

我国葡萄的栽培历史十分悠久，品种也很多，大致可分为酿酒葡萄和鲜食葡萄两大类。按地理分布和生态特点，我国现有酿酒葡萄可分为欧亚种群、东亚种群和北美种群 3 个种群。每一种葡萄的内在特性，对于葡萄酒的质量具有某种决定性的意义。任何葡萄都可以酿酒，但不是任何葡萄都可以酿出独特风格的好酒。

（一）适合酿造红葡萄酒的品种

主要包括赤霞珠、蛇龙珠、美乐、蓝法兰西、佳丽酿等著名品种，其他还有佳美（Gamay）、歌海娜（Grenache）、味而多（Petit Vordot）、黑品乐（Pinot Noir）、西拉（Syrah）、增芳德（Zinfandel）等。

1. 赤霞珠（Cabernet Sauvignon）

欧亚种，原产法国，1892 年由西欧引入我国山东烟台，近几年在国内有大面积种植。

该品种属中晚熟品种，较抗旱、抗寒。所配制的红葡萄酒呈宝石红色，醇和谐调，酒体丰实，典型的生草、青椒香气，回味长，是国际上重要的酿造干红葡萄酒的名贵品种之一。

2. 蛇龙珠（Cabernet Gernischet）

欧亚种，原产法国，1892年由西欧引入我国山东烟台，近几年在山东烟台有较大面积的种植，河北昌黎等地也有种植。

此品种属晚熟品种，适应性较强，是赤霞珠、品丽珠的姊妹系，所配制的干红葡萄酒香气浓郁，酒体壮实、丰满，充满活力。

3. 美乐（Merlot）

美乐又名梅鹿辄、梅鹿汁，欧亚种，原产法国，1892年由西欧引入我国山东烟台，目前在全国各个葡萄产区都有栽培。

所酿之酒呈宝石红色，醇和浓郁，幽雅细腻，酒体丰满，回味长。

4. 蓝法兰西（Blue French）

蓝法兰西又名法国兰、玛瑙红，欧亚种，原产奥地利，1892年由法国引入我国山东烟台，目前山东有大面积栽培。

该品种是早熟品种，适应性强，所酿之酒呈宝石红色，味醇厚，酒香浓郁，酒体丰满，回味长。

5. 佳丽酿（Carignane）

佳丽酿又名法国红，欧亚种，原产西班牙，1892年由西欧引入我国山东烟台，目前山东、黄河故道及北京地区栽培较多。

该品种适应性极强，所酿之酒呈深宝石红色，味醇正，酒体较丰满，回味良好。

（二）适于酿造白葡萄酒的品种

主要包括贵人香、雷司令、长相思、霞多丽等著名品种，其他还有白诗南（Chenin Blanc）、琼瑶浆（Traminer）、白品乐（Pinot Blanc）、赛美容（Semillon）等。

1. 贵人香（Italian Riesling）

贵人香又名意斯林，欧亚种，原产法国南部，1892年由西欧引入我国山东烟台，目前山东半岛及黄河故道地区栽培较多。

所酿之酒呈浅黄色，果香浓郁，酒香醇厚，回味绵长，是酿造干白葡萄酒的名贵品种之一。

2. 雷司令（Grey Riesling）

雷司令又名灰雷司令，欧亚种，原产德国，1892年由西欧引入我国山东烟台，目前胶东半岛有大面积栽培。

所酿之酒呈浅禾秆黄色，香气完整、柔和，清淡幽雅，酒质醇正，回味绵延。

3. 长相思（Sauvignon Blanc）

长相思又名索味浓，欧亚种，原产法国，1892年由西欧引入我国山东烟台。

所酿之酒呈浅黄色，清香爽口，回味绵延。

4. 霞多丽（Chardonnay）

霞多丽又名莎当尼，欧亚种，原产法国，1980年由法国引入，目前河北、山东、河南、陕西和新疆都有栽培。

该品种适应性强，较抗寒。所酿之酒呈淡黄色，果香浓郁，柔和爽口，是生产陈酿型干白葡萄酒的名贵品种。

四、中国葡萄酒生产的基本技术

传统的葡萄酒发酵,是不用添加酵母菌的,利用葡萄皮表面上的酵母菌将葡萄浆(或葡萄汁)中的糖分转变成酒精。

(一)葡萄浆或葡萄汁的制取

现代葡萄酒生产,主要包括葡萄浆或葡萄汁的制取、酒精发酵、陈酿、后处理以及包装等工艺过程。

1. 葡萄的破碎

葡萄只有被破碎果汁与酵母充分接触后才能发酵。由于生产葡萄酒的类型不同,制取葡萄浆(汁)的方法也不同。

(1)酿制红葡萄酒

需将葡萄除梗后把果实压碎,使之成为葡萄浆,让果皮与葡萄汁充分接触,一起发酵,在发酵的过程中将果皮中的色素、芳香成分及部分单宁浸提到酒液中。

(2)酿制白葡萄酒

果实出梗后破碎,然后压榨,将葡萄汁与葡萄皮渣进行分离,用分离后的葡萄汁进行发酵。

2. 葡萄浆(汁)的调整

包括二氧化硫的添加、含糖量的调整、含酸量的调整等主要工序。

(1)添加二氧化硫

①添加二氧化硫的作用及效果。

二氧化硫是葡萄酒酿造工艺中最重要的添加剂,它具有杀菌和抑菌作用、澄清作用、溶解作用、增酸作用、抗氧作用、护色作用、还原作用等,是葡萄酒生产中不可缺少的添加剂。

②添加二氧化硫的方法及添加量。

添加二氧化硫的方法较多,目前最普遍使用的方法是添加亚硫酸溶液。

添加二氧化硫的数量视原料情况、加工工艺、酒的种类以及标准要求而定。通常的亚硫酸溶液含有二氧化硫 6% 以上,其中游离二氧化硫占 90% 左右,它是二氧化硫中的有效成分。

要控制葡萄溶液中游离二氧化硫在 $(60\sim70)\times10^{-6}$ 以下,所以加入亚硫酸的量一般控制在 1‰ 左右。

(2)调整含糖量

①含糖量调整的意义。

葡萄酒中的酒精应该是由葡萄果实中的可发酵糖发酵得到的,因此,葡萄果实中的含糖量对葡萄酒的酒质有着密切的关系,这也是葡萄采收时要控制含糖量的主要原因。

当葡萄中的含糖量达不到要求时,就要考虑人为加糖,使之达到要求。

②含糖量调整的方法。

调整葡萄汁含糖量最理想的办法是添加浓缩葡萄汁,提高含糖量,但这种方法成本较高,难以实现。

我国葡萄酒生产企业大多是采用添加蔗糖的方法来达到提高含糖量的目的,这种方法相对添加葡萄浓缩汁来讲更经济。

③含糖量调整的最适量。

添加蔗糖的量,要根据葡萄汁本身的含糖量及最终产品的酒精度期望值而定。葡萄酒在发酵过程中存在着下列平衡关系及数量关系:

$$C_6H_{12}O_6 \rightarrow 2C_2H_5OH + 2CO_2$$
$$180 \quad\quad 2\times 46$$

由以上反应式可见,180 g 糖可以发酵产生 92 g 酒精,也就是说,100 g 糖可以发酵得到 51.1 g 酒精,纯酒精的密度 $D=0.7895$,100 g 糖可以发酵得到 64.7 mL 酒精,这是理论上的计算值。实际上由于其他副反应的存在,每 100 g 糖只能生成 48.4 g 酒精,相当于 61.3 mL 酒精,即要发酵产生 1% vol 酒精,需要消耗 16.3 g 糖,生产上一般按 17 g 计算。

按照上述比例关系,根据葡萄汁中的含糖量和最终产品酒精度的要求,可以计算出每单位葡萄汁中应加入蔗糖的量。

(3) 调整含酸量

①含酸量调整的作用及效果。

在葡萄酒的酿造过程中酸起着重要的作用,它可以抑制细菌的繁殖而使发酵顺利进行;使红葡萄酒获得鲜明的颜色;使葡萄酒的口味清爽,增加活泼性和柔软感;与酒精化合成酯,增加酒的芳香;增加酒的耐贮性和稳定性。但是,含酸量过高,会使酒显得生硬、粗糙。

②含酸量调整的最适量。

葡萄汁的酸度由于受到品种、气候、成熟度等因素的影响,其含酸量很难与理想值相吻合,这就需要在酿造时加以调整。

一般而言,酿造甜葡萄酒适宜的酸度为 8.0 g/L~10 g/L(以酒石酸计),酿造干葡萄酒适宜的酸度为 6 g/L~8 g/L(以酒石酸计)。

③含酸量调整的方法。

当葡萄汁含酸量低时,可以添加酒石酸或柠檬酸来提高酸度,达到理想的含量,但柠檬酸的含量在国际酿酒法规中规定不得大于 1 g/L。

当葡萄汁含酸量高时,应当实施降酸。降酸的方法大致可分为调配法、物理降酸法、化学降酸法和生物降酸法等,这些降酸方法各有利弊,生产中应根据实际情况选择使用。

(二) 酒精发酵

酒精发酵就是把葡萄转变为葡萄酒的过程。酒精发酵是葡萄酒生产工艺中十分关键和重要的步骤。

经过预处理的葡萄汁或葡萄浆进入发酵罐后采用天然酵母或加入酒酵母进行发酵,发酵开始后要对其进行严格的管理,以保证发酵能顺利进行,并获得对产品质量最有利的酵母代谢产物及原料成分。

1. 温度管理

酒精发酵是经过很多步骤和一系列变化,最后生成酒精、二氧化碳并放出热量的。综合化学反应方程式如下:

$$C_6H_{12}O_6 \rightarrow 2C_2H_5OH + 2CO_2 + 138J$$
单糖　　酒精　　二氧化碳

由此可见,在糖转化为酒精时要产生二氧化碳并放出热量。随着反应的进行,放出的热量会不断增加,导致醪液温度升高。

通过计算可知,每生成1% vol酒精,发酵液的温度就会升高2.5℃。如果发酵液入池的温度是20℃,发酵的酒精度达到10% vol时,理论上,发酵液的温度就会上升到45℃,这是发酵工艺中所不能容许的。

(1) 适宜温度的控制

适宜的温度是酵母生长繁殖的必要条件,同时,适宜的发酵温度对提高酒的质量也是至关重要的。不同的葡萄酒,适宜的发酵温度也有所不同。

①白葡萄酒的温度管理。

白葡萄酒应具有细腻幽雅的果香,发酵温度低一些,有利于酒质的提高。所以,白葡萄酒的发酵温度一般控制在14℃~18℃之间,主发酵时间为15天左右。发酵温度过高,易使酒液氧化,破坏葡萄品种的香气,减少低沸点芳香物质的含量,使酒质变得粗糙、生硬。

②红葡萄酒的温度管理。

红葡萄酒在发酵过程中要有效地浸出葡萄皮中的色素、芳香物质、单宁等。因此,相对于白葡萄酒来说,红葡萄酒的发酵温度要适当提高,一般控制在25℃~30℃,主发酵期为7天左右。

(2) 发酵温度控制的主要方式

发酵温度的控制是发酵工艺控制中十分重要的环节。发酵开始后一个重要的工作就是监控温度的变化,及时采取有效的措施,降低醪液的温度,使之处于理想的温度范围,通常采取的冷却措施有以下4种,选择哪一种冷却方式要根据实际情况,考虑各个方面的因素和条件而定。

①喷淋冷却。

从金属发酵罐的顶部直接喷淋地下水,通过发酵罐进行冷热交换,达到降温的目的。

②换热器冷却。

采用板式或套管换热器,利用冷却水将发酵液冷却。

③夹层冷却。

利用带夹套的发酵罐,在夹层中通入冷却液,使发酵液冷却。

④外循环冷却。

将葡萄醪从排料口排出,在罐外通过交换器降温,然后再泵入发酵罐。

2. 工艺控制

在酒精发酵过程中,除了要控制发酵温度以外,还需要对其他工艺条件进行控制。对于不同种类的葡萄酒,工艺控制的重点也不同。

(1) 洁净除杂

要生产出高质量的葡萄酒,口感醇正是必须的,因此,发酵中所接触的容器必须清洁、无异味。

发酵前应将发酵罐用二氧化硫杀菌并清洗干净,将发酵液装入发酵罐,根据需要添加一定量的人工酒酵母。

(2) 循环均相

发酵期间要对醪液进行必要的搅拌,特别是对于红葡萄酒,由于葡萄皮的密度小,加上发酵过程中产生的二氧化碳将其顶浮于发酵液面,使浸提作用减小,同时发酵所产生的热量不易散失,造成局部温度过高,影响酒的质量,因此,必须采取有效的措施克服这些现象。

常用的方法有两种:一是采用人工捣池,将葡萄"皮帽"压入醪液中;二是采取泵循环,将醪液从发酵罐的底部放出,再用泵从发酵罐的顶部喷入,搅动"皮帽",起到增加浸提、快速散热的作用。

(3) 适时转缸

监控发酵液中各种成分的变化,确定主发酵期的完成。

随着酒精发酵的不断进行,醪液中的酒精度不断增加,糖度不断降低,当发酵接近结束时,发酵液面只有少量二氧化碳气泡上升,液面趋于平静,液温下降,接近于室温。当醪液的密度在 1.02 kg/L 左右,残糖在 5 g/L 以下时,标志着主发酵已经结束,可以转入下一道工序。

(4) 皮渣分离

当酒精发酵结束后,要及时进行原酒与皮渣或酒脚的分离。对带皮发酵的红葡萄酒,需进行压榨,将皮渣与汁液,也就是原酒进行分离;对于用葡萄汁发酵的白葡萄酒,要将沉积于发酵罐底部的酒脚与汁液,也就是原酒进行分离。

分离后的原酒,可根据需要进行后发酵,使酒质变得更柔和、醇正、谐调。

(三) 陈酿

将葡萄酒放在贮酒桶里,经过一段时期的存放,使酒的质量得到改善的过程称为葡萄酒的陈酿或老熟。

葡萄酒在陈酿过程中会发生一系列复杂而缓慢的化学和物理变化。发酵结束后的葡萄酒还需在陈酿的过程中经历成长期、发育期、壮年期、衰老期、死亡期整个"生命史"。陈酿对葡萄酒工艺来说是很重要的一部分。如何缩短成长期,延长壮年期,推迟死亡期,是葡萄酒酿造学的一个重要课题。

1. 陈酿期的确定

不同葡萄品种酿造的葡萄酒,其最佳的陈酿期也不同,不能一概而论。

①白葡萄酒的陈酿。

最佳陈酿期一般较短,不宜长期陈酿,以保持其果香新鲜、口味爽净的风格。

各种白葡萄酒的陈酿期一般为两年左右。其中,干白葡萄酒的陈酿期更短,3~10 个月就可出厂。

②红葡萄酒的陈酿。

由于单宁和色素物质含量高,色较深,红葡萄酒适合较长时间陈酿,使新酒的生涩味逐渐形成特有风味,口味更醇和,酒香更浓郁,酒体更丰满。

2. 陈储效果的保证

葡萄酒在陈酿过程中发生的变化是很复杂的,有氧化还原作用、酯化作用、聚合作用等。通过这些作用,使葡萄酒中的果胶、蛋白质等杂质沉淀,酒石酸盐析出,酒液澄清透明,酒精分子和水分子缔和,有机酸和醇产生酯化,增加香气,使酒质醇厚适口。

陈酿效果如何,一方面与葡萄酒自身的"寿命"有关,另一方面也与陈酿环境有关。陈酿环境主要包括贮酒容器的性质、温度的高低、湿度的大小、卫生状况等。

(1) 贮酒容器的选用

视其是否与酒液发生作用,可分为两类:一类是不与酒液发生作用的容器,另一类是可与酒液发生化学反应的容器。

①金属罐。

一般白葡萄酒适合用这一类容器陈酿。用这类容器陈酿葡萄酒,葡萄酒的陈酿作用仅在酒液自身进行。

②木桶。

通常是橡木桶，一般红葡萄酒适合用这一类容器陈酿。用这类容器陈酿葡萄酒，不仅酒液自身发生化学反应，而且酒液与贮酒容器之间也发生化学反应，这就是一些陈酿型的酒有橡木香的原因。

(2) 陈储管理的实施

葡萄酒的陈酿是葡萄酒生产过程的延续，其间的管理工作是很重要的，管理的重点是让葡萄酒获得有益的变化。

陈储应保持良好的环境，容器、设备、空间要保持清洁，定期清洗、消毒、灭菌。陈酿的葡萄酒要采取一系列措施防止氧化，包括满桶贮存并严格监控，随时添桶。为了使沉淀的酒脚及时与酒液分开，还要经常倒桶，将酒脚分离，以保证酒质的纯净（见图5.2）。

图 5.2　张裕葡萄酒公司的葡萄酒陈储

(四) 后处理

后处理包括酒液的澄清处理、冷冻处理、热处理、勾调、过滤等主要过程。

1. 澄清处理

葡萄酒的质量，除了色、香、味的要求以外，还必须澄清透明。

(1) 自然澄清

葡萄酒长期贮存，可使内部不稳定的物质不断沉淀析出，最后达到稳定澄清的效果。采取这种自然澄清的方法，一般需2～4年。

(2) 下胶澄清

在葡萄酒中添加一些物质，这些物质能与葡萄酒中某些易形成沉淀的物质如蛋白质、单宁、果胶、无机盐、酵母菌体等发生作用，产生胶体网状沉淀物，一起凝结沉淀下来，再通过过滤除去，从而使酒液澄清透明并且稳定。

为了缩短生产周期，加速葡萄酒的澄清，可以采用人工下胶澄清的办法。

①常用的下胶剂。

主要有明胶、硅藻土、皂土等。下胶剂的用量根据葡萄酒中所含成分的不同而异，一般要通过小批量试验而确定。

②常用的下胶方法。

一般是将下胶剂用温水浸泡软化，然后加葡萄酒制成5%～10%的悬浮液，边搅拌边倒入酒中，继续搅拌至均匀，静止澄清。

2. 冷冻处理

葡萄酒的下胶处理可以除去不稳定的胶体粒子，但对于低温下溶解度小的成分如酒石酸盐的沉淀不能除去，这就需要进行冷冻处理。

(1) 冷冻处理的目的及方法

冷冻处理是将葡萄酒的温度降低并保持一定的时间，使不稳定的物质完全沉淀析出。

冷冻处理的温度应控制在尽量低而又不使葡萄酒结冰，一般控制在酒的冰点以上1℃为宜。

(2) 冷冻处理的条件控制

不同的葡萄酒其冰点不同，含酒精 11% 的葡萄酒冷冻温度一般控制在 -4.5℃ 左右。

冷冻时间的长短要根据葡萄酒的质量情况而定，一般冷冻保温一周左右。为了保证冷冻沉淀完全，最好适当延长冷冻保温的时间。

3. 热处理

(1) 适用葡萄酒的类型

葡萄酒的热处理仅对一些需要加速人工老熟，改善葡萄酒品质以及需加热杀菌的产品适用，对一些鲜爽、清新型的葡萄酒不适用。

(2) 热处理的条件控制

热处理时一般温度控制在 30℃～55℃，时间为几天或十几天；或者将待处理的酒液加温至 70℃，保持 10 min。

热处理可进一步提高葡萄酒的稳定性，加速葡萄酒的老熟。

4. 勾调

葡萄酒的勾调主要包括两个方面：一是勾兑，即将不同的原酒按不同的比例混合，克服单一原酒的某些缺陷，起到相互补充、相互衬托的作用，达到质量最佳的目的；二是根据葡萄酒的质量标准对勾兑酒的某些成分进行调整，即调配，使之达到标准要求。

(1) 勾兑

在大多数情况下，每一种原酒由于葡萄品种的差异、加工条件的不同、加工工艺的差别而表现出不同的特点，各有不同的个性。勾兑就是选择不同的原酒，按一定的比例混合，互相取长补短，最大限度地提高葡萄酒的质量，同时也要考虑获取最大的经济效益。

采用哪种原酒进行勾兑，以及各种原酒所取的比例，一般是根据化学分析和感官品评而定。

(2) 调配

调配是对葡萄酒的成分进行微量调整。之所以说微量调整，是因为葡萄酒的主体成分应该是发酵的产物，而不是人工调配的，调配只能在很小的范围内进行，否则，就不能称之为发酵酒，而只能叫做配制酒。

调配主要是调整酒度、糖度和酸度，有时根据需要还要加入二氧化硫。各种成分加入的量，要视化学分析的结果计算得出。

勾兑调配好的葡萄酒，应该充分搅拌，使之均匀，然后再取样分析，合格后进行过滤和除菌，再经过一段时间的贮存，使调配的成分与酒液中原有的成分充分融合，成为一体。

5. 过滤

经过下胶处理、冷冻处理、热处理的葡萄酒或经过调配的葡萄酒都需要除去沉淀和悬浮物。为了酿造出澄清稳定的葡萄酒，在整个工艺过程中，往往需要多次分离沉淀物和混浊物，这就需要用过滤的方法来达到目的。

(1) 常用过滤方法

根据所用过滤介质的不同，可以把过滤方法分为滤绵法、纸板法及微孔薄膜法等。

目前常用的工艺是两法连用，用滤绵法或硅藻土法粗滤，用纸板法或微孔薄膜法精滤。

(2) 过滤的目的及效果

通过过滤，可以除去沉淀、胶体、细菌等有害物质，使酒质澄清、稳定。

优质的葡萄酒，必须具备澄清透明的外观，酒液晶莹剔透，有光泽。这除了葡萄酒本身的内在质量以外，在工艺过程中采取有效的过滤是必不可少的。

近几年来新型过滤介质的出现，为葡萄酒质量的进一步提高提供了可靠的保障。

（五）包装

酿造好的葡萄酒要经过包装才能出厂销售，到达消费者手中。一种好的葡萄酒不光要有好的原料和工艺，好的包装也是保证葡萄酒质量的一个很重要的环节，它是将优质的葡萄酒得到保存，甚至提高的一个很重要的因素。

1. 影响葡萄酒包装质量的因素

葡萄酒的包装要考虑两方面的影响：一是防止污染，二是防止氧化。

（1）防止污染

应在卫生、清洁的环境下包装，最好采用无菌包装机，以防止葡萄酒中污染杂菌而影响保质期。

（2）防止氧化

应尽量避免空气进入酒中，因为氧化了的葡萄酒，感官质量会大打折扣。罐装时，最好用稳定的气体如氮气或二氧化碳作为保护气体，防止空气进入。

2. 葡萄酒包装容器的选择注意

包装容器应有良好的密封性。

（1）封口材料

目前普遍使用的软木塞是比较理想的封口材料，它既能阻止空气进入，又可使酒液有一定的呼吸，延长葡萄酒的寿命。

（2）葡萄酒瓶

成品葡萄酒一般用玻璃瓶装，由于光照能促使葡萄酒的氧化，因此最好采用深色的玻璃瓶，以避免光线照射。

五、中国葡萄酒的代表性产品

（一）红葡萄酒类

1. 张裕红葡萄酒

产于山东省烟台市，在全国历届评酒会（第一、二、三、四届）上均被评为国家名酒（见图5.3）。

图5.3　张裕红葡萄酒

（1）原料概况

玫瑰香、玛瑙红、解百纳等酿造葡萄。

（2）制法概要

选用优良葡萄品种，经低温发酵、贮存、陈酿而成。

（3）产品特点

葵花牌烟台红葡萄酒的色泽如红宝石，酒液鲜艳透明，具有解百纳、玫瑰香、葡萄果香和浓郁的酒香，滋味醇厚，酸甜适口，余香良好，风味独特。酒度16% vol，糖分12%，总酸0.7%，为甜型红葡萄酒。

（4）文化渊源

张裕红葡萄酒由张裕葡萄酒公司酿造。1892年，著名的爱国侨领张弼士先生为了实现"实业兴邦"的梦想，先后投资300万两白银在烟台创办了"张裕酿酒公司"，中国葡萄酒工业化的序幕由此拉开。1912年孙中山先生品尝张裕葡萄酒后,曾题词"品重醴泉",给予了高度赞赏。张裕红葡萄酒于1915年荣获巴拿马万国博览会金奖,在全国评酒会上第一届、第二届名为玫瑰香红葡萄酒,第三届名为烟台红葡萄酒,第四届名为葵花牌烟台红葡萄酒。

经过一百多年的发展,张裕已经发展成为中国乃至亚洲最大的葡萄酒生产经营企业。1997年和2000年张裕B股和A股先后成功发行并上市,2002年7月,张裕被中国工业经济联合会评为"最具国际竞争力向世界名牌进军的16家民族品牌之一"。在中国社会科学院等权威机构联合进行的2004年度企业竞争力监测中,张裕综合竞争力指数位列中国上市公司食品酿酒行业的第八名,成为进入前十强的唯一一家葡萄酒企业。

2. 中国红葡萄酒

产于北京市,在全国评酒会(第二、三、四届)上3次被评为中国名酒(见图5.4)。

(1) 原料概况

龙眼、佳里酿、塞比尔、法国蓝、解百纳等酿造葡萄。

(2) 制法概要

夜光杯牌中国红葡萄酒是在继承原五星牌红葡萄酒的传统工艺基础上,经过破碎、发酵、陈酿、调配制成。并采用现代冷加工和热处理等方法加速酒的老熟;不仅选用长期贮存的优质甲级原酒做酒基,而且加入多种有色葡萄原酒,使之在色泽、酒度、糖度等方面达到较高水平。最后,贮藏期满的酒经过再过滤、杀菌、检验,才可供应上市。

图5.4 中国红葡萄酒

(3) 产品特点

夜光杯牌中国红葡萄酒的酒液色泽鲜艳,呈红宝石色,清澈透明,具有浓郁的葡萄果香和陈酿的酒香,香味和谐,入口醇厚,圆润柔细,余香清晰,饮入口中顿觉甜酸中略带涩意,其柔和爽口的浓厚风格,形成了独特的香韵和典型风格。酒度16% vol,糖分12%,总酸0.65%,为甜型红葡萄酒。

(4) 文化渊源

夜光杯牌中国红葡萄酒由原北京酿酒厂东郊葡萄酒厂生产,北京酿酒厂始建于1949年的华北酿酒试验厂,1950年收编上义、大喜两家著名果露酒厂和石家庄黄酒厂后成为国内最大酿酒厂。1965年,北京酿酒厂、北京葡萄酒厂、北京啤酒厂和北京双合盛啤酒厂组成北京酿酒总厂。1987年北京东郊葡萄酒厂脱离北京酿酒总厂,直属北京市一轻工业总公司。1993年,北京酿酒总厂又与已脱离管属的北京酒精厂和北京夜光杯(东郊)葡萄酒厂重新合并,成立北京红星酿酒集团公司。2000年8月29日,北京红星酿酒集团公司、京泰投资管理中心和北京市发酵工业研究所等五家单位联合共同发起创立北京红星股份有限公司,拥有"红星牌"、"夜光杯牌"、"古钟牌"等著名品牌。

公司拥有的夜光杯牌中国红葡萄酒连续3次荣获国家金奖,被授予国家名酒的称号。夜光杯商标1999年被评为北京市著名商标。夜光杯特制白兰地酒荣获法国波尔多国际酒类博览会金奖。公司产品销往全国30个省市,出口欧洲、美洲、亚洲的十几个国家和地区。夜光杯牌中国红葡萄酒是国庆十周年的献礼酒,享有"琼浆玉液"之美誉。1962年,著名作家巴金等到北京东郊葡萄酒厂参观,发出"闻香下马,飘飘欲仙"的感慨。夜光杯牌中国红葡萄酒不但酒色迷人，而且营养丰富，适量常饮，能增进食欲，增强体质，延年益寿。

（二）白葡萄酒类

1. 长城牌干白葡萄酒

产于河北省张家口市沙城，在全国评酒会（第三、四届）上两次被评为国家名酒（见图5.5）。

（1）原料概况

长城脚下桑乾河畔的名贵特产龙眼葡萄。

（2）制法概要

选用上述优质葡萄为原料，通过果汁分离机采取的上等自流果汁经澄清处理，添加优良葡萄酒酵母，经低温发酵，并采取预防氧化、冷冻精滤等工序酿制而成。

图5.5 长城牌干白葡萄酒

（3）产品特点

长城牌干白葡萄酒的酒色微黄带绿，透明晶亮，果香悦人，新鲜爽口。酒度12% vol，糖分0.4%，总酸0.6%。

（4）文化渊源

长城牌干白葡萄酒是长城葡萄酒有限公司的产品。公司创建于1949年6月，在接收私营酒坊基础上建立起沙城酒厂，生产白酒和配制酒。1960年自力更生建成年产2 000吨葡萄酒车间。1981年初，沙城酒厂建制改为长城酿酒公司，下设白酒、酒精、葡萄酒3个厂，科研所和葡萄母本园等。原沙城酒厂葡萄酒车间便成长为长城酿酒公司沙城葡萄酒厂。

沙城酒厂葡萄酒车间自1960年投产以来，以龙眼葡萄为主要原料，生产红、白甜葡萄酒，畅销全国各地。1974年开展干白葡萄酒研制工作，1977年试制成功了中国第一支干白葡萄酒，并以长城牌注册商标正式投产。1978年经河北省质量检查团评定，已达到国内同类产品先进水平，1979年被评为河北省名酒。同年秋，在第三届全国评酒会上绝干白葡萄酒被评为国家名酒，荣获国家经委颁发的金质奖章，半甜白葡萄酒被评为国家优质酒。2005年，沙城葡萄酒荣获中国酒类十大品牌称号。目前，绝干和半甜白葡萄酒大多出口，远销美、英、德、日本、新加坡等国家。葡萄汽酒除销往东南亚国家外，也部分供应国内市场。

长城牌干白葡萄酒酒质优良，达到国际宴会用酒标准，深受国内外宾客的好评，我国外交部已经用此酒供应外国使馆。

2. 民权白葡萄酒

产于河南省民权县，在全国第三届评酒会上荣获国家名酒称号（见图5.6）。

（1）原料概况

黄河故道所产白羽、白雅等酿造葡萄。

（2）制法概要

选用上述优质葡萄为原料，经精选、破碎、分离、葡萄汁发酵、贮存调配及后加工处理，精心酿制而成。

（3）产品特点

民权白葡萄酒的酒液呈麦秆黄色，清澈透明，有鲜果的清香和陈酿的酒香，诸香谐调而醇柔，酸甜适口，余味绵长。酒度12% vol，糖分10%，总酸0.6%，为甜型白葡萄酒。

（4）文化渊源

民权白葡萄酒由河南民权葡萄酒厂生产，该厂1958年建厂。长城牌民权白葡萄酒是其拳头产品，1962年开始使用长城牌商标（中粮集团已注册该商标），1963年获得国家优质酒称号；1979年评为国家名酒，获金质奖；1983年获全国同类产品第一名，国家银质奖；1984年获国家轻工系统酒类大赛银杯奖；1988年荣获法国巴黎第十三届特别金奖。国家专利自启式音乐瓶盖使喝民权葡萄酒和喝可乐一样方便容易，不再有"民权葡萄酒好喝瓶难启之苦"。1987年至1988年间，民权葡萄酒厂最高年产量曾突破2万吨，居全国第四，年纳税曾高达1 500万元，不仅畅销国内外，还被外交部定为国宴用酒和驻外使馆宴宾佳酒之一。

图5.6　民权白葡萄酒

1990—1994年，有偿使用中粮集团的长城牌商标。1997年，企业发生了重大的"重组"事件：香港五丰行斥资6 000多万元，成立了民权五丰葡萄酒有限公司，产品先后使用过"宝塔"、"民权"等商标，但民权葡萄酒厂再也没有兴盛起来。2005年3月18日，建厂47年的老民权葡萄酒厂宣告破产。之后，以3 400万元的拍卖价格卖给了浙江九鼎集团。

3. 王朝半干白葡萄酒

产于天津市，在全国第四届评酒会上荣获国家名酒称号（见图5.7）。

（1）原料概况

优质麝香型葡萄和贵人香、佳利酿等世界名种葡萄。

（2）制法概要

选用上述优质葡萄为原料，运用国际最先进的酿造白葡萄酒的工艺技术和设备，经过精选原料、软压取汁、果汁净化、控温发酵、除菌过滤、隔氧操作、恒温瓶贮、典雅包装8个工艺环节，精心酿制而成。

（3）产品特点

王朝牌半干白葡萄酒的酒体颜色微黄带绿，澄清透明似晶体；果香浓郁，酒香优雅；入口舒顺清爽，醇正细腻，具新鲜感，酒体丰满，典型完美，突出麝香型风格。酒度12% vol，糖分5.3%，总酸0.6%。

图5.7　王朝半干白葡萄酒

作为佐餐酒品，饮用的最佳温度为8℃～10℃。食用海味时佐以此酒，更增佳肴美感，也体现出该酒的最佳特色。

（4）文化渊源

中法合营王朝葡萄酿酒有限公司始建于1980年，是我国第二家、天津市第一家中外合资企业，合资的外方为世界著名的法国人头马集团亚太有限公司。公司建有国际酿酒名种葡萄原料种植基地3万多亩，具有国际一流的葡萄酒生产设备和工艺，生产三大系列90多个具有不同风格的葡萄酒品种，现生产能力为5万吨/年。公司的地下酒窖占地5 000平方米，是目前国内最大、设施最先进的地下酒窖。

公司始终重视产品质量，使王朝酒享誉海内外。王朝葡萄酒曾先后荣获14枚国际金奖，8枚国家级金奖，被布鲁塞尔国际评酒会授予国际最高质量奖，农业部将王朝葡萄酒确定为无污染、无公害、无病毒、营养丰富的绿色食品。王朝葡萄酒被指定为国宴用酒，供应 231 个我国驻外使领馆。王朝葡萄酒还远销美国、加拿大、英国、法国、日本、澳大利亚等 20 多个国家和地区，同时深受国内消费者的青睐。

"DYNASTY 王朝"是具有自主知识产权的品牌，2000 年"DYNASTY 王朝"商标被国家工商总局认定为中国驰名商标，2002 年被国家质量监督检疫总局评定为中国名牌产品；在 2006 年中国最有价值品牌评价中，"DYNASTY 王朝"的品牌价值已达 30.07 亿元人民币。王朝公司对葡萄酒事业的发展充满信心，以全球经济一体化为发展机遇，大力拓展国内、国际两个市场，把"DYNASTY 王朝"品牌培育成国际知名品牌，把王朝公司建设成现代化、国际化、一流的大型企业集团。

4. 张裕味美思

产于山东省烟台市，在全国历届评酒会（第一、二、三、四届）上均被评为国家名酒（见图 5.8）。

（1）原料概况

胶东半岛大泽山区的龙眼葡萄和白葡萄（白雅、白羽、李将军、贵人香等）。

（2）制法概要

选用上述葡萄品种为原料，取自流汁和第一次压榨汁发酵，经酿成上等白葡萄酒，储存两年以上作为基酒，加入藏红花、肉桂、豆蔻、丁香、龙胆草等 20 余种名贵药材浸汁陈酿而成。

图 5.8 张裕味美思

（3）产品特点

葵花牌烟台味美思的酒液呈棕红色，清亮透明，酒香、药香谐调，甜酸适口，微苦爽口，滋味丰满，饮后余味深长，令人常思。酒度 18%vol，糖分 15%，总酸 0.6%～0.7%，味甜微苦，为甜型加香葡萄酒。

（4）文化渊源

张裕味美思由张裕葡萄酒公司酿造。味美思（Vermouth）名称起源于古希腊，发展于意大利，定名于德国，后逐渐成为国际性名酒。张裕味美思从 1913 年开始生产，为我国之首。张裕味美思含有多种维生素，营养丰富，被誉为强身补血的葡萄酒。1915 年在巴拿马万国博览会荣获金奖，主销中国香港、澳门地区，以及东南亚各国，并深受东欧市场的欢迎。

复习思考题

1. 国际葡萄与葡萄酒组织（OIV）对葡萄酒的定义是什么？
2. 请说明葡萄酒的颜色形成原因。
3. 特种葡萄酒有哪些主要类别？
4. 葡萄酒按饮用方式可分为哪几类？它们分别有什么特点？
5. 简述葡萄酒的酒精发酵技术。
6. 简述葡萄酒的后处理技术。

主要参考文献

[1] 朱宝镛,章克昌. 中国酒经 [M]. 上海:上海文化出版社,2000.
[2] 吴福林. 中华风味酒 [M]. 南京:江苏科学技术出版社,2001.
[3] 桂祖发. 酒类制造 [M]. 北京:化学工业出版社,2001.
[4] 大连轻工业学院. 酿造酒工艺学 [M]. 北京:中国轻工业出版社,1982.
[5] 四川省酒类专卖事业管理局. 辉煌的世界酒文化 [M]. 成都:成都出版社,1993.
[6] 杨运芝,廖凯. 鸡尾酒调制工艺与配方 [M]. 北京:科学技术文献出版社,2001.
[7] 罗启荣,何文丹. 中国酒文化大观 [M]. 南宁:广西民族出版社,2002.
[8] Roger B Boulton, et al. 葡萄酒酿造学——原理及应用 [M]. 赵光鳌,等,译. 北京:中国轻工业出版社,2001.
[9] 马佩选. 葡萄酒质量与检验 [M]. 北京:中国计量出版社,2002.
[10] 彭正荣. 自酿葡萄酒 [M]. 上海:上海科学技术出版社,2003.
[11] 李玉鼎. 葡萄栽培(贮藏保鲜)与葡萄酒酿造 [M]. 银川:宁夏人民出版社,2006.
[12] 范长秀. 葡萄酒果酒酿造 [M]. 石家庄:河北科学技术出版社,1986.
[13] 陈驹声. 葡萄酒、果酒与配制酒生产技术 [M]. 北京:化学工业出版社,1991.

第六章 啤 酒

第一节 啤酒的一般知识

一、啤酒的起源及发展

(一) 啤酒的起源

根据史料记载,在公元前 4000 年,巴比伦就有了啤酒的原型。当时的啤酒制作只是将发芽的大麦制成面包,再将面包磨碎,置于敞口的缸中,让空气中的酵母菌自然进入缸中进行发酵,制成原始啤酒。

经考证,原始啤酒的起源可以追溯到 9 000 年前的古埃及。也有学者认为啤酒起源于亚述(今叙利亚),因为在 9 000 年前,亚述人就会用大麦酿酒,作为向女神尼哈罗的贡酒。

(二) 啤酒在世界各地的传播历程

啤酒自产生以来,其发展过程经历了漫长的时期。随着饮用习惯的形成,啤酒的生产和销售逐渐传遍了世界各地。

公元 6 世纪,啤酒的饮用首先通过地中海传入欧洲的法国、德国等国家。

公元 11 世纪,斯拉夫人开始尝试把啤酒花应用于啤酒的生产中。

15 世纪后期,以德国南部为中心,发展了下面发酵法的啤酒生产方式,啤酒制造业得到了空前的发展。

19 世纪初,随着蒸汽机的发明,啤酒的生产大部分实现了机械化,同时,德国的啤酒师分布到欧洲各地,广为传播啤酒生产的工艺技术。

19 世纪末,以东南亚诸国为桥梁,啤酒的饮用逐渐传入了亚洲各地。

现在,啤酒作为世界性酒类饮料,几乎已经普及到地球的任何一个角落,世界上超过 150 个以上的国家和地区在生产和销售啤酒。

(三) 啤酒在世界各地的生产及消费状况

由于啤酒的发展主要得力于欧洲国家,加上人口分布的原因,啤酒的产量按大小顺序依次为欧洲、美洲、亚洲、非洲、大洋洲。

1995 年,啤酒生产排名世界前 10 位的国家依次为美国、中国、德国、巴西、日本、英国、墨西哥、西班牙、南非、荷兰。

1998 年,排名世界前 5 位的国家未变,仍然为美国、中国、德国、巴西和日本。

中国的啤酒生产量 1993 年达到 1 190.1 万吨,位于美国之后,排名世界第二位;1996 年持续增长,达到了 1 632 万吨;1999 年超过 2 000 万吨,已接近生产量第一位的美国;

2002年生产量达到2 386.9万吨,超过美国,成为世界第一啤酒生产大国。

从1997年啤酒的人均年消费量来看,捷克以162.6 L排名世界之首,爱尔兰和德国分列第二、三位。1996年,中国人均年饮用量12.5 L,已跨过了世界人均占有量的中间线。2004年,世界平均水平是27 L,我国人均水平达到22 L,基本上已比较接近,但离发达国家人均消费水平150 L还有相当的差距。

二、啤酒的基本概念

(一)啤酒的定义

1. 啤酒的一般定义

根据啤酒的生产原材料、生产工艺及产品特点,啤酒一般性地被定义为以麦芽为主要原料,以大米、玉米、小麦等谷物作辅料,以酒花等作香料,经过糖化和加酵母发酵而酿制出来的一种含有较多二氧化碳气体和一定量酒精成分,并含有多种营养成分的饮料酒。

2. 中国国家标准对啤酒的定义

由于啤酒生产是采用发芽的谷物做原料,经磨碎、糖化、发酵等工序酿制而成。因而,按我国现行国家产品标准规定,啤酒的定义是:"啤酒是以麦芽为主要原料,加酒花,经酵母发酵酿制而成、含有二氧化碳气体、起泡的低酒精度饮料。"

另外,我国正在执行的国家标准GB 4927-2001(国家质量监督检验检疫局)又进一步规定:啤酒是以大麦芽(包括特种麦芽)为主要原料,加酒花,经酵母发酵酿制而成、含二氧化碳、起泡、低酒精度(2.5%~7.5%)的各类熟鲜啤酒。

目前,最新的国家标准GB 4927-2008《啤酒》已经修订完毕。其中,新国标对无醇啤酒的定义为:无醇啤酒又称脱醇啤酒,是酒度小于等于0.5% vol,原麦汁浓度大于等于3.0°P的啤酒。果蔬类啤酒则分为果蔬汁型啤酒和果蔬味型啤酒。果蔬汁型啤酒指添加一定量的果蔬汁,具有其特征性理化指标和风味,并保持啤酒的基本口味;果蔬味型啤酒指在保持啤酒基本口味的基础上,添加少量食用香精,具有相应的果蔬风味。

据悉,新国标还把酒度的计量单位改为体积百分含量(%vol)表示,对淡色啤酒的泡持性、酒精度、原麦汁浓度、总酸、二氧化碳指标进行了调整,对浓色啤酒、黑色啤酒的泡持性、酒精度、原麦汁浓度、二氧化碳指标进行了调整,另增加了蔗糖转化酶活性要求,对出厂检验项目也进行了适当修改。

(二)啤酒的称谓及国际主要啤酒

1. 啤酒的称谓

(1) Ale

在英国及原英联邦国家,习惯上采用上面发酵法生产,最初不加啤酒花,此类啤酒被称为Ale。

(2) Beer

在德国、北欧等国,普遍采用下面发酵法生产,且加啤酒花,此类啤酒在英国被称为Beer;后来,黑啤酒porter以及烈性啤酒stout,都被通称为Beer。

(3) 麦酒

由于啤酒原来主要由大麦生产,故在日本啤酒也曾被称为麦酒(现通称为Beer及ビール)。

(4) 啤酒

在中国，啤酒由 Beer 音译而来，因有"啤"音，且其中含有少量酒精成分。

可见，啤酒的各种称谓，主要是根据生产原料、工艺特点以及各国的发音而来。在美国，现在比较流行发泡性强的发泡啤酒。

2. 国际主要啤酒

比较有名的国际品牌有蓝带（美国）、生力（中国香港地区）、喜力（荷兰）、嘉士伯（丹麦）、贝克（德国）、麒麟（日本）等。

另外，各国还有一些在生产工艺或产品特征上各有特色的啤酒品牌。

(1) 比尔森啤酒

产于捷克的比尔森。当地水质好、硬度很低，酒花的香味极好。采用优质二棱大麦，以下面发酵法生产，采用三次煮出糖化法工艺。

特点是色泽浅黄，$11°P\sim12°P$，泡沫好，酒花香味浓，苦味重而不长，口味醇爽，是具有代表性的淡色啤酒。

(2) 慕尼黑啤酒

产于德国慕尼黑。当地水质硬度适中。采用深色麦芽，以下面发酵法生产。

特点是色泽深，$12°P\sim13°P$，有浓郁的焦麦芽香味，苦味轻，口味浓醇而甜，是具有代表性的黑啤酒。

慕尼黑当地生产的啤酒又分为几种口味，其中最有名的当属慕尼黑啤酒节命名的欧菲啤酒。

(3) 巴登爱尔啤酒

产于英国。水质极硬。采用上面发酵法生产，有淡色和浓色之分。

淡色爱尔啤酒色泽浅，苦味重，富有酒花香味，口味淡爽；浓色爱尔啤酒色泽深，麦芽香味浓，口味略甜而醇厚。

(4) 陶特啤酒

产于英国。采用浅色麦芽及 7%～10% 的焦麦芽，以上面发酵法生产。

特点是色泽深褐，酒花苦味重，有明显的焦香麦芽味，口味甜而醇，酒精度含量高，泡沫好。

(5) 曼哈顿啤酒

曼哈顿始终如一的卓越品质是曼哈顿啤酒的标志。

为了确保品质的统一，曼哈顿始终不计成本地选用最优质的原料，包括麦芽、啤酒花、酵母和深层矿岩水。酿制曼哈顿啤酒的后成熟工序是公司独一无二的，特别是啤酒的前期发酵技术和酵母菌种的培养基因转变，这是西方国家的啤酒尖端技术。这种传统的技术确保了在世界任何地方酿制的曼哈顿啤酒，都能具有同样清澈、清醇、清爽的绝佳口感和天然口味。上佳的口感加上特有的包装，使曼哈顿啤酒成为广大啤酒爱好者的首选。

(6) 青岛啤酒

产于中国。采用两次煮出糖化法工艺，产品特点为：淡金黄色，泡沫细腻、洁白、持久，清淡酒花香，苦味适中，口味柔和、醇厚、清爽适口。

由于在 1981 年、1986 年两次获得世界金奖，成功销售至 30 多个国家和地区，青岛啤酒在国际上也有较高的知名度。

(三) 啤酒的度数

1. 啤酒的酒度概念

一般酒类度数的国际通用标准，是指温度 20℃ 时酒中所含纯乙醇的体积百分数 (% vol)。

对蒸馏酒，可用标准酒度 (proof spirit) 表示酒精含量，即 100 proof 为 50% vol 的酒。

按照以上标准换算，对于啤酒而言，啤酒的酒度大致为 3.3%～3.8%vol（淡色啤酒），或 4%～5%vol（浓色啤酒）。

2. 啤酒度的概念

由于啤酒中的酒精是由麦芽糖发酵转化而来的，因而啤酒的度数（即啤酒度）用麦芽汁中可溶性固型物（以麦芽糖为主）的浓度来表示，一般为 10%～12%w/w（10°P～12°P）。

(四) 啤酒的营养价值及其功能性

人们习惯上把啤酒称作"液体面包"，主要是指啤酒具有较高的营养价值，满足作为营养食品的必需条件，即含有氨基酸，发热量大，易被人体吸收等。因而，在 1972 年莫斯科第九届营养食品会议上，啤酒被认定为营养物质之一。

此外，据医学专家研究表明，适量饮用啤酒对人能起镇静作用，明显提高脑力和体力工作的效率，有助于更好地发挥人的智力。啤酒还有活血化瘀的功效，可使血流速度明显加快，促进血液循环，特别是促进微循环和物质交换。啤酒还能促进胰岛素的分泌，有益于人体调节糖的代谢。

1. 啤酒含有多种氨基酸

啤酒含有 17 种氨基酸，氨基酸种类多。其中，人体必须的氨基酸有 7 种，仅缺赖氨酸。特别是采用下面发酵法工艺生产的啤酒，其氨基酸含量比上面发酵法工艺更高。另外，啤酒中几乎不含有脂肪，不会引起血液的脂含量升高。

2. 啤酒发热量大

确定食品的优劣除色香味外，在营养学上是用它的发热量来衡量的。发酵原汁浓度越高，发酵后残留在酒液里的营养物质如氨基酸、蛋白质、糖类和酒精等越多，它的发热量也就越高。啤酒产品中富含酒精、糖类和多种浸出物，因而具有较高的发热量。

经换算，按 12°P 的啤酒发热量 1.825 kJ/L 左右计，1 L 啤酒相当于 5～6 个鸡蛋、0.75 L 牛奶、250 g 面包、500 g 土豆。

按人 60 kg 体重耗能 8.372 kJ/d～10.465 kJ/d 计，5 L 啤酒足够一天的能量消耗。

3. 啤酒营养物易消化吸收

啤酒酒度为 4% vol 左右，容易被人体所吸收。同时，酒精能促进新陈代谢，也利于啤酒中多种维生素，包括 B 族维生素（B1、B2、B6、B12），维生素 H，菸酰胺、叶酸、泛酸，肌醇与胆碱等营养元素的吸收，对高血压、胃炎等症状有效。

4. 啤酒中含有抗衰老物质和矿物质

啤酒中存在多类抗氧化基，在酿造过程中形成的还原酮和类黑精、酵母分泌的谷胱甘肽等都是协助消除氧自由基积累的最好的还原物质，可协助解除氧自由基对人类的毒害。

啤酒从原料和优良酿造水中得到矿物质，每升啤酒含有 20 mg 的钠、80 mg～100 mg 的钾、约 40 mg 的钙、约 100 mg 的镁、12 mg～14 mg 的锌、50 mg～150 mg 的硅。

(五) 啤酒的一般生产工艺流程

啤酒酿造的基本原料是发芽的大麦、水、酒花和啤酒酵母。其生产过程包括啤酒麦芽的制备工序，麦芽汁的制备工序（包括糖化、过滤、煮沸、澄清、冷却等），接种啤酒酵母进行的啤酒发酵工序，以及发酵后进行的过滤和澄清、灭菌、啤酒包装等工序。

啤酒生产的一般工艺流程如图6.1所示。

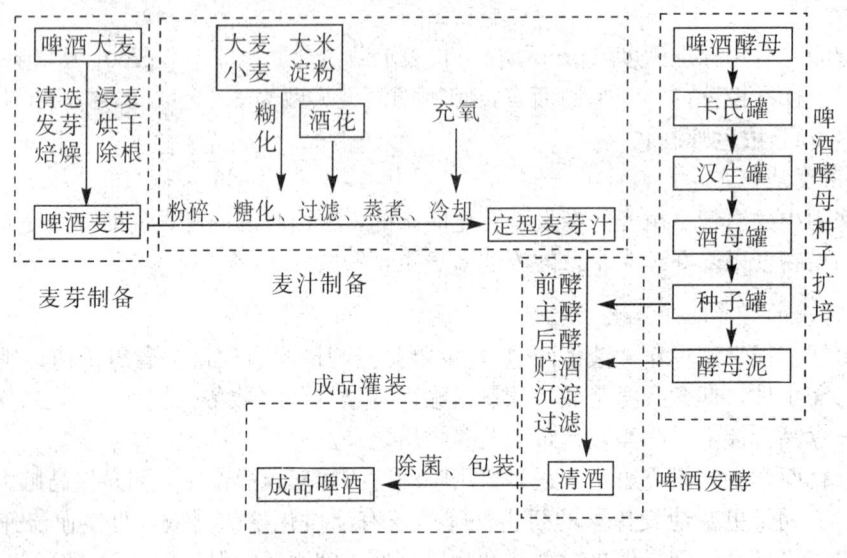

图 6.1 啤酒生产的工艺流程

三、啤酒的分类方法

啤酒是当今世界各国销量最大的低酒精度的饮料，品种很多，一般可根据生产方式、产品浓度、啤酒的色泽、啤酒的消费对象、啤酒的包装容器、啤酒发酵所用的酵母菌的种类等来进行分类。

（一）根据原麦汁浓度分类

这是行业管理及生产厂家常用的分类方法。以发酵所用麦芽汁中可溶性固型物（以麦芽糖为主）的浓度大小进行分类。

1. 高浓度啤酒

原麦汁浓度 13％w/w 以上的啤酒。

2. 中等浓度啤酒

原麦汁浓度 10％~13％w/w 的啤酒。

3. 低浓度啤酒

原麦汁浓度 10％w/w 以下的啤酒。

（二）根据产品色泽分类

这是行业管理及生产厂家常用的分类方法。主要根据色度测定对啤酒进行分类。其中，色度的测定是将已脱气的酒样注入 25 mm 比色皿中，然后放到比色盒架中与标准色盘进行目视比较，当两者色调一致时直接读数，如色调介于两色盘之间，则可读其中间值。

1. 淡色啤酒

色度读数在 5~14 EBC 单位。淡色啤酒是我国啤酒中产量最多的一种，口味淡爽，酒花香味突出。淡色啤酒按原麦汁浓度，还可分为高浓度、中等浓度、低浓度淡色啤酒等。

(1) 高浓度淡色啤酒

原麦汁浓度大于 13%w/w 的淡色啤酒。

(2) 中等浓度淡色啤酒

原麦汁浓度为 10%~13%w/w 的淡色啤酒。

(3) 低浓度淡色啤酒

原麦汁浓度小于 10%w/w 的淡色啤酒。

2. 浓色啤酒

色度读数在 15~40 EBC 单位。浓色啤酒色泽呈红棕色或红褐色，其产量比例远较淡色啤酒为少。浓色啤酒要求麦芽香味突出，口味醇厚，酒花苦味较轻。

浓色啤酒按原麦汁浓度，可分为高浓度浓色啤酒和低浓度浓色啤酒。

(1) 高浓度浓色啤酒

原麦汁浓度大于 13%w/w 的浓色啤酒。

(2) 低浓度浓色啤酒

原麦汁浓度小于或等于 13%w/w 的浓色啤酒。

3. 黑色啤酒

色度读数大于 40 EBC 单位。黑色啤酒色泽多呈深红褐色及至黑褐色，产量较少。一般其原麦芽汁浓度较高（18%~20%），麦芽香味突出，口味醇厚，泡沫细腻，苦味根据产品类型而有较大差异。

(三) 根据生产工艺分类

这是行业管理及流通领域常用的分类方法。主要包括是否灭菌、灭菌方式以及发酵度高低等分类方式。

1. 浑浊啤酒

浑浊啤酒也叫鲜啤酒，这种啤酒在成品中存在一定量的活酵母菌，浊度为 2.0~5.0 EBC。

2. 生啤酒

生啤酒是指啤酒经过包装后，不经过低温灭菌（也称巴氏灭菌）而销售的啤酒。这类啤酒因未经灭菌，所以不能长期存放，一般就地销售，保存时间也不宜太长，在低温下一般为一周。

3. 纯生啤酒

纯生啤酒是指生产工艺中不经热处理灭菌，而采用物理过滤方法除菌就能达到一定的生物稳定性的啤酒。生产纯生啤酒时要求生产线管路全部保持低温、无菌状态。

由于生产中免除了传统的热杀菌处理过程，所以这种啤酒能保持醇正的啤酒自然发酵形成的风味，具有特有的酒花清香味，风味新鲜爽口，泡沫丰富，二氧化碳气足。

4. 熟啤酒

熟啤酒是指啤酒经过包装后，经过低温灭菌的啤酒。熟啤酒的保存时间较长，可达 3 个月左右。

5. 干啤酒

干啤酒即高发酵度啤酒，麦芽汁中的糖类物质几乎完全被利用，实际发酵度在 72%以上。

（四）根据原辅材料分类

这是行业管理及生产厂家常用的分类方法。以啤酒发酵生产中所用原辅材料的种类及比例进行分类。

1. 全麦芽啤酒

全麦芽啤酒是指全部以麦芽为原料（或部分用大麦代替），采用浸出或煮出法糖化酿制的啤酒。

2. 小麦啤酒

小麦啤酒是指以小麦芽为主要原料，且占总原料的40%以上，采用较低的酒花添加量和较高的发酵温度而生产的啤酒。可以采用上面发酵法或下面发酵法进行啤酒的酿制。

3. 加辅料啤酒

玉米、高粱、大米、糖浆、白糖等都可以作为添加辅料来进行啤酒的生产。辅料的添加可改善啤酒风味，降低生产成本。

（五）根据酵母种类分类

这是生产厂家常用的分类方法。生产用酵母可分为上面发酵酵母或下面发酵酵母。

因为下面发酵法能够较容易、较可靠地制得耐贮存的味道佳美的啤酒，所以现在一般使用下面发酵酵母生产啤酒，但也有用上面发酵酵母生产的啤酒。

1. 上面发酵啤酒

所谓上面发酵啤酒，是指用上面发酵酵母生产出的啤酒。

Hansen 在啤酒发酵中分离出微生物，即啤酒酵母（*Saccharomyces Cerevisiae*），经纯培养，鉴定命名为 *Saccharomyces Cerevisiae* HANSEN（依次为属名、种名、人名），中文称作汉逊氏啤酒酵母，如英国生产的 Ale、Stout 等上面发酵啤酒均是由上面发酵酵母酿制而成的。

2. 下面发酵啤酒

所谓下面发酵啤酒，是指用下面发酵酵母生产出的啤酒。

凡是发酵终了时酵母凝聚沉于器底，形成紧密的酵母沉淀，这种酵母就称为下面发酵酵母。

Hansen 在下面发酵啤酒中又分离出另一种酵母微生物，即卡尔酵母（*Saccharomyces Carlsbergensis*），经鉴定命名为 *Saccharomyces Carlsbergensis* HANSEN，中文译为卡尔酵母，如捷克的比尔森啤酒、德国的慕尼黑啤酒、中国的青岛啤酒等均是由下面发酵酵母酿制而成的。

（六）根据包装容器分类

这是流通领域常用的分类方法。可分为瓶装啤酒、桶装啤酒和罐装啤酒。

1. 瓶装啤酒

瓶装啤酒有玻璃瓶和 PET 瓶两种包装材料。瓶装啤酒装量有 330 mL～350 mL、640 mL～670 mL、1 800 mL 等多种规格；啤酒瓶为无色、棕色及绿色等，以棕、绿色为多。

2. 罐装啤酒

罐装啤酒装量有 355 mL、500 mL、750 mL、1 000 mL、2 000 mL 等多种规格，罐为三片式或两片式，除 2 000 mL 以外，均为拉环开启式。

3. 桶装啤酒

桶装啤酒装量有 3 L、5 L、7 L、15 L、20 L、30 L、50 L、100 L 等多种规格，材质为塑料、棕木、铝合金、不锈钢等。

（七）根据特殊用途或风格分类

这是行业管理、生产者及流通领域常用的分类方法，具有种类多、范围广等特性。

1. 无酒精（或低酒精度）啤酒

无酒精啤酒是指用蒸馏、负压蒸馏、反渗透等方法除去酒精，或兑制一定浓度含糖麦芽汁制得的酒精含量 2% m/m 或 2.5% vol 以下的啤酒。因其酒精含量很低，适于不会饮酒的人饮用。

2. 无糖或低糖啤酒

无糖或低糖啤酒适宜于糖尿病患者饮用。2007 年版中国 II 型糖尿病防治指南规定：糖尿病患者每日饮酒量不应超过 1~2 份标准量。1 份标准量为啤酒 285 mL 或清淡啤酒 375 mL 或红酒 100 mL 或白酒 30 mL，各含酒精约 10 g。

当不同类型的酒中酒精含量相当时，酒精对血糖的影响自然也相当。但是，酒中碳水化合物的含量也会影响血糖。通常，1 听（350 mL）普通啤酒大约含有 10 g 碳水化合物，1 听清淡啤酒大约只含有 5 g 碳水化合物。不过，品牌不同，每听啤酒中碳水化合物含量差异较大（3 g~23 g）。

3. 酸啤酒（白啤酒）

酸啤酒是指原料为 14% 小麦芽和少量小麦粉，沸腾麦汁经上面发酵酵母和乳酸菌混合发酵而产生的乳白色生啤酒。

白啤酒外观清亮、透明有光泽，口味醇正，苦味适中，泡沫洁白细腻，酸度小于 2.6，可帮助消化。

4. 果汁果味啤酒

果汁果味啤酒是指以果汁为原料或以果酒、啤酒为酒基制得的果味啤酒（实质上属于露酒范畴）。以追求新颖口味的年轻人、妇女为主要消费者。

这种酒的特征是酒精含量低，具有天然果汁的香味和风味，具有啤酒起泡性和杀口性的特点。品种有添加果汁 5%~15% 的葡萄啤酒、菠萝啤酒等，以及添加香精的黑加仑啤酒、菊花啤酒等。

5. 富微量元素啤酒

富微量元素啤酒包括矿泉啤酒、麦饭食啤酒、富硒啤酒、富锗啤酒等各种类别，通过增加微量元素，利于强身健体。另外，麦饭食可作澄清剂使用。

6. 维生素啤酒

维生素啤酒包括维生素 C 啤酒、蜂蜜啤酒等多种类别，通过增加维生素 C 含量，以补充营养。

7. 冰啤酒

在酿制过程中，经冰晶化工艺处理，浊度小于等于 0.8 EBC 的啤酒，称为冰啤酒。冰啤酒具有口味纯净的特点。

所谓冰晶化，是指将滤酒前的啤酒，经过专用的冷冻设备进行超冻处理，形成细小冰晶，再加工过滤。

四、啤酒工业的发展动态

(一)大型化、连续化、自动化、高效化

一般大型发酵罐为 100 吨、200 吨、250 吨,德国已有 1 200 吨发酵罐投入使用。中大型啤酒厂基本上都采用计算机控制的生产过程管理。

(二)大量开发啤酒新品种

将传统啤酒在原辅材料或生产工艺方面进行改变,使之成为风味独特的啤酒,以满足市场变化的需要。

1. 无(低)酒精啤酒

美国规定酒精含量少于 2.5% vol 的啤酒为低醇啤酒,酒精含量少于 0.5% vol 的啤酒为无醇啤酒。制造方法有特殊半透膜的电渗析法、反渗透法、真空蒸馏法、特殊酵母的高残糖发酵法等。

2. 专用啤酒

专用啤酒是指根据不同人群的生理需要而开发生产的啤酒。如老年啤酒、低糖低醇啤酒、减肥啤酒(德国鲍思德啤酒厂生产)等。

3. 增香啤酒

增香啤酒是指在后发酵中或在啤酒中添加果汁、香精、香辛料、中草药等而生产的啤酒。如瑞士多生产的啤露、广州白乐啤酒(30%啤酒+糖+香精)以及菠萝啤酒(菠萝提取物)、沙棘啤酒(沙棘果汁)、暖啤酒(姜汁或枸杞)等。

4. 纯生啤酒

随着过滤灭菌技术的发展而产生的纯生啤酒类型,既无菌,又保持鲜味,生物稳定性与非生物稳定性更好,营养价值更高,口感好,容易被消费者接受。

据有关行业统计,在日本,纯生啤酒产量占啤酒总产量的比例由 1986 年的 43% 上升到 2001 年的 95%;啤酒故乡德国纯生啤酒产销量已占全部产销量的 50%;美国纯生啤酒的市场份额则占到了 30%。相比欧美、日本等国来说,中国纯生啤酒消费所占的比例很小,2008 年,中国纯生啤酒的产销量大约为 150~200 万吨左右,在国内的消费大约仅占 5% 左右,普通非纯生啤酒在国内的消费仍然占 90% 以上。

(三)生产菌种的选育与酿造技术的革新

根据产品生产的需要,进行菌种性能及生产工艺的改良,如新型酵母、基因工程重建改良酵母、高浓酿造技术等的出现。

(四)原材料的基地化、专用化

为了确保原料来源及质量稳定,目前大中型啤酒企业基本上都已实现了原辅料从种植、加工一条龙的基地化和专门化供应。

第二节 中国啤酒的生产

远古时期的中国人与美索不达尼亚人、古埃及人一样,用谷芽酿造醴,即所谓的蘖法酿醴,制造在远古时代与啤酒属同一类型的含酒精量非常低的饮料。由于时代的变迁,大约在汉代后，中国用谷芽酿造的醴消失了，但口味类似于醴，用酒曲酿造的甜酒却保留了下来，故人们普遍误解为中国自古以来就没有啤酒。

一、中国啤酒的起源及发展

我国最早建立的啤酒厂是1900年由俄国人在哈尔滨开办的乌尔卢布列夫斯基啤酒厂。清末时期的啤酒厂基本上都控制在外国人手中。直到1915年，北京及广东才建立了由中国人投资的双合盛啤酒厂及五羊啤酒厂。1940年，全国啤酒产量达到4万吨，其中大多数为日本侵略者军用。到1949年，全国的啤酒年产量仅达到7 000余吨，还不足目前一个小型啤酒厂的年产量。

（一）中国啤酒工业的主要发展历程

1900—1949年，啤酒年均产量1万~3万吨，大约只有10家啤酒厂，其中大多数属私人企业，而且集中在大城市，酒花和麦芽等原料主要从国外进口，技术由西方控制，啤酒的销售对象也主要是在华的外国商人及军队，以及一部分"上层社会"的华人，普通老百姓几乎无法享受。

1949—1959年，中国啤酒工业进入缓慢发展期，啤酒年均产量为1万~4万吨，从日本引进了二棱大麦进行种植，技术开始由中方控制，工厂逐步发展到17家。

1957—1966年，是中国啤酒工业腾飞的初期，啤酒年均产量上升为4万~12万吨，酒花已实现自给，并自行设计、装备了一批小型啤酒厂。

1970—1978年，啤酒年均产量达到12万~41万吨，在一些中小城市建立了一批小型啤酒厂，饮用啤酒的习惯开始在全国普及，啤酒生产专用设备已实现定点生产，中国啤酒产业开始初步形成。

1979—1988年，党的十一届三中全会提出将工作重点转移到经济建设这个中心上来，鼓励市场经济的合理发展。在这个思想的指导下，中国啤酒产业进入大量引进时期，啤酒年均产量迅速上升至41万~656万吨，全国出现啤酒消费热，开始大量引进西方技术、设备，全国建立了一批中大规模的啤酒厂，啤酒生产量每年以30%的水平递增。

1989—1992年，啤酒年均产量达到623万~1 000万吨，啤酒市场出现竞争，小型啤酒厂面临倒闭，中型啤酒厂开始改造，产品呈现多样化趋势，产品数量、质量得到了逐步提高。

1993—2000年，啤酒年均产量达到1 225万~2 000万吨，啤酒产业向着规模化、效益化方向发展，不少酒厂被大酒厂兼并，出现了符合世界趋势的大型啤酒集团，中国的啤酒生产量仅次于美国。据中国酿酒协会啤酒分会2000年提供的信息，燕京啤酒产量达到141万吨，其中燕京牌啤酒89.32万吨，在世界名牌啤酒中列第18位，是中国国内唯一进入世界20强的企业。

2002年，中国啤酒工业终于结束连续9年的生产量世界第二的地位，年产啤酒2 386.8万吨，超过了美国，成为世界第一啤酒生产大国。

自2004年以来，中国啤酒产量年增长率均在10%以上。

2005年，中国啤酒业虽有三成多的企业处于亏损经营状态，但仍然以10.3%的增长率再创新高，并且提前5年实现了2010年的发展规划目标。全国啤酒产量20万kL以上企业集团增加到25个，产量合计2 299万kL，占全国总产量3 061.56万kL的75.09%（见表6.1），继续保持世界啤酒第一生产大国的地位。

2006年，中国啤酒产量实现3 515.15万kL（国家统计局数据），占全世界啤酒总产量的20.6％。我国啤酒工业整体盘点产量持续大幅攀升，产品结构进一步优化，品牌、服务成为市场竞争的关键点，资金投入力度持续走高，新建项目不断上马，啤酒进出口形势看好，中国啤酒业处于高速成长期和成熟期的临界点，即将面临消费升级。

2007年，全国啤酒产量3 931.37万kL（统计范围为国有企业和销售收入500万元以上的非国有企业）（国家统计局数据），占到全球总产量的22％。2008年全国啤酒产量4 103.09万kL，2009年上半年中国啤酒总产量2 051.29万kL（此数据来自中国酿酒工业协会），同比增长6％，已连续8年居于世界首位。中国啤酒业正由高速成长阶段不断走向成熟，且其消费仍然有潜在的增长空间，但行业整体技术水平和总体效益与发达国家相比，中国只能是啤酒大国而非强国。

表6.1 全国啤酒产量20万kL以上企业（2006年）

序号	省、市、自治区	企业名称	2006年产量（kL）
1	北京	华润雪花啤酒（中国）有限公司	5 289 398
2	山东	青岛啤酒集团有限公司	4 566 556
3	北京	北京燕京啤酒集团有限公司	3 530 880
4	重庆	重庆啤酒（集团）有限责任公司	1 732 824
5	河南	金星啤酒集团有限公司	1 658 945
6	黑龙江	哈尔滨啤酒集团有限公司	1 522 499
7	广东	广州市珠江啤酒集团有限公司	1 332 792
8	福建	英博雪津啤酒有限公司	1 017 872
9	山东	德州克代尔啤酒集团有限公司	650 000
10	广东	深圳金威啤酒集团有限公司	647 507
11	上海	三得利啤酒（中国）投资有限公司	636 411
12	浙江	英博双鹿啤酒集团	550 034
13	湖北	湖北金龙泉啤酒集团有限公司	436 747
14	河北	河北蓝贝酒业集团有限公司	416 298
15	江苏	江苏大富豪啤酒有限公司	342 212
16	湖北	百威（武汉）国际啤酒有限公司	322 669
17	甘肃	兰州黄河嘉酿啤酒集团有限公司	308 675
18	新疆	新疆乌苏啤酒有限公司	294 984
19	浙江	浙江英博石梁啤酒有限公司	283 297
20	山东	山东新银麦啤酒有限公司	276 280
21	浙江	宁波英博啤酒酿造有限公司	254 145
22	河南	河南月山啤酒股份有限公司	252 094
23	浙江	杭州西湖啤酒朝日（股份）有限公司	247 489
24	吉林	四平金士百啤酒有限公司	245 542

续表6.1

序号	省、市、自治区	企业名称	2006年产量（kL）
25	山东	烟台啤酒朝日有限公司	243 856
26	上海	上海亚太啤酒有限公司	213 089
27	河南	河南府泉酒业有限责任公司	210 000
28	江西	南昌亚洲啤酒有限公司	206 625
29	河南	河南奥克啤酒实业有限公司	205 800

注：所有数据来源于国家统计局，由中国酿酒工业协会啤酒分会统计信息中心统计整理。

（二）中国啤酒工业的最新发展趋势

新中国成立后，尤其是20世纪80年代以来，我国啤酒工业得到了突飞猛进的发展，特别是近年来，中国啤酒行业已逐渐适应了行业结构、市场结构以及竞争焦点等的变化，进行了适度的调整，具备保持世界啤酒生产量第一的强劲势头。

1. 行业结构的变化

（1）集团化、规模化

企业兼并重组使企业数量持续下降，青岛、燕京、华润的下属企业不断增加，生产能力和年产量继续增长，珠啤、金星、哈啤等二级啤酒集团继续扩张。

（2）多元化

大多数啤酒企业集团在把啤酒做大做强的同时，依靠自身优势，进入其他行业进行多元化发展。如青啤进入茶饮料业、葡萄酒行业，燕啤进入生物制药业，蓝剑下属20多家企业进入其他产业等。

（3）信息化

知识经济时代，企业对信息的利用效率和利用程度成为提高企业竞争力的强有力手段，啤酒企业对加快企业信息化建设更加重视。一方面加速内部信息化建设，如青啤、珠啤、燕啤、哈啤投资数千万元用于企业资源计划（Enterprise Resource Planning，ERP）系统，许多企业建立内部局域网等；另一方面加快外部信息的沟通和利用，更多的企业成立信息中心，加强对外部商业情报的搜集、分析、利用。

（4）科技化

科技永远是第一生产力，加强科技进步是啤酒企业未来竞争的焦点之一。在纯生啤酒生产技术也提高的同时，啤酒企业进一步在保鲜度、延长保鲜期方面不断创新。

（5）产品多样化

传统的普通啤酒依然是主流，纯生啤酒的比例进一步增加，出现了更多的个性化产品，功能性保健啤酒、果汁啤酒、无醇啤酒等特色啤酒的消费量越来越大。

（6）企业所有制结构的多元化

国有企业继续退出，股份制企业、多种所有制形式企业、民营企业得到较大发展，新一轮中外合资企业不断增多，但合资形式有所改变。股份制和合资企业不仅产品质量优良，而且效益好，成为啤酒工业发展的主要力量。

（7）资本的规模优势更加明显

兼并、重组是近几年啤酒企业的发展趋势，特别是进入2004年以来，这种发展趋势有增无减。国内大企业的联合、兼并走势日趋强劲,强强联合已是重组的重要手段。华润收购钱江、龙津,燕京收购惠泉,青啤收购甘肃农垦就是其中的案例。

大型啤酒集团在兼并、联合的同时,还在市场空白区域或热门区域建立新厂。各啤酒集团在规模扩张的同时,进一步加大对现有生产规模和市场的整合力度,由做大做强向做强做大转变,由外延式发展向内涵式发展转变,从而提升规模效益。

另外,除了兼并、重组、联合等方式之外,控股方式更趋多元化发展。值得注意的是,2009年5月,日本朝日啤酒公司通过中国证券市场收购青岛啤酒的流通股票,从而成为其第二大股东。

2. 市场结构的变化

(1) 城市市场

掀起新一轮消费高潮,中高档啤酒市场、特色啤酒市场、女士啤酒市场得到发展。

(2) 农村市场

随着农村经济的迅速发展,农村的啤酒消费出现稳步增长的趋势。

(3) 直销市场

传统的企业—经销商—消费者的销售模式受到挑战,企业—消费者的直销模式得到迅速发展,特别是电子商务的发展使网上营销在啤酒行业得到大发展。

3. 竞争焦点的变化

国内主要大型啤酒企业之间的竞争更加直接化、表面化。随着啤酒行业整合的力度不断加大,国内各主要大型啤酒企业之间不但在产品价格、市场区域上展开了直接的竞争,而且这种竞争向更高层次发展,包括产品质量、品牌、营销网络、服务等全方位的、多层次的竞争,从有形资产的竞争转变为无形资产的竞争。

(1) 资本竞争

一方面是竞争的必然性,竞争发展到一定阶段后,由于自身利益的原因,国内啤酒企业之间会达成一定妥协,在资本的基础上对市场进行合理分割;另一方面是竞争国际化的结果,随着我国经济的进一步开放,更多的世界级啤酒厂商会以种种方式进入中国这一巨大的啤酒消费市场,而资本营运方式将是一种非常合适的途径。

因而,我国啤酒企业既要参与国内的资本竞争,又要参与国际的资本竞争,从而使资本竞争成为中国啤酒产业竞争的焦点之一。

(2) 品牌竞争

啤酒质量日益同质化的今天,质量不再是企业核心竞争力的重要部分,而日趋个性化的品牌,成为企业竞争力的核心部分。

突出企业品牌的独特个性和丰富内涵,塑造优秀品牌,扩大品牌的差异性,是提高企业整体竞争力的前提和基础,品牌成为啤酒企业现在以及今后很长一段时间的竞争焦点。

(3) 工艺技术竞争

如何根据消费者对啤酒品种的产品要求,生产适销对路的优质产品,体现"人无我有、人有我精"的理念,先进的工艺技术是根本保障。

技术竞争也是啤酒企业现在以及未来竞争的一个焦点。

(4) 市场份额竞争

我国的啤酒企业,普遍未占据太大的市场份额,尽管青岛、燕京、华润三大巨头从1999年占全国市场份额的20%已上升到2006年的36.4%,但这个比例还不是很高。

在未来的竞争中,市场份额还将会重新分配,市场份额的竞争也是啤酒企业现在以及未来竞争的焦点之一。

二、中国啤酒生产的主要原料和辅料

(一) 大麦

生产啤酒的主要原料是麦芽,而麦芽由大麦发芽而来,通过发芽产生酶,利用麦芽中产生的酶进行啤酒发酵。

1. 大麦的结构组成及主要成分

(1) 大麦的结构及组成

大麦按籽粒在麦穗上断面分配的形成,可分为六棱、二棱、四棱大麦(见图6.2)。

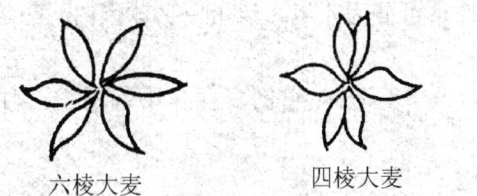

六棱大麦　　　四棱大麦　　　二棱大麦

图6.2　大麦麦穗断面形态

在形态上,大麦籽粒可粗略分为胚、胚乳和谷皮三部分(见图6.3)。

①胚。

胚由原始胚芽、胚根、盾状体和上皮层组成,约占麦粒质量的2%~5%。胚部含有大量的蔗糖、棉子糖和脂肪。

②胚乳。

胚乳是胚的营养库,约占麦粒质量的80%~85%。胚乳的绝大部分只是适当分解,并存于大麦粒内,成为酿造啤酒最主要的成分。

③谷皮。

谷皮约占谷粒总质量的7%~13%,其绝大部分为非水溶性物质,制麦过程基本无变化,其主要作用是保护胚。但其中的硅化物、单宁等苦味物质对啤酒有不利影响。

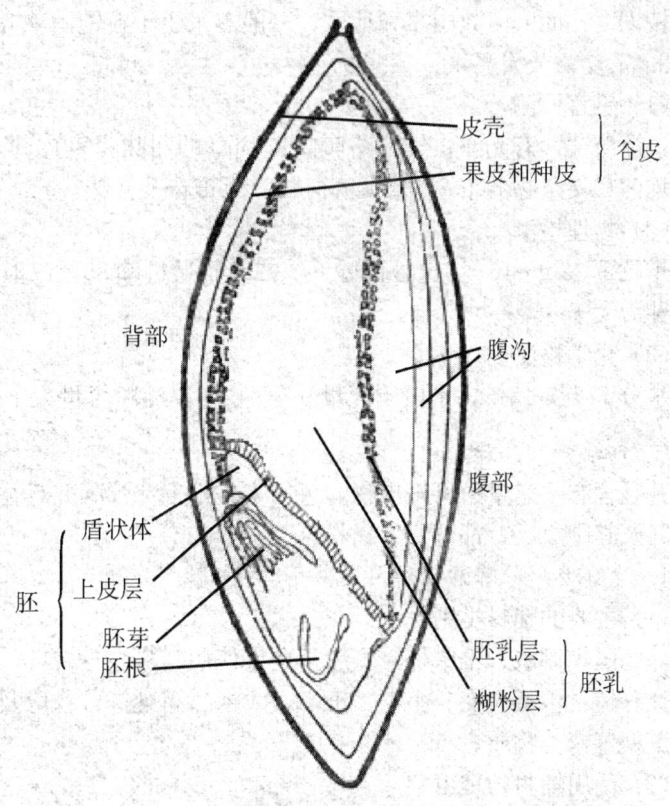

图6.3　大麦粒纵剖面形态

(2) 大麦的主要化学成分

①淀粉。

淀粉是大麦的主要贮藏物，存于胚乳细胞内。其中，直链淀粉一般为 17%～24%，麦芽淀粉酶作用于直链淀粉，几乎全部转化为麦芽糖和葡萄糖，但作用于支链淀粉时，还生成相当数量的糊精和异麦芽糖。

②半纤维素和麦胶物质。

半纤维素和麦胶物质是胚乳细胞壁的组成部分。胚乳细胞内主要含淀粉，发芽过程中只有当半纤维素酶将细胞壁分解之后，其他水解酶方能进入细胞内分解淀粉等大分子物质。

③蛋白质。

蛋白质的储量高低及其类型直接影响啤酒的质量。大麦蛋白质和一般植物蛋白质类似，按其在不同溶剂中的溶解度和沉淀性，可分为 4 组：清蛋白、球蛋白、醇溶蛋白和谷蛋白。

④多酚类物质。

多酚类物质约占大麦干重的 0.1%～0.3%，它们多存在于谷皮中，对发芽有一定抑制作用，使啤酒具有涩味。

(3) 大麦作为主要原材料的原因

由于大麦具有适宜种植、人工发芽控制容易、化学成分适宜、含水解酶系统全面、价格低廉、非人类主粮等特点，因而大麦在世界各国被作为啤酒生产的主要原料。

在大麦品种的选择上，我国华北地区与美国相同，多选择粒小欠整齐、蛋白质含量稍高的六棱大麦；而大多数国家和地区，一般多采用子粒饱满整齐、淀粉含量较高的二棱大麦。

2. 大麦的质量要求

(1) 感官检测

色泽淡黄，有光泽；气味略带新鲜稻草的甜味；麦皮薄，有细密纹道；麦粒饱满、短胖、均匀，夹杂物低于 2%；无病斑粒，无霉味及异味。

(2) 物理检测

千粒重 35 g～46 g，选粒试验一、二级筛通过率 85% 以上；胚乳粉状粒为 80% 以上；麦粒发芽力大于 85%。

(3) 化学检测

水分 12%～13%，蛋白质含量 9%～12%，淀粉含量大于 63%。

(二) 辅料

凡是含有一定量的可浸出物，可用来生产麦芽汁（并且往往都不经过发芽处理）的淀粉质原料及其制成品，都可称为辅料。

1. 允许使用的啤酒辅料及其使用理由

(1) 主要的辅料类别

除德国、挪威、希腊外，一般都允许使用辅料。

这些辅料包括大麦、小麦、玉米、大米、高粱等谷物以及玉米淀粉、木薯淀粉、淀粉糖浆、蔗糖等糖类物质。

(2) 使用辅料的理由

添加辅料的原因主要包括：提高设备利用率，降低生产成本；改善麦汁浸出物的组成，以增强啤酒的特性和延长啤酒的保持期；降低总氮，以增加啤酒的稳定性；适宜调整辅料比例，以改善啤酒的风味特性等。

2. 啤酒生产中常用的辅料及其使用

(1) 大米

大米是国内啤酒酿造使用最多的辅料之一,北方用量一般为 25%,南方可高达 45%,以食感好的大米为好。

大米因为价格低廉,淀粉含量高,蛋白质含量和多酚含量都低于大麦,因而出酒率高,而且可改善啤酒风味、色泽和泡持性。

由于大米的糖化温度比较高,应在液化酶的帮助下预先进行淀粉糊化。同时,大米营养性差,酵母易衰老,且细粉多,过滤困难,形成麦糟淤泥,使麦汁过滤不清,需控制性使用。

(2) 大麦

大麦因为化学成分和组成接近麦芽,皮壳可作过滤介质,含较丰富的 β-淀粉酶、水溶性蛋白质丰富等,常常不发芽作为辅料使用。

由于大麦 β-葡聚糖含量高,过滤困难,且皮壳有苦涩味,影响啤酒口味和色泽,所以也被控制性使用。

(3) 小麦

小麦因为总氮和氨基酸含量高,发酵快,啤酒泡沫细腻、持久,花色苷含量低,有利于延长保存期,不发芽时也常常作为辅料使用。

由于小麦过滤和煮沸麦汁略混浊,需处理后使用。

(4) 玉米

玉米价廉,淀粉含量高,因所制成的麦汁含不饱和脂肪酸较高,所以在厌氧条件下有利于酵母的繁殖。

过多使用玉米会降低麦芽汁中可溶性氮的含量,降低发酵性能,且玉米脂含量高达 4%~5%,使用时需先行脱胚及预糊化处理。

(5) 淀粉等糖类

采用该类物质作辅料,有利于降低成本和简化工艺,特别适于制造高浓度麦汁,生产高发酵度、淡色、爽口性啤酒,应因地制宜使用。

(三) 酒花

酒花(见图 6.4)也被称为蛇麻花、啤酒花、忽布花,桑科葎草属,多年生蔓性攀缘草本植物,雌雄分株。成熟的雌花可用于啤酒酿造,赋予啤酒独特风格。与酒精、白酒相比,加酒花是啤酒的特点。

目前全世界种植啤酒花品种有 50 多个,由于啤酒花品质和产量易受气候条件影响,适宜于在温带偏冷的地区栽培,所以常集中在限定的地区。啤酒花的主要种植国家有美国、德国、中国、捷克、俄罗斯、英国等。

图 6.4 酒花

原始啤酒是用焦豆子、香草或生姜等作香料,9 世纪后开始用酒花,15 世纪后才确定酒花为香料。

1. 啤酒花的主要成分及使用酒花的目的
(1) 啤酒花的主要成分

啤酒花的化学成分中，对啤酒酿造具有重要意义的主要成分是酒花树脂、酒花油和多酚三大物质类别。

(2) 使用酒花的理由

酒花的功效主要包括：赋予啤酒香味和爽口的苦味；增进啤酒泡持性和稳定性；含多酚类物质，与蛋白质结合利于啤酒澄清；含 α-酸、β-酸等，有利于麦汁和啤酒的防腐。

2. 酒花的储存及常用酒花制品
(1) 酒花的储存条件

许多环境因素，如微生物的侵害、空气中氧的作用以及较高的温度和湿度均能加速酒花的变质和氧化；另外，光线对酒花的储存也是有害的，它可以使酒花的颜色变白。因此，要在低温、隔氧、避光和干燥的环境中储存酒花，以便确保较好地保持其色泽、香味和 α-酸含量。

(2) 啤酒生产中常用的酒花制品

传统的酒花添加方法是在麦汁煮沸时以全酒花形式加入，其有效成分的利用率较低，酒花制品由于其利用率高、便于运输及长期储藏等优点逐渐取而代之。国内酒花制品的生产量提高得很快，已占全球酒花制品产量的 80% 以上，主要酒花制品如下：

①酒花粉。

酒花 45℃ 干燥至含水 6%~7%，粉碎至 1 mm 以下，粉碎后的清渣工作在混合罐中进行均质处理，充惰性气包装而成。

②颗粒酒花。

酒花的干燥、粉碎、造粒是在酒花粉末的基础上添加约 20% 的膨润土，然后用造粒机将粉末加工成颗粒状（直径 2 mm~8 mm、长 15 mm），真空包装而成。

③酒花浸膏。

使用有机溶剂或 CO_2 萃取酒花有效物质后，浓缩成 5~10 倍浸膏使用，现多采用超临界 CO_2 或液态 CO_2 萃取方法，制取不同特点的酒花浸膏（见图 6.5）。

图 6.5 酒花浸膏

④酒花油。

主要是香味成分，多用常压水蒸气蒸馏法提取，也可用真空蒸馏法制备而成；由于酒花油抗微生物，可直接在成品啤酒中加入 1 ppm。

(四) 生产用水

啤酒的生产用水包括酿造、制麦、洗涤、冷却以及锅炉用水等，以酿造用水最为重要。酿造用水主要是投料水、洗槽水、稀释用水等，另外，洗酵母用水、过滤用水等也少量进入啤酒，统称为酿造用水。

因酿造用水直接影响啤酒的质量，所以需要良好的水源。如青岛啤酒采用崂山矿泉水。

1. 酿造用水质量控制的主要原因

针对不同品质特点的啤酒，其对酿造用水水质的要求有所差异，主要表现为对水质碳酸盐及其硬度的控制上。

(1) 淡色啤酒

酿造用水要求碳酸盐硬度较低，非碳酸盐硬度适量，以便控制糖化液和麦汁的 pH 值，使之偏酸性。

(2) 浓色啤酒

用水对碳酸盐硬度的要求不太严格，适量的碳酸盐硬度可改善啤酒的颜色和风味。

2. 酿造用水的质量要求

(1) 一般质量要求

水质必须无色透明，无悬浮和沉淀物，无咸味、苦味和涩味，37℃培养 1 h 的细菌数小于 100 个/mL，不应有大肠杆菌、链球菌，水的 pH 值应在 6.8～7.2 之间，偏碱或偏酸都会造成糖化困难。

(2) 特殊质量要求

①耗氧量。以高锰酸钾耗氧量来计算，水中的有机物的含量应在 3 mg/L 以下。

②溶解盐。水中总溶解盐类应在 150 mg/L～200 mg/L 之间，含盐过高会导致啤酒口味粗糙、苦涩。

③铁离子。浓度应在 0.2 mg/L～0.3 mg/L 以下，若大于 0.5 mg/L，则会降低酵母发酵能力，可能出现啤酒冷混浊现象。

④Mn^{2+} 浓度应小于 0.2 mg/L，若大于 0.5 mg/L，则扰乱发酵，易使啤酒着色。

⑤Cl^- 浓度应为 20 mg/L～60 mg/L，Cl^- 使啤酒口味柔和，促进酵母活性，而高含量则会引起酵母早衰，啤酒带咸味。

⑥Cl_2 是一种强氧化剂，若浓度在 0.3 mg/L 以上，应脱氯，否则要破坏酶活性，与酚生成异臭氯酚。

⑦硅酸盐浓度应小于 50 mg/L，否则形成络合物黏附在酵母表面，影响发酵和过滤，形成胶体混浊。

⑧氨态氮浓度应在 0.5 mg/L 以下，否则不能饮用和酿酒。

⑨NO_2^- 是国际公认的致癌物质，也是酵母的强烈毒素，它会改变酵母的遗传和发酵性状，甚至抑制发酵。在糖化时会破坏酶蛋白，抑制糖化，它还能给啤酒带来不愉快的气味，酿造水中应不含有 NO_2^-。当它的含量大于 0.1 mg/L 时，这种水应禁止作为酿造水。NO_3^- 有害作用较小，清洁水中很少有多量的 NO_3^-。在受到生物废物特别是粪便污染时，水会含有较高的 NO_3^-。饮用水的 NO_3^- 标准为小于 5.0 mg/L，与啤酒酿造用水的要求相近。

三、中国啤酒的生产用酵母

在啤酒的专业书中，一般是把酿酒酵母（Saccharomyces Cerevisiae）称为上面发酵啤酒酵母，把卡尔酵母（Saccharomyces Carlsbergensis）称为下面发酵啤酒酵母。在微生物书刊中，常常把两者笼统地称为啤酒酵母。

啤酒酵母菌在分类学上的表述地位如图 6.6 所示。

门：真菌门 Eumycophyta
纲：子囊菌纲 Ascomycetes
目：内孢霉目 Endomycetales
科：内孢霉科 E. domcetaceae
属：酵母属 Saccharomyces
种：啤酒酵母 S. Cerevisiae Hansen

图 6.6　啤酒酵母菌的分类学地位

在分类学上，种的下面还有亚种、变种、菌株等，啤酒生产用菌种大多是以上两个种的亚种或菌株。我国沈阳啤酒厂就曾使用卡尔酵母诱变育种的变种。

（一）不同种类的酵母

啤酒生产中涉及的酵母菌种类较多，既有生产工艺中需要使用的培养酵母，也有生产环境中存在的野生酵母。在生产菌株中，根据在酿酒过程中的不同性状表现，又有上面发酵酵母与下面发酵酵母、凝集酵母与粉末酵母的区别。

1. 培养酵母与野生酵母

（1）培养酵母

将野生酵母长期系统地驯养，经过反复使用和考察所选出的具有正常的生理状态和特性、适合于啤酒生产要求、在啤酒工厂得以使用的酵母菌株，称为培养酵母。

（2）野生酵母

野生酵母是指与培养酵母的形态和特性不一样，不为生产所控制使用的酵母菌株。野生酵母常常是不利于或有害于啤酒生产的酵母菌株。

一般而言，单纯从外观形态上区别培养酵母与野生酵母是比较困难的，可以从抗热性、糖发酵性、孢子形成性、选择性生长等生理特性，以及利用免疫荧光等相应分析测试技术加以区别（见表6.2）。

表 6.2 培养酵母与野生酵母的区别

区别内容	培养酵母	野生酵母
细胞形态	圆形或卵圆形	圆、椭圆或柠檬形等多种形态
孢子形成性	较难	较易
抗热性	水中53℃，10分钟死亡	较耐高温
糖发酵性	葡萄糖、半乳糖、麦芽糖、果糖等均发酵；棉子糖，全部或部分发酵	一般不能发酵左述的糖类
选择性生长含放线菌酮培养基	不能生长	非酵母属可生长，酵母属不能生长
赖氨酸为唯一碳源培养基	不能生长	非酵母属可生长，酵母属不能生长
含结晶紫培养基	20 mg/kg 以上不能生长	非酵母属、酵母属均可生长

2. 上面发酵酵母与下面发酵酵母

（1）上面发酵酵母

发酵后，酵母出芽繁殖并不很快分开，5~10个细胞黏着成芽簇，带正电荷，与负电CO_2相吸，酵母浮在液面形成一层泡盖，长时间放置不下沉。

酵母细胞内只有棉子糖转化酶，可以转化棉子糖为果糖和蜜二糖，但无蜜二糖酶，发酵棉子糖量达1/3。

（2）下面发酵酵母

发酵时酵母悬浮在发酵液中，出芽后无黏着现象，带负电荷，与负电CO_2相斥，发酵完毕，下沉形成酵母泥。

细胞内有棉子糖转化酶和蜜二糖酶，可全部发酵棉子糖。

3. 凝集酵母与粉末酵母

（1）凝集酵母

发酵接近结束时，酵母细胞相互凝集成菌团，并很快聚集成肉眼可见的大块，这种性质被称为凝集性。具有此性质的酵母被称为凝集酵母，发酵度较低。

因这种酵母具有强凝集性且易与发酵液分离，所以酒液澄清速度快。

(2) 粉末酵母

在发酵停止时，酵母以单个或数个的形式悬浮在液体中，不容易凝集和沉淀，沉淀困难，被称为粉末酵母，又称絮状酵母，发酵度较高。

(二) 啤酒工厂常用酵母菌种及其扩大培养

1. 啤酒工厂常用的酵母菌种

我国啤酒生产几乎全部使用下面发酵酵母，啤酒工厂常用的下面发酵酵母菌株见表6.3。

优良的啤酒酵母应具有的特点：能有效地从麦汁中摄取代谢所需的营养物质；代谢产物能赋予啤酒良好的风味；发酵完毕后，能顺利地从发酵液中分离等。

表 6.3　常用传统啤酒酵母的种类

酵母名称	特　　　性
萨士酵母	发酵度低，沉淀较慢，不凝集
卡尔斯伯酵母	1号，椭圆形，较小，发酵度高，沉淀慢； 2号，圆形，较大，发酵度低，沉淀快
U酵母	卵形，大小不均，发酵度高，凝集性好，国内多用
E酵母	细胞圆形，较大，发酵度高，沉淀较慢、不易澄清，常与其他酵母合用，或用于后发酵以获高发酵率
776号酵母	细胞椭圆，相互胶着，比U酵母略大，发酵力强，适用于添加非发芽谷物原料的啤酒厂，国内许多大厂使用的酵母与此相似
荷兰酵母	形态同U酵母，大小整齐，发酵力中等
1103号酵母	细胞卵形，较大，凝集性好，澄清状，香味好，适合低浓度麦汁的浓色啤酒发酵
弗罗信尔酵母	发酵度高，沉淀慢，不凝集

2. 酵母的纯种扩大培养

啤酒酵母是否纯正，对啤酒发酵和啤酒质量有着很大的影响，这就要求生产上使用的酵母必须经过纯种扩大培养，使细胞数量达到一定要求后才能用于啤酒发酵，即指从斜面菌种开始，逐步扩大培养到可用于发酵生产的菌种数量水平的过程。

酵母扩大培养的一般工艺流程如图6.7所示。

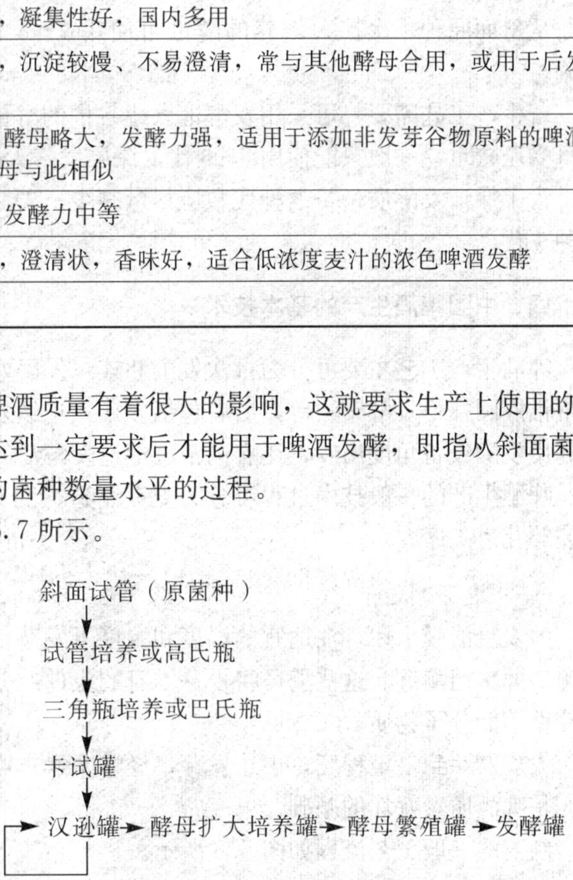

(1) 实验室阶段（扩大比1：10~20)

①试管培养。

高压灭菌的8%~10%的无酒花麦汁10 mL，在20 mL试管中接种斜面试管原菌种后，于25℃~27℃培养2~3 d，每天定时摇动1次。

②三角瓶培养。

煮沸灭菌30 min的8%~10%的无酒花麦汁25 mL~500 mL，在500 mL~1 000 mL三角瓶中冷却后，接种试管培养菌种，于20℃~25℃培养3 d，每天定时摇动1次。

斜面试管（原菌种）
↓
试管培养或高氏瓶
↓
三角瓶培养或巴氏瓶
↓
卡试罐
↓
汉逊罐 → 酵母扩大培养罐 → 酵母繁殖罐 → 发酵罐

图 6.7　啤酒酵母扩大培养工艺流程

③卡试罐培养。

煮沸灭菌 30 min 的 10%～12% 的无酒花麦汁 5 L～10 L，在 10 L～20 L 卡试罐中冷却后，接种三角瓶培养菌种，于 10℃～15℃ 培养 3 d～5 d，间歇通气。

(2) 生产现场阶段（扩大比 1：4～5）

①汉逊罐扩大培养。

冷却室麦汁 200 L～300 L 在杀菌罐内，通过蛇管蒸汽加热，0.08 MPa～0.1 MPa 保温灭菌 60 min，冷却至 10℃～12℃ 进入汉逊罐，接种卡试罐培养菌种后，于 10℃～13℃ 培养 24 h～36 h，间歇通气。

②生产线扩大培养。

汉逊罐的 85% 培养量，经一级繁殖罐（10℃～12℃）、二级繁殖罐（8℃～10℃）扩大培养，再到发酵池（罐）发酵。

③留种线扩大培养。

汉逊罐的 15% 培养量，补加入灭菌冷却麦汁，培养完毕后，2℃～3℃ 冷却备用。

(3) 工艺控制及操作规程注意

从实验室阶段开始，整个扩大培养全过程工厂每年一般只做一次，而把汉逊罐作为菌种培养、保存的手段，每个月做一次生产现场扩大培养。

从斜面原种一次扩大培养的酵母可使用 7～8 代，甚至 10 代以上，即可作 7～8 次汉逊罐。

若生产工艺需要，可采用发酵池（罐）中的酵母泥返回汉逊罐为菌种，由于大罐发酵时酵母受压较重，一般只能使用 5～6 代，深层发酵大罐有时只能使用 3～4 代。

为了保证发酵质量，返种代数应尽量减少。若深层发酵大罐返种深层发酵大罐，最好只返种 1 代。

四、中国啤酒生产的基本技术

啤酒生产工艺主要可分为批次发酵和连续发酵两种方式，前者包括传统发酵罐发酵法和大型锥底圆柱形发酵罐法等，后者包括多罐式连续发酵法和塔式连续发酵法等。另外，从充分利用发酵设备角度出发，还有高浓度酿造发酵法等生产方式。

啤酒生产的一般技术过程可分为麦芽制造、麦芽汁制造、前发酵、后发酵、过滤灭菌、包装等几道工序。

（一）麦芽制造

大麦浸渍吸水后，在适宜的温度和湿度下发芽，发芽时产生各种水解酶，如蛋白酶、糖化酶、葡聚糖酶等。这些酶可将麦芽本身的蛋白质分解成肽和氨基酸，将淀粉分解成糊精和麦芽糖等低分子物质。

大麦发芽到一定程度，中止发芽，经过干燥，可制成水分含量较低的麦芽。麦芽质量的好坏是啤酒质量好坏的基础。

制麦的一般工艺流程如图 6.8 所示。

（二）麦芽汁的制造

麦芽经过适当的粉碎，加入温水，在一定的温度下，利用麦芽本身的酶制剂，进行糖化（主要将麦芽中的淀粉水解成麦芽糖），为了降低生产成本，还可以加入一定比例的大米粉作

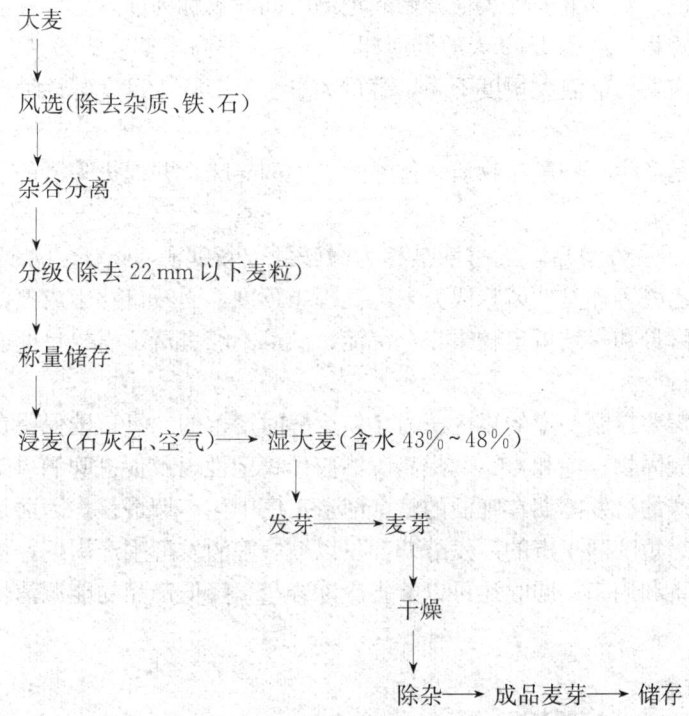

图 6.8 制麦工艺流程

辅料（大米粉中先加水煮沸）。

制成的麦芽醪，用过滤槽进行过滤，得到麦芽汁，将麦芽汁输送到麦汁煮沸锅中，将多余的水分蒸发掉，并加入酒花。酒花可使啤酒带有特有的酒花香味和苦味，同时，酒花中的一些成分还具有防腐作用，可延长啤酒的保藏期。

麦芽汁制备的一般工艺流程如图 6.9 所示。

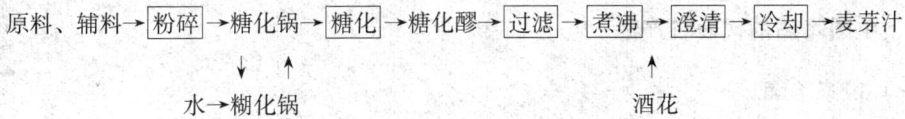

图 6.9 麦芽汁制备工艺流程

（三）发酵

麦芽汁经过冷却后，加入酵母菌，输送到发酵罐中，开始发酵。

传统工艺分为主发酵和后发酵两个阶段，分别在不同的发酵罐中进行，现在流行的做法是在一个罐内进行主发酵和后发酵。

1. 主发酵

主发酵是啤酒发酵的主要阶段，主要是利用酵母菌将麦芽汁中的麦芽糖转变成酒精、二氧化碳和其他一系列副产物，以构成啤酒的主要成分。

酵母接种后，在充氧的麦汁中，酵母逐步恢复其生理活性，基本不繁殖，也称为停滞期；接着酵母利用麦汁中的氨基酸为主要氮源，以发酵性糖为主要碳源，进行有氧呼吸作用，并从中获取能量而生长繁殖，同时产生一系列代谢产物；然后在低氧或缺氧的条件下，酵母进行无氧发酵，糖被发酵分解，产生乙醇和二氧化碳，并释放出能量。

从接种酵母泥,到发酵麦汁表面开始起泡的时间段被称为前发酵,一般为 16 小时左右;然后进入主发酵过程,经历 1~2 天的低泡期、2~3 天的高泡期、2~3 天的落泡期后,进入泡盖形成期,即末期。品温大幅度下降,酵母大量凝集沉降,可发酵性糖已大部分降解。

2. 后发酵

后发酵主要是产生一些风味物质,排除啤酒中的异味,并促进啤酒的成熟,促进酒液澄清,降低含氧量。

麦汁经 7~8 天主发酵后,发酵液被称为嫩啤酒或新啤酒(green beer),二氧化碳含量不足,双乙酰、乙醛等挥发性风味成分未降到理想程度,酒液口感不成熟,不适于饮用。另外,大量的悬浮酵母和凝结析出物未完全沉淀,酒液不够澄清,需数星期或数月的后发酵和储酒。

这一期间,需要控制一定的罐内压力,使后酵时产生的二氧化碳保留在啤酒中,以完成残糖发酵、去除凝固物、饱和 CO_2、提高啤酒胶体稳定性以及促进啤酒风味成熟。

由于啤酒生产的后发酵期在啤酒的整个酿造工序中生产期最长,因而是提高啤酒生产效率的关键环节。缩短啤酒生产的后发酵期,可以缩短啤酒发酵生产周期,从而节约巨大的贮存容积,提高设备利用率;同时还可以节省冷冻容量,降低产品的能源消耗,最终降低啤酒成本。

(四)过滤灭菌

经后发酵的成熟啤酒,残存酵母和蛋白质等微小颗粒沉积于罐底,小量悬浮于啤酒中,需要过滤分离。

常用的分离法有滤棉过滤、硅藻土过滤、离心分离、板式过滤、微孔薄膜过滤等,可单用或混用。

过滤后的啤酒液储存于低温清酒罐,经低温灭菌(62℃左右),冷却,啤酒就可以包装,并在 24 小时内包装完毕。

瓶装啤酒经隧道式杀菌机喷淋后,贴标,验酒,装箱。

五、中国啤酒的代表性产品

(一)国家名酒

1. 青岛啤酒

青岛啤酒由山东省青岛啤酒集团有限公司生产,在历届(第二、三、四届)全国评酒会上被评为全国名酒,是我国啤酒行业中一朵璀璨的金花,是中国啤酒生产的典范(见图 6.10)。

图 6.10 青岛啤酒

(1) 原料概况

二棱大麦、青岛酒花等。

(2) 制法概要

青岛啤酒采用浙江余姚地区、舟山地区以及河北邯郸地区的二棱大麦,以其生产的麦芽为主要原料,以崂山一带自产的啤酒花青岛大花、青岛小花为香料,以从石缝中喷涌而出、一尘不染的崂山矿泉水为酿造水,以性能优良、风味独特的青岛啤酒酵母为菌种,采用复式二次煮出糖化工艺,8.5℃低温发酵法精心酿造,经长期0℃~2℃贮酒后调配而成。

(3) 产品特点

青岛牌青岛啤酒,原麦汁浓度12°P,酒精含量为3.5%~4% vol。

酒液色泽浅黄,澄清透明,泡沫洁白、细腻、持久,有独特典型酒花香味和麦芽香味,口味醇正,香醇爽口,苦味细腻柔和,二氧化碳充足。

(4) 文化渊源

青岛啤酒厂始建于1903年,最初由德国和英国商人合作兴建,是中国最早的一家啤酒厂,被认为是中国啤酒的摇篮,也是中国第一家现代化啤酒厂。经过近一个世纪的发展,青岛啤酒不但受到国内市场欢迎,在国外也获得很高评价。自1906年获得德国慕尼黑国际啤酒博览会金奖后,青岛啤酒先后获得30多次国际金奖,是国际啤酒界公认的世界三大名牌啤酒(青岛啤酒、德国比尔森啤酒、荷兰汉尼根啤酒)品牌之一。美国国际啤酒协会认为"青岛啤酒是原料没有受污染的最好啤酒",英国人称赞该酒是第一流的。青岛啤酒远销40多个国家和地区,享誉世界。

1993年,国营青岛啤酒厂改制为青岛啤酒股份有限公司。1997年,由青岛啤酒股份有限公司为核心组建了青岛啤酒集团,成为山东省政府重点支持的全省八大企业集团之一。青岛啤酒集团控有青岛啤酒股份有限公司44.42%的股权,其全资拥有的子公司有:青岛啤酒房地产开发公司、青岛啤酒广告传播公司、青岛啤酒物业管理公司、青岛啤酒工程公司、青岛啤酒物资经营公司等。截至1997年底,青啤集团的总资产为42亿人民币,职工总数达7 000人。青岛啤酒从1997年8月开始,运用兼并重组、破产收购、合资建厂及多种资本运作方法,在华南、华北、华东、东北、西北等全国啤酒消费重点区域开展了大规模的企业并购行动。截至2001年,全国已有48家企业归入青啤麾下。

2008年11月,青岛啤酒在经济寒风愈刮愈烈的形势下,出手收购了烟台啤酒,既降低了企业运行成本,又巩固了青啤在山东的基地市场。特别是在国际市场中,青岛啤酒通过这些措施,既保持了在美国、欧洲等传统市场的存量,又开拓了在中美洲、澳洲等新兴市场的增量。按照啤酒发展的专业化方向,青岛啤酒将有限的资本投入聚焦于质量提高、效率改进、节能降耗以及安全环保项目,严控资本投入式产能扩张。产能的增加主要是通过工艺技术改进以及技术创新提高效率。2007年,青岛啤酒连续5年荣获"年度中国企业信息化500强"的称号。

2. 北京啤酒

北京特制啤酒由北京啤酒厂生产,在1985年全国第四届评酒会上被评为国家名酒(见图6.11)。

图6.11 北京啤酒

(1) 原料概况

国产麦芽、新疆酒花等。

(2) 制法概要

北京特制啤酒采用优质国产麦芽和新疆酒花为原料，用纯净、甘甜之水精心酿制加工而成。

(3) 产品特点

丰收牌北京特制啤酒，原麦汁浓度12°P，酒精含量为3.5% vol。

酒液色泽淡黄，清亮透明而有光泽，泡沫洁白、细腻、持久，具有幽雅的酒花香味和麦芽香味，口味醇正、清淡、爽口，二氧化碳含量充足，是北方地区群众喜爱的啤酒。

(4) 文化渊源

北京啤酒厂创建于1941年，从60年代起入选国家"国宴用酒"，曾经长时间占据北京市场的霸主地位，其生产的北京啤酒包装为白底，人们俗称为"北京白牌"。20世纪80年代它在北京市场的份额达到了80%以上，每年还向西欧、北美、俄罗斯、朝鲜、日本等国家和地区出口，外销量仅次于青岛啤酒。

1993年，北京啤酒与中策集团的下属企业香港中策合资，其中中策控股55%，然而擅长进行资产运作的中策却不懂得做啤酒，再加之定价过高，在燕京啤酒的强势攻击下，北京啤酒最终败下阵来。1995年，北京啤酒正式与日本朝日啤酒株式会社、伊藤忠商事株式会社合资，成为北京啤酒朝日有限公司。

2004年，北京啤酒朝日有限公司怀柔新厂一期工程建成，产能为5万吨，并逐年翻番。产品有"北京"、"朝日"和"舒波乐"3种品牌的啤酒，包括大瓶11度特生、大瓶9度精品生、大瓶10度精品生、大瓶10度生及罐装11度特生、罐装10度精品生、桶装11度特生7款生啤新产品。2007年，北京啤酒顺利完成二期扩建工程，生产能力提高了一倍，更多的消费者可以饮用到地道的"北京啤酒"。

日本朝日啤酒作为日本最大的啤酒厂商，拥有非常先进的啤酒酿造技术，然而由于种种原因，北京啤酒一直处于亏损状况，市场份额萎缩到不足5%。截至2007年，北京啤酒拥有全系列14个不同等级的生啤产品，也使其成为目前唯一一家专注于生啤生产的啤酒企业。北京啤酒主要定位中高档，中高档啤酒是其利润最高的一部分。

3. 上海啤酒

天鹅牌特制上海啤酒由上海啤酒厂生产，在1985年全国第四届评酒会上被评为国家名酒（见图6.12）。

(1) 原料概况

麦芽、糯米、新疆酒花等。

(2) 制法概要

上海啤酒采用传统酿造工艺，选用优质麦芽和江南糯米为辅料，以新疆的优质酒花为香料，并由独特水处理工艺制备纯净水酿制而成。

(3) 产品特点

原麦汁浓度12°P，酒精含量为3.5% vol以上。

酒液清亮透明，色呈淡黄，泡沫洁白、细腻、持久，香味醇正、口味纯净、爽口，有明显的酒花香味，

图6.12　上海啤酒酒标

二氧化碳充足,是中国淡爽型啤酒的典范。

(4) 文化渊源

上海啤酒厂建于 1912 年,原名上海啤酒公司。由该公司生产的上海啤酒,早在 30 年代已远销东南亚,曾在西雅图世界啤酒博览会上受到国际啤酒权威人士的赞赏。

1993 年,上海啤酒厂与菲律宾华人所属的香港亚洲啤酒国际有限公司合资,成立了上海啤酒有限公司,总投资 2 900 万美元,中外出资比例为 4∶6。公司成立后,引进了国外先进技术和设备进行改造,具备了年产 6 万吨啤酒的生产能力。1997 年,中方投资人破产,上海啤酒有限公司遂由外方全面控股。

由于受亚洲金融危机以及其他因素影响,上海啤酒有限公司经营状况每况愈下,最后被青岛啤酒集团有限公司收购,成立了"青岛啤酒(上海)有限公司"。

(二) 其他知名啤酒

1. 燕京啤酒

燕京啤酒产于北京市,由北京燕京啤酒集团公司生产,是改革开放后建立的企业,也是迅速发展并做强做大的新兴品牌(见图 6.13)。

图 6.13　燕京啤酒

(1) 原料概况

麦芽、酒花、大米等。

(2) 制法概要

经过多道工序精选优质大麦,燕山山脉地下 300 m 深层无污染矿泉水,采用纯正优质啤酒花,典型高发酵度酵母,现代化啤酒制作装备。溶解氧控制最好、PO 值控制最好,精品高档和普通中、低档啤酒齐全,包装方式采用瓶装、易拉罐装和桶装,能满足不同口味和不同层次的消费者的需求,保鲜期长达 4 个月。目前燕京啤酒有 8°P、10°P、11°P、12°P 四大类,一百多个品种。

(3) 产品特点

采用纯天然矿泉水酿造(国家四部委认证),锶含量高,饮后回味有泉水般的甘甜;采用优质酵母菌种,典型高发酵度,苦味带些柔和;通过中国绿色食品发展中心审核,符合绿色食品 A 级标准。

(4) 文化渊源

燕京啤酒 1980 年建厂,1993 年组建集团,25 年的励精图治,使起步时投资 640 万元建成的小啤酒厂总资产达到 107 亿元,股权市值 132 亿元,一跃成为引领中国啤酒行业发展的超大型国有企业。目前全国市场占有率达到11%以上，华北市场50%，北京市场在85%以上，连年被评为全国500家最佳经济效益工业企业、中国行业百强企业。

燕京啤酒被指定为"人民大会堂国宴特供酒"。燕京啤酒与各类研究机构合作，几乎每年开发一个新品种，如12度清香啤酒、11度特制啤酒、8度低醇全麦啤酒等；并对当今国际啤酒界的难题纯生啤酒泡沫稳定性进行了研究，研发的酵母烘干、提取RNA（核糖核酸）、提取4种核苷酸技术成功应用到生产中；研究了世界先进的低温挤压膨化技术及其在啤酒酿造技术中的应用，该技术解决了国内外学者普遍关注的、目前尚未解决的膨化啤酒辅料对应的醪液难于糖化、过滤的难题。进入2002年后，燕京啤酒面对国内啤酒业风起云涌的购并大潮，进一步加大了它在国内啤酒市场的扩张力度。2006年3月18日，由国家统计局组织召开的"第十届商品销量信息发布会议"宣布，燕京啤酒连续11年获同类产品市场产销量第一，燕京品牌价值升至180.42亿元。

2. 华润雪花啤酒

华润雪花啤酒产于北京市，由北京华润雪花啤酒（中国）有限公司生产，也是近十几年来迅速发展并做强做大的新兴品牌（见图6.14）。

（1）原料概况

大麦、进口香花或天然酒花、地下矿泉水等。

（2）制法概要

华润雪花啤酒四川公司全面采用进口澳大利亚纯种麦芽、世界顶级萨兹香花、德国进口香花、深层地下优质矿泉水，同时采用先进的动态低压煮沸技术、湿法粉碎、纯种酵母、无菌过滤、无菌灌装的酿造工艺。

图6.14 雪花啤酒

（3）产品特点

雪花啤酒的泡沫洁白如雪，口味持久，溢香似花，酒液淡黄，明亮有光；有酒花香气和麦芽清香，香气醇正；注入杯内，二氧化碳气足，细致洁白如雪花的泡沫立即浮起，可持久而不消失长达5分钟，犹如一层积雪覆盖于酒液之上，清新、淡爽的口感，微苦味，柔和清爽。原麦汁浓度9°P~12°P，330 mL~600 mL不等的听装或瓶装，1×24纸箱包装。

（4）文化渊源

雪花啤酒诞生于沈阳啤酒厂，1964年，中国啤酒权威云集的产品评比会上，一种新产品击败中国所有的老牌啤酒，夺得第一。这种新贵因其泡沫丰富，洁白如雪，口味持久，溢香似花，遂得名"雪花"啤酒。此后，"雪花"每次参加国家评比都名列前茅。1979年的国家轻工业部第三届全国评酒会上，雪花啤酒被命名为全国优质酒。产品先后出口到美国、法国、新西兰、澳大利亚和日本等。在很长时间里，雪花啤酒主要用于出口。直到20世纪80年代后期，才开始对涉外宾馆和部分重要机构限量特供。

良好的市场口碑和不错的经营业绩吸引了准备进军啤酒行业的香港华润集团。1993年，华润雪花啤酒辽宁有限公司的前身——沈阳华润雪花啤酒有限公司成立。这是一家生产、经营啤酒、饮料的外商独资企业。华润雪花啤酒从一个区域性的单一工厂，发展成为行业中的知名企业，仅用了10年的时间。目前华润雪花啤酒在中国经营48家啤酒厂，占有中国啤酒市场的15%份额。旗下拥有30多个区域品牌，在市场中处于区域优势。2006年，华润雪花啤酒销量超过 500 万吨，不但突破了雪花啤酒单品销量第一，而且公司总销量一举超越国内其他啤酒企业，成为中国销量最大的啤酒企业。2009 年，华润雪花中国有限公司公布的国际权威调研机构 PlatoLogic 的最新统计数据表明，2008 年中国雪花牌啤酒超越全球啤酒老大英博（AB-InBev）旗下"百威淡啤（BudLight）"，成为世界销量第一的啤酒品牌。雪花啤酒是唯一进入全球销量前 6 名的中国啤酒品牌。

3. 重庆啤酒

重庆啤酒产于重庆，由重庆啤酒（集团）有限责任公司生产（见图 6.15）。

（1）原料概况

良种大麦、优质大米和新疆甲级酒花。

（2）制法概要

利用丹麦进口的世界著名的嘉士伯啤酒酵母精心酿制而成，引进阿伐拉法公司全套高温瞬时灭菌系统、封闭的无菌间设置和 KHS 公司的无菌罐装设备；严格采用生产全过程微生物控制管理，有完善的 CIP 系统和合理的 CIP 清洗工艺，以及科学、完善的微生物控制和检测技术。与普通啤酒采用的巴氏杀菌法相比，采用的高温瞬时杀菌和无菌罐装技术，能有效地保存风味性物质、维生素和微量元素，极大地提高啤酒新鲜度。

（3）产品特点

外观清亮透明，香气淡雅，口味醇正，清爽醇厚，泡沫丰富，洁白细腻。

图 6.15 重庆山城啤酒

（4）文化渊源

重庆啤酒（集团）有限责任公司前身为重庆啤酒厂。1958 年，重庆市二工业局根据四川省工业计划会议和重庆市地方工业会议精神，作出新建重庆啤酒厂的决定，由重庆市地方筹建 100 万元，兴建年产量 1000 吨规模的啤酒厂。1 月 29 日在重庆石桥破土动工，6 月重庆啤酒厂正式成立，11 月正式投产。公司以啤酒为主业，致力于啤酒、饮料以及相关产品的生产和研发。经过 40 余年的不断发展，公司由建厂之初的总资产 60 万元，发展成拥有资产 35 亿，集啤酒、饮料、生物制药、养殖及肉类加工于一体的大型企业集团，公司拥有 32 家分、子公司，分布于重庆、四川、贵州、江苏、湖南、浙江、安徽等地，生产能力突破 280 万吨。

公司设备先进，技术力量雄厚。公司从德国、丹麦引进的具有先进技术水平的全套啤酒酿造、灌装生产线，在全国啤酒企业中首屈一指。公司生产的"山城"、"重庆"、"麦克王"、"双桂"、"国人"、"大梁山"以及"天目湖"等品牌啤酒系列产品，以其口味醇正、淡爽（醇厚）、包装美观大方、风味保鲜稳定、符合消费时尚等特点，在国内具有很高的知名度。在全国啤酒企业中，重啤集团跻身"中国十大啤酒集团"前列，"1981-2001 年食品工业企业突出贡献企业"之一，在重庆轻工业企业中连续 14 年进入"重庆工业五十强"（综合排名第 5 位），为重庆轻工"五朵金花"之首。1999 年，"重庆啤酒"荣登"庆祝建国 50 周年"和"澳门回归"国宴用酒；2001 年，重啤集团的"重庆啤酒"、"山城啤酒"和"麦克王"啤酒等 6 个品牌又荣获"中国优质新品啤酒"荣誉称号。2002 年，"重庆啤酒"远销中国香港、澳门和台湾地区。2004 年，"山城啤酒"被国家工商总局认定为"中国驰名商标"。

4. 金星啤酒

金星啤酒产于河南，由金星啤酒集团有限公司生产（见图6.16）。

（1）原料概况

澳大利亚大麦、国内优质大米和进口高级酒花浸膏等。

（2）制法概要

金星王系列啤酒、蓝马系列啤酒采用微机自动控制发酵，并采用世界独有的丹麦嘉士伯酿造工艺精心酿制而成。

（3）产品特点

金星啤酒的特点是发酵度高，双乙酰低，二氧化碳含量充足，有效营养成分高等。

图6.16　金星啤酒

其外观具有色泽低、酒体清亮透明、有光泽、泡沫丰富等感官特点。产品包装典雅华贵，各项技术指标均达到或超过国家优级啤酒标准。

（4）文化渊源

金星啤酒集团有限公司是1995年10月以河南金星啤酒公司为核心组建的集工、贸、科研一体化的国家大型啤酒集团企业，下属河南金星啤酒公司、周口金星啤酒有限公司等16个子公司。企业创建于1982年，占地面积100万平方米，建筑面积60万平方米，拥有25条现代化的瓶装生产线和1条易拉罐生产线。

公司弘扬"勤勉奋发、雷厉风行、开拓进取、敢争第一"的企业精神，始终坚持走质量效益型发展道路，集团啤酒年生产能力200万吨，是全国食品行业和河南省重点企业，连续5年进入中国啤酒企业四强。2001年6月获全国食品行业质量效益型企业，1999年12月获全国创名牌重点企业，2001年6月获全国质量争创名牌示范企业。2006年12月，金星啤酒荣获国家免检产品称号。2007年9月14日，金星啤酒喜获中国驰名商标认证。在20年里打造了一个产能从2 000吨到200万吨的神话，主导产品金星、蓝马系列啤酒荣获河南省和农业部名牌产品、河南省著名商标、河南省重点保护产品和重点扶持产品，畅销全国20多个省市，在河南地区市场覆盖率达100%，市场占有率达60%。

复习思考题

1. 简述啤酒生产的一般工艺过程。
2. 啤酒可分为哪些类别？
3. 啤酒的主要原辅料有哪些？
4. 添加酒花的作用是什么？
5. 为什么称啤酒为"液体面包"？
6. 简述你对中国啤酒工业的现状与发展趋势的看法。
7. 以中国啤酒从无到最大消费国为例来谈谈关于商品消费市场培育的思考。

主要参考文献

[1] 田洪涛. 啤酒生产问答 [M]. 北京：化学工业出版社，2008.

[2] 陈秀蓉，任宝仓. 啤酒花生产栽培技术 [M]. 北京：金盾出版社，2007.

[3] 秦耀宗. 啤酒工艺学 [M]. 北京：中国轻工业出版社，2001.

[4] 大连轻工业学院. 酿造酒工艺学 [M]. 北京：中国轻工业出版社，1982.

[5] 由媛. 几株优良啤酒酿造酵母菌株的选育及其中试 [D]. 厦门：厦门大学.

[6] 王宇. 中国啤酒生产企业现状及发展对策研究 [D]. 长春：长春理工大学.

[7] 刘静波，林松毅. 浅淡啤酒的营养价值及特殊保健功效 [J]. 酿酒，2002 (5)：58－60.

[8] 曹满华. 啤酒的类型特点 [J]. 山西食品工业，1995 (2)：7－8.

[9] 陈国红. 谈啤酒酿造用辅料 [J]. 酿酒科技，2004 (10)：43－44.

[10] 肖德润，袁惠民. 对我国啤酒工业的回顾与展望 [J]. 食品与发酵工业，1990 (4)：67－75.

[11] 顾国贤. 啤酒酵母和啤酒质量 [J]. 啤酒科技，2003 (5)：7－13.

[12] 周建明. 啤酒简史 [J]. 酿酒科技，1991 (1)：74－75.

附录　国窖·1573 介绍

1915 年，由泸州老窖公司的前身——"温永盛烧坊"酿制的"三百年老窖大曲"，远渡重洋，在美国旧金山举办的第一届"太平洋万国博览会"上，一举夺得最高金奖，为积贫积弱的中国注入一针强心剂。从此以后，泸州老窖名扬五洲，响彻寰宇！

1952 年，在新中国成立后的首届评酒会上，泸州老窖特曲与贵州茅台、陕西西凤、山西汾酒一道被评为中国"四大名酒"。在此后的四届评酒会上，泸州老窖都无一例外榜上有名，成为全国唯一蝉联五届"国家名酒"称号的浓香型白酒。泸州老窖作为浓香型白酒的典型代表，被誉为"浓香鼻祖、酒中泰斗"！

1991 年，"泸州牌"注册商标入选首届"中国十大驰名商标"，这得益于广大消费者对泸州老窖产品长久的青睐和由衷的推崇，同时也是泸州老窖品牌价值的彰显。

1996 年，国务院将泸州老窖具有 400 年以上窖龄的酿酒池群颁布为"全国重点文物保护单位"。这些窖池建造于明朝万历年间（公元 1573 年），是我国建造最早、保存最完整、连续使用至今的酿酒窖池群，被誉为"活文物"、"中国第一窖"。

2002 年，"泸州牌"泸州老窖特曲、"国窖牌"国窖·1573 以及"酒香牌"曲药，均获得国家质量监督检验检疫总局颁布的"原产地标记"认证。

2004 年，"国窖酒生产工艺研究"荣获 2004 年度"四川省科技进步一等奖"。这是中国白酒业有史以来唯一获此殊荣的"工艺与产品"成果，是 1573 国宝窖池智慧之光的体现，是国家权威机构对泸州老窖专业品质的高度认可。

一、"1573 国宝窖池"与国窖·1573

国宝窖池群始建于明朝万历年间（公元 1573 年），是我国建造最早、保存最完好、连续使用至今的酿酒窖池群，至今已历 430 余载。酿酒行家都知道，窖的年代越久远，越是显出其价值，越能产出美酒佳酿。

"1573 国宝窖池"由五渡溪优质黄泥和凤凰山下龙泉井水掺揉建成，430 余年以来一直在发酵，这一点，在酿造工艺上具有重大意义和使用价值。中国独创的固态蒸馏酒工艺，其蒸馏酒的味觉质量基础主要依靠发酵窖池，这也是中国蒸馏酒与威士忌、白兰地在酿造工艺上最明显的不同之处，后者依靠存放老熟，而中国蒸馏酒的老熟与醇化主要在发酵及自然存放中完成。对中国蒸馏酒而言，发酵窖池的使用年龄直接决定酒品的老熟程度和香味成分。按照酿酒专家的说法，如果没有窖龄 100 年以上的窖池，就无法酿造出真正的高档白酒。

酿酒业兴衰与世事之治乱密切相关。太平盛事，生活富足，酒类需求增长，便会出现大批新兴酿酒作坊；而遇战乱动荡，世事不宁，酿酒业也随之萧条，很容易造成窖池闲置或者破坏。百年以上窖龄的窖池，一旦空置，便只能废弃。因此，对于酒窖而言，最困难的是保持并延续窖池的使用时间。"1573 国宝窖池"430 余载以来一直默默发酵，暗暗生香，成为我国最古老的"活窖"。窖池能得以长期连续使用,可谓真正的天人之作。它不仅是"活文物",更是中国酿酒界乃至世界文明史的一大奇迹。

"老窖酿美酒"的根本原因是窖池在长期不间断的发酵过程中形成的有益微生物种群,而持续酿酒 430 余年的"国窖",已形成了庞大、神秘而不可探知的微生物生态体系。这些神秘的微生物蕴含在窖泥之中,捧一把"国窖"窖泥在阳光下细细观看,那呈现出的五颜六色会让人惊叹不已,这便是流逝岁月的神奇造化。经中科院发酵研究所检测,"国窖"中含有 600 多种有益微生物,其数量、种群之丰富在全国列居首位,是蕴含有益微生物最多的窖池。在 430 余年的长期驯化中,这些微生物能使酒的风味更加浓香醇厚,成就了国窖·1573 "窖香优雅、绵甜爽净、柔和协调、尾净香长"的风格特征。

二、国窖·1573 的酿造工艺及流程

作为超高档白酒,"国窖·1573"传承源自明代的古法酿造技艺,至今未曾改变。一个完整的酿造过程包括选料、发酵、蒸馏、洞藏、勾调,耗时长达 30 年以上。

(一) 选料

"国窖·1573"在水、粮、曲的选择上都有其独特之处。

水是酒之血。"国窖·1573"酿造之水取自龙泉井,水质清洌甘甜,呈弱酸性,有利于糖化和发酵;水的硬度适宜,能促进酵母的生长和繁殖,属于优良的酿造用水。经过龙泉井水酿造的酒,格外醇香浓郁,清洌甘爽,饮后唇齿留香。

粮是酒之肉。"国窖·1573"所选用的基础原粮是川南独有的优质"糯红高粱",皮薄,颗粒饱满,富含丰富的支链淀粉,特别利于出酒和糊化。公司为此专门建立了泸州老窖绿色有机原粮种植基地,该基地于 2003 年被四川省农业厅授予"无公害原粮种植基地"。所有基础原粮均需要经过严格的筛选和考究的工艺流程,这就从源头上保证了"国窖·1573"的食用安全和绿色食品特性。

曲是酒之骨。"国窖·1573"的酒曲由川南独有的"软质小麦"制成,皮张很薄。麦曲表面有颜色一致的白色斑点或菌丛,断面上有白色的菌丝生长,具有特殊的曲香味。泸州老窖创立的"微氧环境曲药发酵"理论,首开了 680 余年曲药与"1573 国宝窖池"微生物共生共享的先河,重新续写了"大曲"工艺的新篇章,为中国原酒酿造树立了高品质典范。

(二) 发酵

"国窖·1573"的基酒,要求入窖发酵时间为 12 个月,一般优质白酒的发酵期为 2~3 个月。"国窖·1573"的超常发酵技术解决了怎样长时间地保持窖池微生物活力的难题,这种技术也是历代泸州老窖的酿酒技师们父子相传、师徒心授的不二法门。长时间的活力发酵才能使原粮充分吸收窖泥的香味成分,复合磨炼。

(三) 蒸馏

"国窖·1573"蒸馏采用"混蒸混烧"固态蒸馏法,即取酒和蒸粮同时进行。在水蒸气的作用下,酒糟中的酒体变成气态,经冷却后成为液态酒流出。取完酒后大火蒸粮,将蒸好的粮糟进行摊晾降温,加入酒曲再次发酵酿酒,循环往复,生生不息。在此过程中,最紧张的阶段是"出酒"。通常出酒分酒头、中段和酒尾,符合"国窖·1573"品质要求的,只是整个出酒过程中所取中段酒的精华部分。到底在什么时候取摘那中段酒中的精华部分呢?这就全凭蒸酒师的精湛技艺和经验的判断了。

（四）洞藏

贮存是名优白酒生产中一项必不可少的重要工序。贮存过程本身是一个十分复杂的氧化、还原、酯化、分解、聚合等化学和物理反应的过程，天然洞藏能使白酒变得更加醇和浓香。"国窖·1573"具有得天独厚的自然条件，拥有醉仙洞、罗汉洞等藏酒之地。藏酒洞温度变化不大而湿度较高，基本不受季节和自然环境的影响，在一年四季近乎"恒温恒湿"的条件下，自然循环老熟 30～50 年，从而形成"国窖·1573"基酒。

（五）勾调

如果说洋酒、鸡尾酒的勾调以绘画般的缤纷激情使观者和品者为之炫目，那么，在一杯晶莹透明的白酒里勾调出香、醇、净、爽等风格，则实在是既复杂又神秘的过程。所谓"勾调"，就是指酒体设计和勾兑工艺。要获得谐调、完美、符合各种质量标准的酒体，就必须挥动尝评勾调这支魔术棒。

泸州老窖不仅是浓香型白酒的发源地，也是浓香型白酒尝评勾调技术的创始人。从粗放的酒坛勾调，到针管的微量滴定，再到今天的微机勾兑辅助调味，公司始终走在尝评勾调技术的前沿。勾调技术阵容也在全国白酒企业中处于领先水平。超一流的技术人才决定了超一流的产品质量，"国窖·1573"正是资深国家级勾调大师们创意与灵感的巅峰之作。